高 | 等 | 学 | 校 | 计 | 算 | 机 | 专 | 业 | 系 | 列 | 教 | 材

高性能计算机体系结构

刘　超 主编

江爱文　曲彦文 副主编

U0386792

清華大學 出版社

北 京

内 容 简 介

本书是《计算机体系结构》(刘超主编,ISBN:978-7-302-58755-2)的姐妹篇,在总结长期教学经验和参考国内外经典教材的基础上,按照计算机体系结构的研究任务(即软硬件功能分配和硬件功能实现的最佳方法)组织编写而成,旨在使已较全面掌握计算机技术知识的研究生和高年级本科生进一步较为深入地理解当前高性能计算机的体系结构。

本书介绍 MIMD(多指令流多数据流)并行计算机的基本概念及其类型特点、结构实现基础技术——互连网络与存储组织、典型结构模型及其相应特有技术,阐述多处理机的组织结构及其类型特点、性能分析及其评测、程序并行性及其度量计算,分析多处理机实现的专用技术——共享存储一致性与通信同步,讨论数据流处理机的结构原理及其类型特点、数据流程序设计。本书共 6 章,可分为 3 部分;第 1 章为基础导论部分,第 2~5 章为多处理机部分,第 6 章为数据流处理机部分。

本书内容配置明确、结构逻辑清晰、语言知识易懂,可以作为高等院校计算机学科各专业研究生和计算机科学与技术专业高年级本科生"高级计算机体系结构"或"并行处理与体系结构"课程的教材,也可以作为相关领域科技人员的参考书。

图书在版编目(CIP)数据

高性能计算机体系结构/刘超主编. —北京:清华大学出版社,2023.8
高等学校计算机专业系列教材
ISBN 978-7-302-64270-1

Ⅰ.①高… Ⅱ.①刘… Ⅲ.①计算机体系结构-高等学校-教材 Ⅳ.①TP303

中国国家版本馆 CIP 数据核字(2023)第 138674 号

责任编辑:龙启铭
封面设计:何凤霞
责任校对:徐俊伟
责任印制:丛怀宇

出版发行:清华大学出版社
  网 址:http://www.tup.com.cn,http://www.wqbook.com
  地 址:北京清华大学学研大厦 A 座   **邮 编:**100084
  社 总 机:010-83470000   **邮 购:**010-62786544
  投稿与读者服务:010-62776969,c-service@tup.tsinghua.edu.cn
  质量反馈:010-62772015,zhiliang@tup.tsinghua.edu.cn
  课件下载:http://www.tup.com.cn,010-83470236
印 装 者:三河市少明印务有限公司
经 销:全国新华书店
开 本:185mm×260mm   **印 张:**14.75   **字 数:**367 千字
版 次:2023 年 10 月第 1 版   **印 次:**2023 年 10 月第 1 次印刷
定 价:49.00 元

产品编号:097462-01

前言

　　"计算机体系结构"是计算机硬件知识课程中的专业课,"高级计算机体系结构"或"并行处理与体系结构"是计算机学科各专业硕士研究生的基础课程,那么它们各应该包含哪些知识内容呢? 根据计算机体系结构二级学科的研究任务(即软硬件功能分配和硬件功能实现的最佳方法),计算机体系结构的知识内容可以分为三大模块:基础概念导论、结构实现通用支持技术(含计算机属优选技术、信息加工流水线技术、信息存储层次与并行技术、信息传输互联网络技术)、已有体系结构及其专用支持技术。计算机经过七十多年的发展,体系结构已复杂繁多,专用支持技术已精细多样,且并行处理能力强大,目前均是并行计算机。而从体系结构来看,目前并行计算机有流水线处理机、阵列处理机、多处理机和数据流处理机,其中,多处理机和数据流处理机为 MIMD (多指令流多数据流)体系结构。MIMD 计算机不仅性能甚高,且专用支持技术极为复杂、难度大。所以,本科生阶段以单指令流处理机并行处理技术为主线,讲述计算机体系结构基本概念、结构实现通用支持技术、单指令流处理机(含流水线处理机、阵列处理机)的组织结构及其特殊支持技术。硕士研究生阶段则以 MIMD 处理机体系结构为主线,讲述并行计算机体系结构基本概念、MIMD 处理机的组织结构及其专用支持技术,如 Cache 之间一致性实现、数据流程序设计等。本书是《计算机体系结构》(刘超主编,ISBN:978-7-302-58755-2)的姐妹篇,具有"内容配置明确、结构逻辑清晰"的特点。

　　本教材共 6 章,可分为 3 部分。第 1 章为基础导论部分,介绍计算机体系结构及其重要概念、并行计算机的互连网络与存储设计组织,讨论并行计算机及其系列术语与发展历程、并行计算模型及其并行算法构建过程。第 2～5 章为多处理机部分,其中第 2 章针对多处理机体系结构复杂多样、性能度量与程序设计比单处理机困难,介绍多处理机及其类型特点、并行程序设计语言及其优化编译,讨论多处理机的组织模型及其类型特点、并行算法的构造方法,阐述多处理机的性能分析模型及其评测方法、程序并行性的度量计算;第 3 章针对具有比较优势不同类型的多处理机,介绍各种多处理机的典型结构及其专用支持技术,讨论各种多处理机的组织结构与性能特点、多核处理器及其发展缘由与多线程超线程技术;第 4 章针对多处理机共享存储一致性,介绍共享存储一致性及其分类、不一致性产生原因,分析共享存储 Cache 间一致性维护及其实现策略、共享存储 Cache 一致性协议与算法类型,阐述基于总线侦听 Cache 一致性协议规范及其实现算法、基于目录 Cache 一致性协议规范及其实现算法,讨论共享存储异元一致性与存储一致性及其实现策略、多级 Cache 包含性及其维护策略、分事务总线及其实现策略;第5章针对多处理机的通信与同步,介绍多处理机通信性能指标、通信时延处理策略及其容忍技术,讨论多处理机通信的协议结构及其底层实现方法、路径选择及其算法和多处理机同步操作的原语及其种类、实现方法。第6章为数据流处理机部分,针对数据流计算机,介绍数据驱动原理、数据流计算机及其特征、存在问题、结构模型,讨论数据流处理机的指令结构及其处理过程、数据流程序图及设计语言。另外,每章附有练习题,用于检查学生对每章知识理解的状态。

在本书出版过程中,得到了清华大学出版社、江西师范大学计算机信息工程学院与教务处的大力支持与帮助,清华大学出版社编辑们付出了大量辛勤劳动,特别是龙启铭编辑提出了许多宝贵建议;在本书编写过程中,直接或间接引用了许多专家学者的文献著作(已通过参考文献部分列出),在此一并表示衷心感谢与敬意。

限于编者的知识经验与能力水平,书中难免存在错误与疏漏之处,敬请同行专家学者和广大读者批评指正。

编　者

2023 年 9 月

目录

第 1 章　并行计算机体系结构导论　/1

1.1　计算机体系结构及其重要概念 ················· 1
 1.1.1　计算模型及其驱动类型 ················· 1
 1.1.2　计算机发展的演变与现状 ················· 2
 1.1.3　计算机体系结构及其分类 ················· 4
 1.1.4　并行性及其提高的技术途径 ················· 7
1.2　并行计算机体系结构概论 ················· 9
 1.2.1　并行计算模型 ················· 9
 1.2.2　并行计算机及其发展历程 ················· 11
 1.2.3　并行计算的相关概念 ················· 14
 1.2.4　并行算法的构建过程 ················· 16
1.3　并行计算机的互连网络 ················· 18
 1.3.1　互连网络与互连函数 ················· 18
 1.3.2　互连网络的结构特性参数 ················· 21
 1.3.3　静态互连网络 ················· 21
 1.3.4　动态互连网络 ················· 24
 1.3.5　常用多级交叉开关互连网络 ················· 28
1.4　并行计算机的存储结构模型 ················· 34
 1.4.1　高性能存储的类型及其结构原理 ················· 34
 1.4.2　存储器的物理结构模型 ················· 37
 1.4.3　存储器的逻辑结构模型 ················· 39
 1.4.4　Cache 层次一致性及其维护 ················· 40
练习题 ················· 41

第 2 章　多处理机的组织结构及其性能　/43

2.1　多处理机概述 ················· 43
 2.1.1　多处理机与多计算机 ················· 43
 2.1.2　多处理机的分类及其比较 ················· 44
 2.1.3　多处理机的组织模型与特点 ················· 45
 2.1.4　多处理机操作系统 ················· 47
 2.1.5　多处理机并行程序开发工具 ················· 48

高性能计算机体系结构

2.2　多处理机的访问通信与结构模型 ··· 50
　　2.2.1　多处理机的存储访问模型 ·· 50
　　2.2.2　多处理机的数据通信模型 ·· 52
　　2.2.3　多处理机的结构模型及其特性 ·· 53
　　2.2.4　多处理机结构模型的发展趋势 ·· 56
2.3　多处理机程序的并行性 ·· 57
　　2.3.1　程序并行性算法的构造 ·· 57
　　2.3.2　程序并行性的数据相关与检测 ·· 58
　　2.3.3　并行程序设计语言 ·· 61
　　2.3.4　并行优化编译程序 ·· 64
　　2.3.5　程序并行性的度量计算 ·· 66
2.4　多处理机的性能分析 ·· 68
　　2.4.1　多处理机性能提高的有限性 ·· 68
　　2.4.2　多处理机基本性能模型 ·· 69
　　2.4.3　多处理机通信性能模型 ·· 71
　　2.4.4　异构多处理机任务调度 ·· 73
2.5　多处理机的性能评测 ·· 78
　　2.5.1　多处理机性能评测概述 ·· 78
　　2.5.2　多处理机机器级性能评测 ·· 80
　　2.5.3　多处理机算法级性能评测 ·· 84
　　2.5.4　多处理机程序级性能评测 ·· 91
练习题 ·· 93

第 3 章　特殊多处理机与多处理机实例　　/97

3.1　高性能微处理器及其多线程 ·· 97
　　3.1.1　多核与多核处理器 ·· 97
　　3.1.2　多核处理器产生的原因 ·· 98
　　3.1.3　多线程与超线程 ·· 100
　　3.1.4　多线程实现途径及其支持技术 ·· 101
　　3.1.5　多核同时多线程 ·· 102
　　3.1.6　典型多核微处理器——T1 ·· 104
3.2　机群多处理机 ·· 106
　　3.2.1　机群多处理机及其性能特点 ·· 106
　　3.2.2　机群多处理机的分类 ·· 108
　　3.2.3　机群多处理机的软件组织 ·· 109
　　3.2.4　机群多处理机的关键技术 ·· 110
　　3.2.5　典型机群多处理机实例 ·· 113
3.3　大规模并行多处理机 ·· 117
　　3.3.1　大规模并行多处理机及其组织结构 ·· 117

3.3.2 MPP 的性能特点及其系统软件组织策略 ··············· 118

3.3.3 典型 MPP 实例 ························· 119

3.4 典型共享存储多处理机实例 ·························· 122

3.4.1 集中共享多处理机 SGI Challenge ··············· 122

3.4.2 分布共享多处理机 Origin 2000 ··············· 123

3.4.3 全对称共享多处理机曙光 1 号 ················· 126

练习题 ···································· 127

第 4 章　多处理机共享存储一致性及其实现　　/129

4.1 共享存储 Cache 一致性概述 ······················· 129

4.1.1 共享存储及其 Cache 间的一致性 ··············· 129

4.1.2 共享存储 Cache 间不一致性的原因 ············· 130

4.1.3 共享存储 Cache 一致性维护 ················· 132

4.1.4 集中共享 Cache 一致性协议 ················· 134

4.1.5 分布共享 Cache 一致性协议 ················· 136

4.2 侦听 Cache 一致性维护协议规范及其实现 ················ 138

4.2.1 二态写直达无效协议规范及其算法 ············· 138

4.2.2 三态写回无效协议规范及其算法 ··············· 140

4.2.3 四态写回无效协议规范及其算法 ··············· 142

4.2.4 四态写回更新协议规范及其算法 ··············· 144

4.2.5 四态写一次直达写回无效协议规范及其算法 ········· 147

4.2.6 高速缓存控制器的组成逻辑 ················· 148

4.3 目录 Cache 一致性维护协议规范及其算法 ··············· 150

4.3.1 目录 Cache 一致性维护协议及其分类 ··········· 150

4.3.2 全映射目录协议规范及其实现算法 ············· 151

4.3.3 有限目录协议规范及其实现算法 ··············· 154

4.3.4 链式目录协议规范及其实现算法 ··············· 155

4.4 共享存储一致性及其实现模型 ······················ 156

4.4.1 异元一致性与存储一致性模型 ················· 156

4.4.2 顺序一致性模型及其实现 ··················· 157

4.4.3 放松存储一致性模型及其实现 ················· 159

4.4.4 存储一致性模型的目的及其框架 ··············· 161

4.5 集中共享多级 Cache 一致性及其实现 ················· 163

4.5.1 多级 Cache 包含性与分事务总线 ············· 163

4.5.2 多级 Cache 包含性的维护 ················· 164

4.5.3 分事务总线的实现 ···················· 165

4.5.4 分事务总线多级高速缓存的实现 ··············· 167

练习题 ···································· 168

第 5 章　　多处理机的数据通信与同步操作　　/170

5.1　数据通信协议结构与高性能通信网络 ························· 170
　　5.1.1　数据通信的性能指标及其影响因素 ················· 170
　　5.1.2　数据通信协议结构及其低层实现 ··················· 171
　　5.1.3　商品化高性能通信网络 ····························· 174
5.2　数据通信的路径选择与流量控制 ························· 177
　　5.2.1　路径选择与虚拟通道 ······························· 177
　　5.2.2　路径选择算法及其分类 ····························· 178
　　5.2.3　死锁及其解除避免方法 ····························· 179
　　5.2.4　流量控制及其控制策略 ····························· 182
5.3　多处理机的数据通信时延 ····························· 184
　　5.3.1　数据通信(含存储访问)时延处理概述 ············· 184
　　5.3.2　数据通信时延避免技术 ····························· 186
　　5.3.3　数据通信时延隐藏技术 ····························· 187
　　5.3.4　数据通信时延缩短技术 ····························· 189
5.4　多处理机的同步操作 ······························· 190
　　5.4.1　同步操作与同步原语及其旋转锁 ··················· 190
　　5.4.2　基本同步原语 ····································· 192
　　5.4.3　基本同步原语的性能 ······························· 195
　　5.4.4　大规模多处理机的同步原语 ······················· 196
练习题 ··· 199

第 6 章　　数据驱动及其数据流处理机　　/201

6.1　数据流处理机及其指令处理 ··························· 201
　　6.1.1　数据驱动及其数据流计算机 ······················· 201
　　6.1.2　数据流处理机的指令处理 ························· 202
6.2　数据流处理机程序的设计语言 ························· 204
　　6.2.1　数据流程序图 ····································· 204
　　6.2.2　数据流程序语言 ··································· 208
6.3　数据流处理机的结构模型及其实例 ····················· 210
　　6.3.1　数据流处理机的结构模型 ··························· 210
　　6.3.2　典型静态数据流处理机的组织结构 ················· 212
　　6.3.3　典型动态数据流处理机的组织结构 ················· 217
6.4　数据流计算机的发展评价 ··························· 220
　　6.4.1　数据流计算机的优点与缺点 ······················· 220
　　6.4.2　数据流计算机需解决的问题与发展趋势 ············· 222
练习题 ··· 223

参考文献　　/225

第 1 章

并行计算机体系结构导论

计算机体系结构与并行处理技术是相辅相成的,并行处理技术依赖计算机体系结构来实现,计算机体系结构演变又依赖于新并行处理技术,由此推动并行计算机的发展。本章讨论计算模型与计算机体系结构、并行性与并行处理、并行计算机及其相关术语、互连网络与互连函数、静态互连网络与动态互连网络等系列概念,介绍计算机发展的演变与现状、并行计算的设计过程与并行程序设计模型、互连网络结构特性与传输性能参数,分析动态互连网络的类型及其特点与组成结构和属性、常用多级交叉开关的组成及其特点与寻径控制策略、存储器物理结构模型与存储器逻辑结构模型、Cache 层次一致性维护,阐述计算机体系结构与并行计算机的分类、并行性的度量参数与提高并行性的技术途径、静态互连网络的种类与常用互连函数、高性能存储的结构原理。

1.1　计算机体系结构及其重要概念

1.1.1　计算模型及其驱动类型

1. 计算模型及其基本内容

计算模型指计算任务实现所必须遵循的基于形式化描述的基本规则,对所有计算方法进行高度概括与抽象是计算模型建立的基础。计算模型是软件与硬件之间的桥梁,同时使软件开发设计者与硬件开发设计者彼此相互独立。硬件开发设计者依据计算模型,全心投入硬件的体系结构、组成逻辑和物理实现等设计,无须考虑所运行的软件;应用软件开发设计者依据计算模型,全心投入数学建模、算法设计和程序编码,无须考虑所使用的硬件。当然,系统软件开发设计者需要考虑所使用硬件的结构属性,但无须考虑硬件的逻辑性与物理性。

工作单元(对计算机来说即是指令)之间存在处理次序与数据依赖等关联性,工作单元之间处理次序的控制机制称为工作驱动,工作单元之间数据依赖的控制机制称为数据传递,工作驱动与数据传递则是计算模型的两项基本内容。数据传递指依据数据依赖的关联性,实现一个工作单元向另一个工作单元传送数据,数据传递方式有共享存储和专用存储两种。工作驱动指依据处理次序的关联性,实现一个工作单元结束向另一个工作单元开始的转换,目前工作驱动方式有程序驱动和非程序驱动两种。工作驱动方式是计算模型的核心,计算机的驱动方式不同,工作原理则不一样,因此它是区分传统计算机与新型计算机的关键。

由于当前使用的(传统的)计算机采用"程序驱动、共享存储"的计算规则,所以称为程序驱动或程序控制计算机,通常讲的计算机特指程序驱动的;而计算机体系结构原型由美籍匈牙利数学家、计算机之父冯·诺依曼(John von Neumann)构建,所以又称为冯·诺依曼计算机。所谓程序驱动是指指令处理次序由指令计数器控制,其工作原理为"存储程序、顺序驱动、指令控制"。非程序驱动目前主要有数据驱动、需求驱动和匹配驱动 3 种方式,这样也就提出了数据流计算机、归约计算机和智能计算机 3 种新型计算机,其中数据驱动计算模型及其相应的数据流计算机体系结构的研究目前较为完善。

2. 需求驱动及其归约计算机

需求驱动是指程序中任一条指令仅在需要用到其输出结果时才开始启动处理,即如果一条指令由于源操作数未具备而得不到结果操作数,则再启动得到各个源操作数的指令,由此把需求链一直延伸下去,直至是常数或外部输入的源数据为止,而后按反方向处理指令。显然,需求驱动仅对需要用到其结果操作数的指令处理,从而最低限度地处理指令,免除了冗余指令的处理,所以它比其他驱动方式的计算量要小。

采用需求驱动的计算机称为归约计算机,其计算规则称为"需求驱动、专用存储",由于需求源于函数式程序设计语言对表达式的归约,所以又称为函数式程序设计语言计算机。需求归约过程是用值来替换最内层每个可归约的表达式,这样又形成新的最内层可归约表达式,重复此过程直至程序全部被归约,最后表达式为结果操作数。归约计算机除不需要指令计数器外,应具有以下 3 个属性。

(1) 机器语言是函数式的,以便于归约过程的实现。

(2) 应是一种并行结构的多处理机,且最好采用树状或多层次复合互连,以满足并行归约计算的需要。

(3) 应具备大容量物理存储器,且支持虚拟存储管理和高效动态存储分配,以满足专用存储的归约过程对存储空间的要求。

3. 匹配驱动及其智能计算机

匹配驱动是指程序运行受控于寻找谓词匹配和度量的归一操作,而谓词是代表客体之间关系的一种字符串模式。采用匹配驱动的计算机称为智能计算机,它适用于求解非数值的符号演算,即适合于模拟、代替和拓宽人的思维活动(含理解、说明、判断、归约、评价、演绎、推理、发现和解题等)。所谓智能是指对大量知识进行获取与表示,并利用其进行演绎推理,形成新的知识。智能计算机除不需要指令计数器外,应具有以下 4 个属性。

(1) 应具有分散线性容量大的知识库,且支持高效动态存储分配,以存储大量信息和知识。

(2) 应是一种高度并行、多重分布结构的多处理机,以有效支持串行有序处理和充分开拓问题求解中的并行性。

(3) 其结构应动态可变与开放易扩充,以便于不断获取、积累和完善知识,提高学习、推理、判断和问题求解的能力。

(4) 具备自然语言、声音文字、图形图像等的人机界面。

1.1.2 计算机发展的演变与现状

1. 计算机发展的历史进程

计算机在七十多年的发展历程中,可分为两个发展时期。前三十多年为器件更新换代期,以逻辑器件设计为主体,使个体性能不断提高;后三十多年为体系结构改进期,以逻辑器件组织为主体,使整体性能不断提高。当然,计算机逻辑器件的换代,体系结构一定随之更新;计算机体系结构的改进,一定程度上依赖于逻辑器件的发展。

以器件更新换代为主体,前三十多年计算机发展一般划分为 4 个时代。①20 世纪 40 年代中期到 50 年代后期的电子管计算机时代,这时使用的逻辑元件为电子管,主要应用于科学计算。②20 世纪 50 年代后期到 60 年代中期的晶体管计算机时代,这时使用的逻辑元件为晶体管,应用领域扩展到数据处理与工程设计。③20 世纪 60 年代中期到 70 年代中期的集成电路计算机时代,这时使用的逻辑器件为集成电路芯片,应用领域进一步扩大,尤其以工业控制最为突出。④20 世纪 70 年代中期以后的超大规模集成电路计算机时代,这时使用的逻辑器件为超大规模集成电路(very large scale integration circuit,VLSI)芯片,其应用领域从生产领域进入人们的工作与生活当中。可见,计算机使用的逻辑器件大约每十年完成一次换代,其中超大规模集成电路发展了三十多年;每一次逻辑器件的换代,一方面使计算机性能特性越来越好,另一方面推动计算机体系结构的改善。

以体系结构改进为主体,后三十多年计算机发展一般划分为两个阶段。①20 世纪 90 年代中期之前的单处理机结构改进阶段,采用先行控制流水线等技术,实现指令级或数据操作级高度并行。②20 世纪 90 年代中期之后的多处理机结构改进阶段,采用微处理器互连协同等技术,实现线程级或进程作业级并行。可见,计算机并行处理能力的提高依赖于其体系结构的改进,不同体系结构的计算机其并行性级别不同。

2. 现代计算机体系结构的特点

通过对冯·诺依曼体系结构的不断改进,现代计算机体系结构发生了巨大变化,并形成了以下 5 个主要特点。

(1) 软硬件功能分配更加科学合理。通过对软硬件功能界面的优化设计,使计算机性价比达到最佳状态。

(2) 计算过程的并行处理能力强。通过采用各种并行处理技术,在微操作级、操作级、指令级、线程级、进程级等不同级别上,采用硬件支持并行性的实现,使计算速度得到极大提高。

(3) 存储器的组织结构基本可以满足需要。采用预取缓冲技术、层次与并行组织技术、互连存储技术、存储保护技术等,通过存储管理部件的支持实现,使存储器具有价格低、速度快和容量大的特点。

(4) 高性能的微处理器得以实现。采用流水线技术、线程并行技术、多核技术、精简指令技术、Cache 技术等组织设计微处理器,使微处理器性能提高。

(5) 多处理机组织结构占据统治地位。进入 21 世纪以来,以高性能的微处理器为基础组成的计算机取代了基于逻辑电路或门阵列的大中小型计算机。

3. 计算机发展的方向

目前,程序驱动计算机仍是计算机发展的主流,高性能化、专业微型化和功能综合化则是其主要的发展方向。

1) 高性能化

高性能巨型计算机是冯·诺依曼计算机永恒的发展方向。高性能巨型计算机是计算机科学技术水平的体现,是一个国家尖端科技发展程度的标志,它的研究可以推动计算机体系结构、软硬件理论与技术、计算数学和计算机应用技术等多学科的进步。另外,军事武器、天文气侯等领域的模拟仿真与科学计算,会随着研究的深入和应用范围的扩大,对计算机的运算速度、存储容量等要求越来越高。

2）专业微型化

专业性超微计算机是冯·诺依曼计算机另一永恒的发展方向。计算机应用领域与市场范围是计算机发展的前提条件，工业控制、信息管理、办公自动化、仪器仪表、家用电器、汽车电子、智能手机、便携式互联网设备等均需要价格低廉的专业性超微计算机。另外，专业性超微计算机是计算机应用技术水平的体现。

3）功能综合化

计算机互联可以有效地实现数据与计算资源共享、提高计算机的使用效率，多媒体技术使计算机可以人性化地集文、图、声、像于一体来接收与展示信息，具备逻辑推理、自适应学习、自行求解问题等能力的计算机是拓展计算机应用的基础。因此，在计算机具备原始计算能力的基础上，实现网络化、多媒体化和智能化等功能是计算机发展的必然要求。

4. 未来计算机的展望

从计算机的发展历程可以看出，逻辑器件和体系结构是推动计算机发展的关键因素，即未来的计算机发展取决于基础元件和体系结构的变化。由于基础元件的变化必然导致体系结构的更新，所以未来计算机发展有两条途径：基础元件不变体系结构改变，或者基础元件改变体系结构更新。而新型的基础元件目前还在理论与应用基础研究中，一般来说，基础元件不变体系结构改变的计算机，先于基础元件改变体系结构更新的计算机出现。

1）以集成电路为基础的计算机

在相当一段时期内，基于集成电路的计算机还难以退出历史舞台，也必将是计算机发展研究的主体，其发展研究技术路线有两条。一是继承"存储程序控制"原理，沿着计算机发展的方向，改进计算机体系结构；特别是"第五代智能"集成电路芯片的发展，未来计算机将具有大容量知识存储及其高速检索机构、多媒体信息（如文字、声音、图像等）自动转换接口等能力，从而实现逻辑推理、自适应学习等功能；使计算机不仅如前四代一样，在速度、容量和可靠性等方面进一步得到量的提高，还将在"智能"等方面产生质的飞跃，这种计算机称为智能计算机。二是摒弃"存储程序控制"原理（即控制驱动），应用如"数据驱动"等新的原理，更新计算机体系结构，即使集成电路芯片不进行大的改变，也可极大地提高计算机速度，这类"数据驱动"的计算机称为数据流计算机。

2）以新型基础元件为基础的计算机

很多科学家很早就意识到，作为计算机基础元件的集成电路制造工艺将达到极限，速度和规模也将是有限的。20 世纪 80 年代，美国等发达国家开始新型计算机基础元件的研究，如光电元件、超导元件、生物元件、量子元件等，以这些新型基础元件为基础的计算机相应地称为光电计算机、超导计算机、生物计算机、量子计算机等。光电计算机采用光信号传输，处理速度将提高成千上万倍，体积也将进一步缩小；超导器件功耗极低，几乎不耗电，处理速度将提高成百上千倍；生物计算机不用电，能模拟人的机能即时处理大量复杂信息，处理速度不可估量。新型基础元件的计算机将使计算机绽放出新的光彩。

1.1.3 计算机体系结构及其分类

1. 什么是计算机体系结构

"计算机体系结构"来源于英文 computer architecture，也可翻译为"计算机系统结构"。

architecture 这个词原来用于建筑领域,本义为"建筑学""建筑物的设计或式样",是指一个系统的外貌。"计算机体系结构"一词于 20 世纪 60 年代被引入计算机领域,70 年代开始广泛采用,并成为一门学科名称。但是,由于计算机软硬件界面在动态地变化,至今仍有各种各样的理解。

"计算机体系结构"是由 G.M.Amdahl 等人于 1964 年提出的,当时指程序员看到的计算机属性,即程序员为编写出可以在计算机上正确运行的程序所必须掌握的计算机功能特性与概念结构。但从计算机系统的层次性来看,不同层级的计算机程序员所看到的计算机属性显然不同,即各层级的计算机均存在对应的体系结构,而且低层级的计算机属性对高层级程序员是透明的。例如,高级语言程序员所看到的计算机属性是编译软件、操作系统、数据库管理系统和网络软件等,汇编语言程序员所看到的计算机属性是通用寄存器、中断机构等,且汇编语言程序员所看到的计算机属性对于高级语言程序员来说是透明的。实际上,Amdahl 等人提出的程序员是指机器语言程序员和编译软件设计者,计算机属性是硬件电路的功能特性与概念结构,是计算机的外特性。因此,计算机体系结构的定义为:机器语言程序员所必须掌握的计算机的功能特性与概念结构。

2. 计算机体系结构的范畴

由于软件与硬件在逻辑功能实现上是等效的,软件可以对硬件功能进行扩充与完善。所以,计算机系统的功能目标不可能直接确定计算机(硬件)属性,必须在确定软件与硬件的功能界面或对软件与硬件的功能进行分配的基础上,明确哪些功能目标由软件实现,哪些功能目标由硬件实现,由此才能确定计算机属性(计算机体系结构)。对于机器语言程序员,必须掌握的计算机(硬件)属性(功能特性与概念结构)包含如下 9 项(即计算机体系结构的范畴)。

(1) 数据表示,包括数据类型及其编码方法与表示格式等。

(2) 指令系统,包括机器指令集,各指令实现的功能操作、编码方法与表示格式等,指令格式优化设计、指令之间的排序方式与控制执行机构。

(3) 寻址方式,包括各种存储部件的寻址方式,它们的表示与变换方法、有效地址长度等。

(4) 寄存器组织,包括寄存器类型如操作数寄存器、变址寄存器、控制寄存器及专用寄存器等,以及各种寄存器的定义、数量、长度与使用约定等。

(5) 主存储器组织,包括编址单位、编址方式、存储容量、可编址空间、程序装入定位和存储层次等。

(6) 中断机构,包括中断类型、中断分级、中断请求、中断响应、中断源识别、中断处理等。

(7) 机器状态,包括状态类型如管态、目态等,状态定义及其相互间的切换。

(8) 输入输出组织,包括响应定时方式、数据传送方式与格式、操作控制方式、一次性传送数据量、传送结束与出错标志等。

(9) 信息保护,包括信息保护方式和硬件对信息保护的支持等。

"计算机体系结构"作为一门学科,不可能仅研究"软硬件功能分配"这么一个狭小问题。Amdahl 等人对计算机体系结构定义的核心是指令系统及执行模型,可见计算机属性的实现方法才是计算机体系结构研究的主要问题。所以,计算机体系结构研究任务为:软硬件功能分配和硬件功能实现的最佳方法途径。可见,计算机体系结构是软件与硬件的界面。

对于设计好的一种体系结构,硬件设计者根据速度、性能与价格,采用相应的组成逻辑与物理实现,建立对应的物理计算机;软件设计者则脱离相应的物理计算机,编制系统软件,建立对应的虚拟计算机。

3. 计算机体系结构分类

人们从计算机的外在特性出发,对计算机进行了多种分类,如按性能与价格分、按用途分、按处理机个数分等。计算机最基本的内在特性是并行处理能力,而计算机并行处理能力由体系结构来决定,因此便有人从并行处理能力出发,按并行性来对计算机体系结构进行分类。按并行性来对计算机体系结构进行分类也有多种方法,人们普遍认可的是费林分类法或多倍性分类法。

计算机的基本功能是通过执行指令序列来对数据序列进行加工,这样在程序运行过程中,各部件之间便存在指令与数据流动,由此形成了指令流与数据流。指令流(instruction stream)是处理器执行的指令序列,数据流(data stream)是根据指令操作需要依次存取的数据序列。指令流与数据流均是面向程序运行的动态概念,它们不同于面向程序存储的静态指令序列,也不同于面向数据存储的静态分配序列。多倍性(multiplicity)指在处理机最受限制部件上,可以同时处于该部件的指令或数据的最大个数。显然,多倍性可以有效地反映指令或数据的并行性。

1966 年费林(Michael.J.Flynn)按指令流与数据流的多倍性及其不同组织形式,将计算机体系结构分为单指令流单数据流、单指令流多数据流、多指令流单数据流和多指令流多数据流等 4 种类型。费林分类法反映了大多数计算机的工作方式、结构特点和并行性,但有的计算机按费林分类法无法归类,如流水线处理机。

(1) 单指令流单数据流(single instruction single data,SISD)指控制部件(control unit,CU)一次仅能对一条指令译码,仅能对一个执行部件(processing unit,PU)分配数据,概念模型如图 1-1 所示(图中 IS、SI、DS 和 MM 分别表示指令流、控制信号序列、数据流和存储模块)。SISD 体系结构以流水线处理机为代表,它可以是单存储体,也可以是多存储体,但一次仅读写一个数据。

(2) 单指令流多数据流(single instruction multiple data,SIMD)指在同一控制部件的管理控制下,多个 PU 均接收到控制部件发送来的同一组控制信号序列,但操作对象来自于不同数据流的数据,概念模型如图 1-2 所示。SIMD 体系结构以阵列处理机为代表,当共享存储器时是一个多体多字存储器。

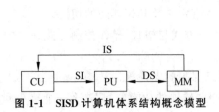

图 1-1 SISD 计算机体系结构概念模型

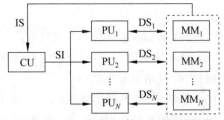

图 1-2 SIMD 计算机体系结构概念模型

(3) 多指令流单数据流(multiple instruction single data,MISD)指多个执行部件各自有相应控制部件,并接收不同指令的控制信号序列,但操作对象为同一数据流的数据或其派生的数据(如中间结果),概念模型如图 1-3 所示。MISD 体系结构无实用价值,目前也没有相应的实际处理机。

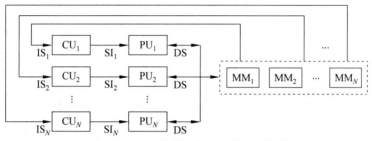

图 1-3　MISD 计算机体系结构概念模型

(4) 多指令流多数据流(multiple instruction multiple data,MIMD)指包含多个各自有相应 CU 的 PU,并接收不同指令的控制信号序列,而且操作对象来自于不同数据流的数据,概念模型如图 1-4 所示,大多数多处理机都是 MIMD 结构。该结构的 N 个处理机之间存在相互作用,而数据流的来源有两种情况:一种是如果 N 个数据流来源于共享的同一数据空间,则处理机之间相互作用程度很高,为紧密耦合;另一种是如果 N 个数据流来源于共享的不同数据空间,则可以认为是 N 个 SISD 的集合,为松散耦合。

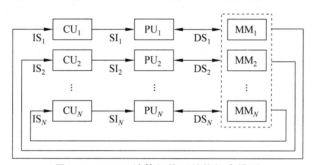

图 1-4　MIMD 计算机体系结构概念模型

1.1.4　并行性及其提高的技术途径

1. 并行性及其基本形式

一个计算任务(信息处理过程)通常包含许多运算或操作,为了缩短计算时间与提高计算效率,就需要挖掘出其中可以并行执行的运算或操作,以使运算或操作并行执行,实现计算任务的并行处理。显然,计算任务能否并行处理,取决于其所包含的运算或操作是否可以并行执行,如果运算或操作可以并行执行,则认为计算任务具有并行性,否则为没有并行性。所谓并行性是指计算任务中具有可以并行执行运算或操作的特性。

并行性包括同时性和并发性等两种基本形式。同时性是指两个(或两个以上)运算或操作可以在同一时间执行,即一个运算或操作执行时间完全被另一个所重叠或包含。并发性是指两个(或两个以上)运算或操作可以在同一时间间隔内执行,即一个运算或操作执行时间仅有部分与另一个重叠。

2. 并行处理(并行性)及其度量标准

当计算任务存在并行性时,必须利用某种工具或手段来实现。所以并行处理是指信息处理过程中并行性挖掘并实现的有效形式。目前,计算任务往往是由计算机实现的,这就要求计算机具有并行处理能力,通过挖掘程序(即计算任务)中的并行性,提高计算机(系统)的性能。计算机并行处理能力(并行性实现程度)目前还没有统一的度量标准,比较公认的度量标准主要有以下4种。

(1) 指令级并行度(instruction level parallelism,ILP)。指令级并行度是指计算机每个时钟周期执行指令的条数;一般 ILP≤1,若 ILP>1,则需要特殊并行处理技术来支持。

(2) 线程级并行度(thread level parallelism,TLP)。线程级并行度是指计算机可以并行执行线程的粒度大小,粒度越大,并行度越高。线程级并行性实现,需要专门的并行处理技术来支持。

(3) 数据级并行度(data level parallelism,DLP)。数据级并行度是指计算机数据处理的字符数或数据流通路的条数。数据流通路越多,并行度越高。

(4) 多机级耦合度。多机级耦合度是指计算机之间的数据或功能的关联程度,用于体现任务或作业之间的并行处理。关联度越大,并行度越高。

3. 并行算法及其适应性

算法即计算方法,是指依据计算模型研究设计的、完成某种或某类计算任务的过程步骤。通常依据算法是否存在并行性,把算法分为串行算法与并行算法,存在并行性为并行算法,否则为串行算法。由于并行程度有高低之分、并行运算或操作存在差异,使得同一计算任务可能存在多种本质不同的并行算法。

串行计算具有一个普遍适用的计算规则,也就有一个统一的计算模型,串行算法与串行计算机体系结构均是根据该计算模型来开发设计的,所以串行算法与串行计算机体系结是相对独立的,在某台串行计算机上是最优的算法,在另一台串行计算机上往往也是最优的。冯·诺依曼计算机采用"程序顺序驱动、共享存储传递"的计算模型,其体系结构是串行的,而人们通常学习的是串行算法,所以软件开发设计者可以脱离计算机(硬件)进行算法研究。

并行处理的实现需要有相应算法的支持,所谓并行算法是指实现并行处理的算法。并行计算比串行计算复杂得多,目前还没有一个普遍适用的计算模型,并行算法的开发设计依赖于某种并行计算机体系结构,并行计算机体系结构的开发设计依赖于某种并行算法,所以并行算法与并行计算机体系结构密切相关、相互适应而构成一个整体。也就是说,一台计算机具有高性能是相对于某种或某类算法而言,而算法优劣是相对于某种或某类计算机体系结构而言。例如,阵列处理机的计算性能对于阵列类型的数据处理是很高的,但对于原子类型的数据处理却体现不出来;对于标量连续累加,超流水线处理机的计算效率很高,向量处理机的计算效率不高,而向量计算则反之。所以,体系结构开发设计者应针对某些应用领域,在分析一类算法(不是一个算法)的基础上,构造适应该类算法的并行计算机体系结构。并行算法开发设计者则依据某种并行计算机体系结构,构造出适应于该体系结构的算法。由此使得专用计算机与通用计算机一直是计算机体系结构研究的两个方向,同一问题的求解算法(除研究透彻的外)存在许多种开发设计的原因。

4. 提高计算机并行性的技术途径

为了提高计算机的并行性或并行处理能力,一般可以通过时间重叠、资源重复和资源共享等3条技术途径来实现。

1）时间重叠

时间重叠（time interleaving）是指让多个处理过程在时间上错开，轮流重叠地使用同一套硬件资源的各个部分，通过提高硬件利用率来提高处理速度。例如，对指令内部各操作步骤采用重叠流水处理方式，若一条指令的解释处理分为取指、分析和执行 3 个操作，并分别使用相应的取指、分析和执行部件来完成，设每个操作的完成时间皆为 Δt，那么第 k 条指令、第 $k+1$ 条指令和第 $k+2$ 条指令就可以在时间上重叠起来，3 条指令彼此在时间上错开，以流水线方式进行解释处理。当然，时间重叠并没有缩短指令的处理时间，但加快了程序的运行速度。时间重叠通过时间因素来实现并行性，一般不需要增加硬件就可以提高计算机性能。

2）资源重复

资源重复（resource replication）是指通过重复设置硬件资源，多个处理过程使用不同的硬件资源，在提高计算机可靠性的同时也会提高处理速度。例如，设置 N 个完全相同的 PU，让它们受同一个 CU 控制，CU 每执行一条指令就可以同时让各个执行部件对各自分配到的数据进行同一种运算。当然，资源重复也没有缩短运算的处理时间，但加快了指令的处理速度。早期由于受到硬件价格的限制，资源重复以提高可靠性为主，现在利用资源重复是为了提高计算机性能。资源重复通过空间因素来实现并行性，一般需要增加硬件才能提高计算机性能。时间重叠以并发性形式体现并行性，而资源重复则以同时性体现并行性。

3）资源共享

资源共享（resource sharing）指利用软件方法让多个处理过程按一定时间顺序轮流地使用同一套硬件资源，通过提高计算机资源利用率来提高处理速度。例如，分时操作系统就是使多道程序共享 CPU、主存和外围设备等。当然，资源共享不仅限于共享硬件资源，软件资源和信息资源也可以共享。

1.2　并行计算机体系结构概论

1.2.1　并行计算模型

1. 并行计算模型及其类型

计算模型是算法与程序设计的基础，而算法有串行与并行之分，所以计算模型也可以分为串行计算模型与并行计算模型。"程序驱动、共享存储"计算模型是普遍适用的串行计算模型，计算机体系结构原型（即冯·诺依曼型）便是基于该计算模型构建的，据此设计实现的计算机自然为普遍适用的串行计算机，即该计算机普遍适用于任何计算任务。

理想的计算模型应足够抽象，与具体硬件平台无关，又足够具体，以便能够真正反映工作性能与特性。并行计算模型除工作驱动与数据传递这两项基本内容需要定义外，还蕴涵许多属性需要规范。从组成来看，有并行单元的数量（是几十个的小规模、上百个的中规模还是成千个的大规模）、功能（是单处理机还是处理机群）、连接（拓扑结构、控制方式等）、通信（是共享变量还是消息传递）等。从应用来看，有存储单元的操作顺序（同步互斥问题）、共享数据的完整（数据一致性问题）、并行程序的编写与调试、性能评测等。所以对于并行计算，至今还没有一个类似于冯·诺依曼型的普遍适用的计算模型，目前所提出的并行计算模型均是从不同的并行计算机体系结构中抽象出来的。parallel random access machine (PRAM)计算模型是根据共享存储的 SIMD 体系结构抽象的、asynchronous parallel random access machine(APRAM)计算模型是根据共享存储的多处理机体系结构抽象的、bulk synchronous parallel(BSP)计算模型是根据分布存储的多计算机体系结构抽象的。这些并行计算模型不适合基于局域网的机群(cluster of workstation,COW)体系结构,更不适合基于远程网络的格点体系结构。可见,在研究设计并行算法时,应明确所依据的并行计算模型。

2. PRAM 计算模型

PRAM 计算模型为同步模型,又称为共享存储器 SIMD 计算模型,节点为处理单元。PRAM 计算模型的建立基于 3 个假设:共享存储器容量无限,包含有限或无限个功能相同的处理单元且具有简单的算术运算和逻辑判断功能,任何时刻处理单元之间可以通过共享存储单元交换数据。PRAM 计算模型的主要优点有:特别适用于并行算法的表达、分析和判断;使用简单,处理单元之间的通信、存储管理和进程同步等低级细粒度的操作均隐含于模型之中;并行算法设计容易且通用性较强,稍加修改即可应用于基于该模型不同类型的并行计算机。但 PRAM 计算模型的缺陷也极其突出,主要有:各处理单元均可以在单位时间内访问任何存储单元,忽略了存储竞争和有限带宽的限制;各处理单元完全同步操作,很多计算往往无法满足且实现费时;共享存储器使其适用性有限,对非共享存储器的体系结构完全无效。

当所有处理单元共享存储器时,由于同时写是不可能的,所以对存储单元的访问必然需要限制,PRAM 计算模型对存储访问的限制可以分为:不允许同时读与写、允许同时读但不允许同时写、允许同时读与写。对于允许同时写,需要加以规范,规范又分为仅允许同时写相同数、允许最先到达的处理单元先写、允许处理单元自由写,这时便需要为共享存储器配置专门的控制器来控制写操作。显然,当允许处理单元自由写时,共享存储器的控制器会变得极其复杂。

3. APRAM 计算模型

APRAM 计算模型为异步模型,又称为分相 PRAM 计算模型,节点为处理器。APRAM 计算模型的计算由系列通过同步(路)障分开的全局相(phase)组成,在全局相内,各处理器异步运行自己的局部程序,且每个局部程序以同步障指令结束。APRAM 计算模型具有 5 个特点:①每个处理器均有本地存储器、局部时钟和局部程序;②处理器之间可以通过共享全局存储器交换数据;③无全局时钟,各处理器处理自己的指令;④处理器任何时间的依赖关系均需要在其局部程序中加入同步障;⑤各处理器均可以异步读写全局存储器,但同相内不允许两个处理器同时访问同一存储单元。

APRAM 计算模型包含的指令类型一般有 4 种:全局读、全局写、局部操作和同步障等。全局读是将全局存储单元的内容读取到局部存储单元;全局写是将局部存储单元的内容写入全局存储单元;局部操作指对局部存储单元的数据进行操作且结果存入局部存储器中;同步障指并行计算中的一个逻辑点,各处理器在该点处均需要等待,直至其他处理器到达才能继续运行其局部程序。

4. BSP 计算模型

BSP 计算模型为同步模型,又称为大同步模型,节点为处理机(含有存储器),所对应的体系结构通常采用处理机数 P、选路器吞吐率(即带宽因子)g、全局同步时延 L 3 个参数来描述。BSP 计算模型的计算由系列通过全局同步分开的周期为 L 的超级步(superstep)组成,在超级步内,各处理器异步进行自己的局部计算,并利用选路器交换数据,通过全局检查来确定本超级步是否结束。BSP 计算模型具有 4 个特点:①处理机与选路器分离,且选路器仅用于消息传递,不具备组合、复制和广播等功能,这样便使计算与通信分开,隐藏了具体的网络拓扑和简化了通信协议;②利用硬件在可控粗粒度级实现全局同步,从而使紧密耦合同步并行算法得以有效实现,减轻了程序员负担;③通过增大通信带宽、提高指令处理速度等硬件措施和加大并行粒度等软件措施,可以合适地平衡计算时间和通信时延,这样便可以简化编程;④基于 PRAM 计算模型的许多算法也适用于该体系结构,且避免了自动存储管理的额外开销,通用性较强。

BSP 计算模型的优势有:可以在超立方体网络和光交叉开关网络上实现,其与特定的工艺无关;全局同步障可以由硬件实现,这在其他计算模型中仅由软件实现。BSP 计算模型的基本缺陷为在超级步开始发送的数据即使通信时延比超级步时间短,也仅可以在下一个超级步使用。

1.2.2　并行计算机及其发展历程

1. 并行计算机及其类型

改进计算机体系结构的目的是:通过提高计算机的并行处理能力来提高计算机的性能。由于并行处理能力程度有差异、并行性级别有高低,低级别并行性实现往往不是依赖于体系结构的改进,而是由组成逻辑带来的,所以不能把具有并行处理能力的计算机均称为并行计算机。例如,在逻辑器件更新换代期,将集中控制改为分散控制以实现运算操作与输入输出并行,由并行加法器代替串行加法器以实现数据位并行等。仅当计算机并行处理能力提高到一定程度、并行性提高到一定级别(例如,通过多个控制部件并行控制来实现进程任务并行,利用多个处理单元并行操作来实现数据字并行等),才可称为新的体系结构,进入并行处理领域。所以,从广义上来说,把具有并行处理能力且进入并行处理领域的计算机称为并行计算机。根据并行计算机广义性定义,从体系结构特性来看,并行计算机目前包含以下4 种类型、3 种实现形式。

(1) 流水线处理机:实现部件时间重叠并行,实现形式属于 SISD。

(2) 阵列处理机:实现资源重复空间并行,实现形式属于 SIMD。

(3) 多处理机:实现资源共享异步并行,实现形式属于 MIMD。

(4) 数据流处理机:实现数据组织异步并行,实现形式属于 MIMD。

特别地,并行计算机与高性能计算机这两个概念是有区别的,高性能计算机泛指速度很快的计算机,如大型计算机、超级计算机和并行计算机都是高性能计算机。但要达到高性能,单靠改进电路工艺、提高器件速度、改善单处理机的体系结构等是极为有限的。采用多个处理机协同工作则更为有效,因此有时会把并行计算机作为高性能计算机的代名词,这样并行计算机的范围变窄,也就有狭义性定义。从狭义上来说,并行计算机指由相互通信协作的多个处理器组成的、能快速高效求解大型复杂问题的计算机。它仅包含两种类型:多处理机和数据流处理机。一种实现形式:MIMD。本书讨论的即是狭义上的并行计算机。

2. 并行计算机的发展历程

并行计算机的概念是相对于串行计算机而言的,所谓串行计算机指单处理器按程序(标量)指令序顺序处理指令的计算机,由串行计算机演变发展到并行计算机的过程如图 1-5 所示。

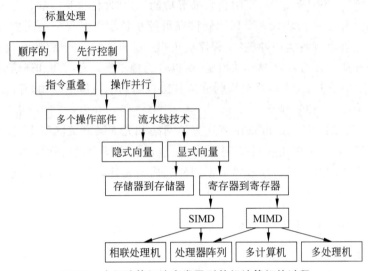

图 1-5　串行计算机演变发展到并行计算机的过程

(1) 采用先行控制技术改进串行标量处理机,使指令之间在时间上重叠处理,这时运算操作功能段成为瓶颈。通过设置多个操作部件,由此形成指令流水线,产生了 SISD 并行计算机——流水线处理机。

(2) 静态多功能流水线在连续输入相同任务时,吞吐率与效率极高,特别适应于向量的运算操作,采用运算操作流水线来实现数据运算操作的(时间重叠)高度并行,由此产生了 SISD 并行计算机——向量处理机(显式)。另外,通过重复设置运算操作单元来实现数据运算操作的同步(空间)高度并行,由此产生了 SIMD 并行计算机——阵列处理机。

(3) 按阵列处理机体系结构,若重复设置处理器,则可以实现数据运算操作和指令的同步(空间)高度并行,由此产生了 MIMD 并行计算机——处理器阵列。若使处理器阵列中的处理器异步工作,便是 MIMD 并行计算机——多处理机(处理器之间采用共享变量通信)和多计算机(处理器之间采用消息传递通信)。

3. 并行计算机的发展目标

为什么要发展并行计算机?简单来说,串行计算机满足不了问题求解的要求,其要求主要有:计算速度、计算精度、计算时效和特殊计算等,所以并行计算机发展的目标主要有以下 4 方面。

(1) 加快计算速度。当求解的问题规模(计算负载)不变时,若将计算分散给多个处理单元同时执行,则可以加快计算速度,缩短计算时间,提高工作效率。

(2) 提高计算精度。在许多科学与工程计算中,由于精度的需要,往往需要加密计算格点(如油田油藏量及其分布的模拟计算等),从而使得问题规模增大、计算量增加,当问题规模增大到一定程度时,单处理器则无法胜任,必须利用多个处理器才可能实现。

(3) 改善计算时效。在许多科学与工程计算中,由于对实时性与时效性要求很高,一旦没有在一定时间内将问题求解,就可能失去问题求解的意义(如天气预报),这时单处理机无能为力,必须利用高性能的计算机才可能实现。

(4) 满足特殊计算。目前科学研究包括理论科学、实验科学、计算科学等基本方式,人们利用这 3 种方式,相辅相成地开展各项科学研究,可见模拟计算是不可缺少的。例如,当前核爆炸的模拟计算,其要求高分辨逼真、全物理三维等,这对计算机性能要求非常高(速度要求超过每秒万亿次浮点运算),这仅有大规模的并行计算机才可能达到。

使用并行计算机的主要目的是提高程序运行的速度。当一台有 N 个处理单元的并行计算机以峰值性能运行时,其理想的处理速度应该是一个单处理器计算机的 N 倍,但实际是不可能的。其原因在于:处理单元之间的通信开销、进程之间的同步开销、任务调度开销、任务划分不均匀而使一些处理单元空闲所导致的效率下降、互连网络的带宽及结构限制、数据存取的时延等。并行计算机的性能通常以加速比(SP)和效率(U)为标准。如果一个程序在单处理器上的运行时间为 T_1,而在有 N 个处理单元的并行计算机上运行时间为 T_N,并行计算机的峰值性能为:加速比 T_1/T_N、效率 SP/N,显然有:$0<\text{SP}<N$、$0<U<1$。

4. 并行计算机的发展源由

1) 应用需求拉动

当计算机在速度、精度、效率等方面不能满足应用需求时,便需要发展新的计算机体系结构的计算机。应用需求拉动并行计算机发展主要有以下 4 个方面。①科学与工程计算。在生物学、地球学、核物理学等领域和药物、飞行器气流、汽车碰撞模拟等方面,均需要进行复杂计算,这些复杂计算需要计算力极高的并行计算机才能实现;②商业事务处理。在许多商业事务处理中,对计算力的要求并不高,但它对存储容量、I/O 传输率、可靠性、有效性、服务性等要求极高,如数据仓库管理、数据挖掘、决策支持等,这些大规模事务处理依赖于并行计算机;③国计民生需求。与国计民生直接相关的如医疗保健、教育学习、环境保护、文化娱乐、国家安全等,需要并行计算机支撑;④网络数据应用。以互联网络为中心的应用,如 WWW 服务、多媒体处理、数字图书馆、远程学习等,要求连接在网络上的多台计算机协同互动、互通信息,这称为网络计算,而网络计算的发展源于并行计算机。

2) 技术发展支持

并行计算机的发展得益于计算机硬件、软件和网络等技术的支持。硬件包含高性能微处理器、高速大容量半导体存储器和存储层次等,网络则是高带宽低时延局域网。并行软件发展虽然进展较为缓慢,但通过多年的研究探索,也有了较深刻的认识。例如,并行软件的关键问题及其有效的解决方法,牺牲某些性能也应维持并行软件与体系结构无关,明确了并行程序设计语言的开发途径等。

3) 结构趋势必然

改进计算机体系结构的目的是提高计算机并行处理能力,由此来提高计算机的性能。对于单处理机,通过改进其体系结构,使并行性由细粒度的字位并行(并行加法器)、位片串字并行(多操作部件)和指令并行(超标量处理器与超流水线处理器),发展到中粒度的线程并行(多核处理器)。当单处理机的并行处理能力到达一定程度而形成瓶颈时,则开发运算操作部件阵列和多处理器等并行结构,使并行性实现粗粒度的进程或作业并行,从而便有了并行计算机。

1.2.3 并行计算的相关概念

1. 并行计算的相关术语

(1) 并行粒度。并行粒度指并行计算中并行任务计算所包含运算或操作的数量与复杂程度,并行粒度一般分为粗粒度和细粒度,有时还分中粒度。粗粒度指作业程序或指令数较多的进程程序,细粒度指一条指令或小段指令序列。显然,对于并行性、并行算法和并行处理等,也具有粗粒度与细粒度的区别。

(2) 并行通信量。并行通信量指并行计算中并行任务之间共享的数据量,或指某些并行任务的计算对其他并行任务计算的依赖性。并行通信量越大,并行任务之间异步性越弱,所以当并行通信量太大时,需要进一步将并行任务分割细化,以保证并行任务之间具有较强的异步性。

(3) 并行一致性。并行一致性指并行执行的运算操作是否相同,相同则具有并行一致性。体系结构不同的并行计算机,对并行一致性要求不同,如数据操作级并行的并行计算机(如向量处理机、阵列处理机)要求具有并行一致性。

(4) 任务分割。任务分割指将一个大计算任务分割成可以并行执行的多个子任务,把计算任务中固有的并行性尽可能地提取出来,以缩短计算任务的执行时间,为任务派生奠定基础。任务分割通常由用户或编译器实现,也可以在计算任务执行时由计算机实现。由于用户实现任务分割是在用户编程时,利用并行控制语句提取并行性,它是目前较为流行的方法,也是最原始的方法。对循环进行并行处理是目前最为常见的,一般将内层循环向量化,外层循环多重处理。

(5) 任务派生。任务派生指并行任务在何时、何处生成的过程,为任务调度奠定基础。任务派生分为静态任务派生和动态任务派生。静态任务派生指在任务计算程序运行之前就已确定并行任务在何时、何处生成,动态任务派生指在任务计算程序运行过程中随运行状态变化来确定并行任务在何时、何处生成。

(6) 任务调度。任务调度指从一个任务计算程序中派生出来的多个并行任务,最优地分配到并行计算机中各个处理单元上,以尽可能缩短计算任务的执行时间。任务调度是有效利用并行计算机的关键,任务调度有静态与动态之分。静态任务调度是根据全局信息,在编程或编译时把并行任务分配到指定的处理单元,在任务计算程序运行时不改变。动态任务调度是根据任务计算程序的运行状态,在专用硬件或操作系统的支持下,不断地把并行任务分配到处理单元。

(7) 任务同步。任务同步指一个并行任务计算对其他并行任务计算进程的依赖性,以保证相互协作的多个并行任务进程按正确的顺序执行。若并行算法中某些并行任务计算的开始依赖于其他并行任务计算的结束,则称其为同步并行算法,否则称为异步并行算法。

2. 任务分割、调度、同步之间的关系

任务分割、调度和同步是否有效,通常采用缩短任务计算程序的运行时间来度量,缩短运行时间越多,任务分割、调度和同步越有效。任务分割决定并行粒度,负载平衡取决于任务调度,任务同步开销与并行通信量有关,而负载平衡、并行开销与并行粒度有关,所以任务的分割、调度和同步三者之间是相互联系、相互影响的。任务分割的并行粒度越粗,通信与同步开销越少,任务同步越简单,但并行度低,负载平衡困难,任务调度复杂。任务分割的并行粒度细,并行度高,负载平衡容易,任务调度简单;但通信与同步开销随之增加,任务同步复杂。所以,最佳并行性(最佳的处理单元数目与并行执行时间)与任务分割、调度和同步密切相关,三者达到均衡才能取得最佳效果。

任务分割使并行粒度过粗或过细,均不能获得并行计算机的高利用率和任务计算程序的高性能。较理想的方法是用户编程或程序编译时进行分割,任务计算程序运行时又允许任务组合,以实现负载平衡和同步开销之间的平衡。

静态任务调度的优点是程序运行时没有调度开销,特别适用于仅需一次调度、程序不变而多次对不同数据求解的应用问题;而缺点是程序运行前,不可能确切知道任务执行时间,从而导致负载不易平衡,处理单元利用率不高。动态任务调度由硬件支持时,成本高,通用性差;由操作系统支持时,调度开销大。所以,动态与静态任务调度结合使用较为理想。

3. 并行性实现的结构适用性

由于并行计算机没有普遍适用的并行计算模型,所以并行计算机体系结构划分多种多样,不同体系结构的并行计算机适用于不同特性的并行算法或并行性。

(1)粒度粗细。粗粒度最适合于多处理机,当处理机之间的通信区域较小时,计算机局部网络亦适用。细粒度最适用于向量处理机,因为计算大矩阵和长向量时,可以串行计算分量,并将分量计算向量化。

(2)通信量。通信量大适用于具有共享存储器和高速通信网络的多处理机,通信量小适用于基于计算机局域网的多计算机。

(3)并行一致性。向量处理机和阵列处理机要求运算操作高度一致,即要求同样的运算操作重复分配到向量的各个分量。而多处理机和多计算机可以并行处理不同的指令,对运算操作的一致性要求较低。

(4)任务同步。阵列处理机的并行任务是高度同步的,而多处理机和多计算机的并行任务可以是同步的也可以是异步的。另外,细粒度共享变量数据传递方式的任务同步适用于多处理机,粗粒度消息传递共享变量数据传递方式的任务同步适用于多计算机。

4. 并行计算机软件

并行性开发和并行处理技术是同一问题的两个方面,它们实际是硬件、软件、语言、算法、性能评价等多方面研究的综合,其中软件是目前影响并行计算机性能的主要障碍,其好坏对并行计算机性能高低的影响可相差 $50 \sim 100$ 倍,甚至可能达几个数量级。并行计算机软件主要包括程序设计语言、操作系统、编译程序及其各种接口程序等,它们开发的基础为并行算法,并行算法描述的并行性实现需要并行程序设计语言和支撑并行处理的操作系统的支持,而目前 SIMD 同步算法已基本成熟,SIMD 异步算法和 MIMD 算法还有待研究。

目前,并行计算机上的操作系统大多是 UNIX,而 UNIX 并不是真正的并行操作系统,并行操作系统与串行操作系统主要差别在于并行操作系统比串行操作系统在资源调度、进程同步和通信等方面功能要强。

在并行计算机中,提高程序运行效率的关键是既要将程序分解为足够多的进程,又要尽量减少它们之间的同步与通信开销。因此,要求并行程序设计语言具有明确表达和抽取进程并行性的语句,以便在程序运行时提供相应的控制和管理手段,如并发任务的派生、通信和调度等。并行程序设计语言的实现有 3 条途径:一是将传统串行程序设计语言原封不动地移植到并行计算机上,由并行编译程序将程序并行化;二是在传统串行程序设计语言中增加并行控制语句,借助编译程序将程序并行化,该方法已取得较好效果;三是设计新的程序设计语言,开发具有自动识别串行程序并行性的编译程序。对于设计新的程序设计语言,由于涉及与现有软件的接口问题,在并行计算机上继续利用巨量软件仍然是一个难题。

1.2.4   并行算法的构建过程

并行算法与并行计算机体系结构的优劣是相对的,所以并行计算机获得高性能就必须有相应的并行算法或并行程序,即利用并行算法或并行程序来挖掘并行计算机的并行处理能力是并行计算机获得高性能的基本途径。并行算法或并行计算的构建过程包含 4 个步骤:任务分割(partitioning)、通信(communication)分析、任务组合(agglomeration)、任务映射(mapping),简称 PCAM,其基本思想为:在开拓算法并行性及其可扩放性基础上,优化算法的通信成本与全局执行时间,并通过不断反复回溯,以期达到满意的效果。在 PCAM 的过程步骤中,前两个步骤是开拓算法的并行性及其可扩放性等与体系结构无关的特性,后两个步骤是寻求算法的适用性及其高效性等与体系结构有关的特性。

1. 任务分割

任务分割的目的是挖掘计算任务的并行性,定义尽可能多的任务,增加并行执行的机会,提高并行算法的并行度及其可扩展性。而任务分割的基本策略为:先集中数据的分解(域分解或数据分解)后计算功能的分解,二者互为补充,以避免数据与计算的复制,使数据集与计算集互不相交。

1) 数据分解

数据分解的对象是数据,它包含输入数据、输出数据和计算过程所产生的中间结果数据,目前大多数并行性均属于数据并行。通过数据分解来发现数据并行,且数据并行具有较好的扩放性,易于实现负载平衡。数据分解的策略为:先将数据集分解为基本相等的数据块,再将计算关联到相应的数据上,由此产生一系列的任务。每个任务均包括数据和运算操作,当任务中的运算操作需要其他任务的数据时,便产生通信。

通常,优先进行最大或访问频度高的数据的分解,若把数据集看成一个立方体,数据分解则是由体到面、由面到线、由线到点,每个格点一般可以定义一个计算任务,以计算与维护格点及其相关数据。在计算的不同阶段,可能对不同数据进行运算操作,也可能对同一数据进行不同分解。

2) 功能分解

计算任务不仅存在数据并行,也存在运算操作并行,但运算操作并行比较有限,且不可能随着问题规模的扩大而增加。功能分解的对象是计算,通过功能分解来发现运算操作并行,运算操作并行具有极好的扩放性,但由于不同计算所涉及的数据量可能差异很大,所以运算操作并行难于实现负载平衡。功能分解的策略为:先将计算集分解,分解出来后再关联其所需要的数据;若一个计算所需要的数据与其他计算所需要的数据基本不相交,则该计算功能分解成功;若一个计算所需要的数据与其他计算所需要的数据重叠量较多,则通信量较大,还需要数据分解。

功能分解虽然对负载平衡没有益处,但有利于认识计算的内在结构,从而便于优化。例如,搜索树,其并无数据分解,而其功能分解为:开始为根生成一个计算,若其得不到一个解,则自根逐级向叶推进,生成一棵搜索子树。

2. 通信分析

由任务分割生成的若干子计算任务,由于任务之间可能存在数据重叠(或通信),即一个任务需要另一任务中的数据,所以一般不可能完全并行。通信分析就是用于明确哪些任务之间存在通信,以便于协调任务的执行,检验任务分割是否合理。

数据分解并未关注关联于数据的运算操作是否产生数据通信,难以确定任务之间是否存在数据重叠,因此数据通信一般要由功能分解来确定。任务之间一般有 4 种通信模式:

(1) 局部/全局通信,局部通信指任务仅与邻近的少数任务通信,全局通信指任务与很多任务通信;

(2) 结构化/非结构化通信,结构化通信指任务与邻近通信的任务形成规整结构,非结构化通信指任务与通信的任务形成任意结构网络;

(3) 静态/动态通信,静态通信指与任务通信的任务身份固定而不随时间改变,动态通信指与任务通信的任务身份可变且由所计算的数据决定;

(4) 同步/异步通信,同步通信指任务之间按规定时间进行通信操作,异步通信指任务之间由请求应答信号来进行通信操作。

3. 任务组合

通过任务分割和通信分析得到的算法是抽象的,没有考虑按期望性能在具体并行计算机上的执行效率和实现代价,而任务粒度会影响通信与调度的开销和负载平衡实现与软件工程(任务粒度越大,重复计算越多)的代价。所谓任务组合指重新选择任务分割及其所带来数据重叠(或通信),从而得到一个在某类并行计算机上具有高效性的并行算法。在任务数远多于处理单元数且数据重叠较多时,将多个小任务合并为一个大任务,以减少任务数,使任务数尽可能接近处理单元数,通过增加任务粒度来减少通信与调度开销、提高并行算法的适用性及其性能。

对于任何一个任务均存在一个"表-容效应",即任务通信量正比于其所需要数据的表面积,任务计算量正比于其所需要数据的容积。在二维问题的任务中,表面积与任务粒度成正比,容积则与任务粒度规模平方成正比,其通信量与计算量之比随任务粒度的增大而减少。对于容积(计算量)一定的任务,增加数据维数可以使表面积(通信量)减少,可见在条件同等时,高维数据分解更有效,从所有维组合任务有利于提高效率。

另外,任务组合时还需要考虑保持足够的灵活性,以维持并行算法的可转移性和可扩放性。

4. 任务映射

任务映射指将组合后的任务调度分配到处理单元上执行,以减少通信开销,提高处理单元利用率,使全局执行时间最短,实现负载平衡。任务映射包含两种基本策略:一是将可并行执行的任务分配到不同处理单元上,以增加并行度;二是将频繁通信的任务分配到同一处理单元上,以提高数据局部性。对于两个以内的处理单元,任务映射存在最佳解,但处理单元数等于或大于 3 时,任务映射成为 NP 完全问题,当然也可以利用特定策略如启发式算法来获得有效解。

负载平衡不是所有处理单元执行等量的任务,而是使所有的处理单元尽可能在相等时间内完成所分配到的任务,所以减少同步等待时间(含等待其他任务结束执行时间和本身串行执行时间)是实现负载平衡的基本途径。基于数据分解实现负载平衡的方法有很多,但其基本思想均是通过任务组合来为每个处理单元构建相适应的粗粒度任务。

1.3　并行计算机的互连网络

1.3.1　互连网络与互连函数

1. 互连网络及其分类

"互连网络"是 interconnection network 的中文译名,有时又翻译为"互联网络",但"连"与"联"并不是同义字。"连"指连接,偏重于物理性、直接备份性与时效性;"联"指联系,偏重于逻辑性、间接变换与功效性。从计算机工程领域来看,互连网络指利用电子线路,将许多电子产品(通常称为节点)连接在一起,以实现相互之间的信息交换。

根据互连网络连接节点的特性及其距离不同,可以分为系统域网络(system area network,SAN,0.5～25m)、局域网络(local area network,LAN,1～2000m)、城域网络(metropolitan area network,MAN,≥25km)和广域网络(wide area network,WAN,全球)。长距离互连网络是由短距离互连网络连接而成的。特别地,局域网、城域网和广域网用于网络之间互联,通常称为"互联网络"或"互联网";系统域网络用于计算机内部功能部件之间互连,通常称为"互连网络"。系统域互连网络指由开关元件按照一定的拓扑结构和控制方式构成的、用于实现计算机内部多个处理机或功能部件之间的相互连接及其信息交换。本节讨论的即是系统域互连网络。

根据互连网络的拓扑结构在运行期间是否可以重新组合,互连网络有静态拓扑和动态拓扑之分。静态拓扑指各个节点之间的物理通路是专用的,且固定连接而不能重新组合。动态拓扑指各个节点之间的物理通路可以通过设置相应开关重新组合,连接不固定。

2. 互连网络的描述方法

为了反映不同互连网络的连接特性,以在输入节点与输出节点之间建立相应的连接关系,通常采用图形和函数等两种方法来描述。在一般情况下,由于一个节点既可以作为输入端,又可以作为输出端,所以通常认为输入端数与输出端数是相等的。如果互连网络将 N 个节点连接在一起,则其有 N 个输入节点和 N 个输出节点;对于相应的互连函数来说,即有 N 个输入值和 N 个输出值,且输入变量和输出变量的值为 n 位二进制数,$n = \log_2 N$。

图形表示法采用连线图来描述输入节点与输出节点之间的连接关系,某互连网络连接关系的图形表示法如图 1-6 所示,其表示输入节点 0、1、2、3 分别与输出节点 1、0、3、2 连接。图形表示法虽然直观,但比较烦琐,且难以体现连接的规律性。

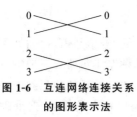

图 1-6　互连网络连接关系的图形表示法

函数表示法采用数学式子来描述输入节点与输出节点之间的连接关系,若用 x 表示输入端变量,则采用函数 $f(x)$ 表示输出端变量,函数 $f(x)$ 称为互连函数。互连网络的输入端与输出端通常采用二进制数编号来指示,则互连函数描述了输入端与输出端之间一一对应相连的连接关系。若 x 为 n 位二进制数,则互连函数一般写成 $f(x_{n-1}x_{n-2}\cdots x_1 x_0)$。特别地,有一种特殊的互连函数 $f(x)$ 称为循环互连函数,其所描述的连接关系为 $f(x_0) = x_1, f(x_1) = x_2, \cdots, f(x_J) = x_0$,即输入端号 x_0 连接于输出端号

x_1、输入端号 x_1 连接于输出端号 x_2，…，输入端号 x_J 连接于输出端号 x_0，且可以把循环互连函数表示为 $(x_0 x_1 \cdots x_J)$，$J+1$ 称为循环长度。

3. 常用互连函数

1）恒等互连函数

二进制编号相同的输入端与输出端之间对应相连所实现的连接关系称为恒等互连函数，其互连函数表达式为

$$I(x_{n-1} x_{n-2} \cdots x_1 x_0) = x_{n-1} x_{n-2} \cdots x_1 x_0$$

式中：$x_{n-1} x_{n-2} \cdots x_1 x_0$ 为输入端二进制编号或输出端二进制编号。

2）方体互连函数

二进制编号中第 k 位不同的输入端和输出端之间对应相连所实现的连接关系称为方体互连函数(cube)，其互连函数表达式为

$$C(x_{n-1} x_{n-2} \cdots x_{k+1} x_k x_{k-1} \cdots x_1 x_0) = x_{n-1} x_{n-2} \cdots x_{k+1} \overline{x_k} x_{k-1} \cdots x_1 x_0$$

式中：$x_{n-1} x_{n-2} \cdots x_{k+1} x_k x_{k-1} \cdots x_1 x_0$ 和 $x_{n-1} x_{n-2} \cdots x_{k+1} \overline{x_k} x_{k-1} \cdots x_1 x_0$ 分别为输入端二进制编号和输出端二进制编号，$0 \leqslant k \leqslant n-1$。显然，对于 N 个节点的互连网络，可以有 n 个方体互连函数 $C_0, C_1, \cdots, C_{n-1}$。

3）均匀洗牌互连函数

将输入端二进制编号循环左移一位得到对应相连的输出端二进制编号，由此所实现的连接关系称为均匀洗牌互连函数(shuffle)，其互连函数表达式为

$$\sigma(x_{n-1} x_{n-2} \cdots x_1 x_0) = x_{n-2} \cdots x_1 x_0 x_{n-1}$$

式中：$x_{n-1} x_{n-2} \cdots x_1 x_0$ 为输入端二进制编号；$x_{n-2} \cdots x_1 x_0 x_{n-1}$ 为输出端二进制编号。对于均匀洗牌互连函数，可以变形定义子洗牌与超洗牌、逆均匀洗牌与 q 洗牌等 4 种互连函数。

子洗牌是将输入端二进制编号的低 $k+1$ 位循环左移一位得到对应相连的输出端二进制编号，超洗牌则是将输入端二进制编号的高 $k+1$ 位循环左移一位得到对应相连的输出端二进制编号，它们的互连函数表达式分别为

$$\sigma_{(k)}(x_{n-1} x_{n-2} \cdots x_{k+1} x_k x_{k-1} \cdots x_1 x_0) = x_{n-1} x_{n-2} \cdots x_{k+1} x_{k-1} \cdots x_1 x_0 x_k$$

$$\sigma^{(k)}(x_{n-1} x_{n-2} \cdots x_{n-k} x_{n-k-1} x_{n-k-2} \cdots x_1 x_0) = x_{n-2} \cdots x_{n-k} x_{n-k-1} x_{n-1} x_{n-k-2} \cdots x_1 x_0$$

式中：$0 \leqslant k \leqslant n-1$。显然，对于 N 个节点的互连网络，则有 n 个子洗牌函数 $\sigma_{(0)}, \sigma_{(1)}, \cdots, \sigma_{(n-1)}$ 和 n 个超洗牌函数 $\sigma^{(0)}, \sigma^{(1)}, \cdots, \sigma^{(n-1)}$，且有

$$\sigma_{(n-1)}(x) = \sigma^{(n-1)}(x) = \sigma(x)$$

$$\sigma_{(0)}(x) = \sigma^{(0)}(x) = x$$

逆均匀洗牌是将输入端二进制编号循环右移一位得到对应相连的输出端二进制编号，由此所实现的连接关系称为逆均匀洗牌互连函数，其互连函数表达式为

$$\sigma^{-1}(x_{n-1} x_{n-2} \cdots x_1 x_0) = x_0 x_{n-1} x_{n-2} \cdots x_1$$

q 洗牌互连函数的表达式为

$$\sigma_{qr}(i) = \lfloor qi + i/qr \rfloor \bmod qr$$

式中：q 和 r 是正整数，$qr = N$，$0 \leqslant i \leqslant qr-1$。

4）蝶式互连函数

将输入端二进制编号的最高位与最低位互换位置得到对应相连的输出端二进制编号，由此所实现的连接关系称为蝶式互连函数(butterfly)，其互连函数表达式为

$$\beta(x_{n-1}x_{n-2}\cdots x_1 x_0)=x_0 x_{n-2}\cdots x_1 x_{n-1}$$

式中：$x_{n-1}x_{n-2}\cdots x_1 x_0$ 为输入端二进制编号；$x_0 x_{n-2}\cdots x_1 x_{n-1}$ 为输出端二进制编号。

对于蝶式互连函数，可以变形定义子蝶式与超蝶式两种互连函数。

子蝶式是将输入端二进制编号的第 k 位与最低位互换位置得到对应相连的输出端二进制编号，超蝶式则是将输入端二进制编号的第 $n-k-1$ 位与最高位互换位置得到对应相连的输出端二进制编号，它们的互连函数表达式分别为

$$\beta_{(k)}(x_{n-1}x_{n-2}\cdots x_{k+1}x_k x_{k-1}\cdots x_1 x_0)=x_{n-1}x_{n-2}\cdots x_{k+1}x_0 x_{k-1}\cdots x_1 x_k$$
$$\beta^{(k)}(x_{n-1}x_{n-2}\cdots x_{n-k}x_{n-k-1}x_{n-k-2}\cdots x_1 x_0)=x_{n-k-1}x_{n-2}\cdots x_{n-k}x_{n-1}x_{n-k-2}\cdots x_1 x_0$$

式中：$0\leqslant k\leqslant n-1$。显然，对于 N 个节点的互连网络，可以有 n 个子蝶式函数 $\beta_{(0)}$，$\beta_{(1)}$，$\cdots$，$\beta_{(n-1)}$ 和 n 个超蝶式函数 $\beta^{(0)}$，$\beta^{(1)}$，$\cdots$，$\beta^{(n-1)}$，且有

$$\beta^{(n-1)}(x)=\beta_{(n-1)}(x)=\beta(x)$$
$$\beta^{(0)}(x)=\beta_{(0)}(x)=x$$

5）位序颠倒互连函数

将输入端二进制编号的位序颠倒过来得到对应相连的输出端二进制编号，由此所实现的连接关系称为位序颠倒互连函数，其互连函数表达式为

$$\rho(x_{n-1}x_{n-2}\cdots x_1 x_0)=x_0 x_1\cdots x_{n-2}x_{n-1}$$

式中：$x_{n-1}x_{n-2}\cdots x_1 x_0$ 为输入端二进制编号；$x_0 x_1\cdots x_{n-2}x_{n-1}$ 为输出端二进制编号。

对于位序颠倒互连函数，可以变形定义子位序颠倒与超位序颠倒两种互连函数。

子位序颠倒是将输入端二进制编号的低 $k+1$ 位位序颠倒过来得到对应相连的输出端二进制编号，超位序颠倒则是将输入端二进制编号的高 $k+1$ 位位序颠倒过来得到对应相连的输出端二进制编号，它们的互连函数表达式分别为

$$\rho_{(k)}(x_{n-1}x_{n-2}\cdots x_{k+1}x_k x_{k-1}\cdots x_1 x_0)=x_{n-1}x_{n-2}\cdots x_{k+1}x_0 x_1\cdots x_{k-1}x_k$$
$$\rho^{(k)}(x_{n-1}x_{n-2}\cdots x_{n-k}x_{n-k-1}x_{n-k-2}\cdots x_1 x_0)=x_{n-k-1}x_{n-k}\cdots x_{n-2}x_{n-1}x_{n-k-2}\cdots x_1 x_0$$

式中：$0\leqslant k\leqslant n-1$。显然，对于 N 个节点的互连网络，可以有 n 个子位序颠倒函数 $\rho_{(0)}$，$\rho_{(1)}$，$\cdots$，$\rho_{(n-1)}$ 和 n 个超位序颠倒函数 $\rho^{(0)}$，$\rho^{(1)}$，$\cdots$，$\rho^{(n-1)}$，且有

$$\rho_{(n-1)}(x)=\rho^{(n-1)}(x)=\rho(x)$$
$$\rho_{(0)}(x)=\rho^{(0)}(x)=x$$

6）移数互连函数

将输入端二进制编号以 N 为模循环移动一定的位置来得到对应相连的输出端二进制编号，由此所实现的连接关系称为移数互连函数，其互连函数表达式为

$$\alpha_d(x)=(x+d)\bmod N,\quad 0\leqslant x\leqslant(N-1)$$

式中：x 为输入端二进制编号；d 为移动位置常数。

另外，可以将全部输入端分成若干组 M，在组内进行移数置换，组内移数置换的互连函数表达式为

$$\alpha_d(x)_{(N-1)\to(M-1)2^r}=[(x)_{(N-1)\to(M-1)2^r}+d]\bmod(M\times 2^r)$$
$$\alpha_d(x)_{(M-1)2^r\to(M-2)2^r}=[(x)_{(M-1)2^r\to(M-2)2^r}+d]\bmod((M-1)\times 2^r)$$
$$\vdots$$
$$\alpha_d(x)_{(2^r-1)\to 0}=[(x)_{(2^r-1)\to 0}+d]\bmod 2^r$$

式中：$(N-1) \rightarrow (M-1)2^r, (M-1)2^r \rightarrow (M-2)2^r, \cdots, (2^r-1) \rightarrow 0$ 分别为从 $N-1$ 节点到 $(M-1)2^r$ 节点，从 $(M-1)2^r$ 节点到 $(M-2)2^r$ 节点，$\cdots$，从 2^r-1 节点到 0 节点，$r=\log_2 R$，R 为组内节点数。

7) 加减 $2I$ 互连函数

将输入端二进制编号 x 与输出端编号以 N 为模的 $x \pm 2^i$ 对应相连，由此所实现的连接关系称为加减 $2I$ 互连函数，其互连函数表达式为

$$PM_{+i}(x) = (x+2^i) \bmod N \quad \cdots \quad PM_{-i}(x) = (x-2^i) \bmod N$$

式中：$0 \leqslant x \leqslant N-1$；$0 \leqslant i \leqslant (n-1)$；$n=\log_2 N$。显然，对于 N 个节点的互连网络，可以有 $2n$ 个加减 $2I$ 置换 $P_{+0}, P_{+1}, \cdots, P_{+(n-1)}$ 和 $P_{-0}, P_{-1}, \cdots, P_{-(n-1)}$。

1.3.2　互连网络的结构特性参数

互连网络的拓扑结构可以采用有向边或无向边连接有限个节点的图来表示，利用图的有关参数则可以定义若干互连网络的结构特性参数，这些参数分为物理结构特性和逻辑结构特性两方面。

1. 物理结构特性参数

互连网络的物理结构特性参数主要有网络规模、节点线长、节点度、节点距离、网络直径等。

网络规模指互连网络中的节点数，用于体现互连网络所能连接的部件数。节点线长指互连网络中两个节点之间连接线的长度，它是影响通信时延等性能参数的因素之一。节点度指互连网络中与某节点相连的边（链路）数，当互连网络采用有向图来表示时，指向节点的边数为入度，从节点出来的边数为出度，入度与出度之和则是节点度。节点距离指互连网络中两个节点之间相连的最少边数。网络直径指互连网络中任意两个节点之间节点距离的最大值，从通信时延来看，网络直径应尽可能小。

2. 逻辑结构特性参数

互连网络的逻辑结构特性主要有等分宽度、对称性和可扩展性等。

等分宽度又称为对剖宽度，指将互连网络切分为相等的两半时，沿切口的最小边（通道）数，相应切口称为对剖平面（一组连线），而将 $B = b \cdot \omega$（b 为对剖宽度，ω 为通道宽度）称为等分宽度。

若从任何节点看，互连网络的拓扑结构都是相同的，则称该互连网络具有对称性，该互连网络为对称网络。网络可扩展性指在互连网络性能保持不变的情况下，可扩充节点的能力。

1.3.3　静态互连网络

1. 静态互连网络及其种类

静态互连网络又称直接互连网络或基于寻径器互连网络，指在各节点之间有专用的连接链路，且在运行期间不能改变连接关系的互连网络。在静态互连网络中，每个开关元件固定地建立与节点之间的连接，直接实现节点之间的通信。由于静态互连网络连接关系固定不变，所以适合于通信模式可以预测的并行计算机。

静态互连网络可以采用维数来分类，所谓 M 维指将它们画在 M 维空间上，各条链路不

会相交。一维的静态互连网络为线性阵列的;二维的有环状的、星状的、树状的和网格状的等;三维的有带弦环状网络的、循环移数网络的、全连接网络的和立方体网络的及其变形的等;三维以上的则是超立方体的网络。

2. 静态互连网络选用要求

(1) 节点度小且相等,且与网络规模无关。网络中节点度越小,节点成本越低;节点度相等意味着节点类同,可以采用同种开关元件与接口;节点度与网络规模无关则意味着增加节点,无须改变节点的开关元件与接口。

(2) 网络直径小,且随网络规模变化也小。网络直径越小,节点之间通信引起的延时与一切开销越少。特别地,网络直径与节点度是相互关联的,一般节点度越小,网络直径就越大,所以网络直径与节点度应综合权衡来选取。

(3) 对称性好。对称性网络节点之间的通信概率一般是均匀分布的,使得节点与链路的信息流量也均匀,从而可以避免某些链路因流量过大带来阻塞现象的发生。另外,对称性网络的实现与编程较为容易。

(4) 路径冗余度高。节点之间路径冗余度高意味着容错性好,即当某些节点或链路出现故障时,仍可以继续通信。等分宽度可以反映节点之间路径的冗余度,等分宽度越小,节点之间的物理通路就越少。

3. 静态互连网络的拓扑结构

(1) 一维静态网络。一维静态网络又称线性阵列,其拓扑结构如图 1-7 所示。

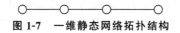

图 1-7 一维静态网络拓扑结构

(2) 二维静态网络。二维静态网络主要有星状、环状、树状和网格状等 4 种类型,且树状有多种不同形式,网格状网络有许多变形,它们的拓扑结构如图 1-8 所示。

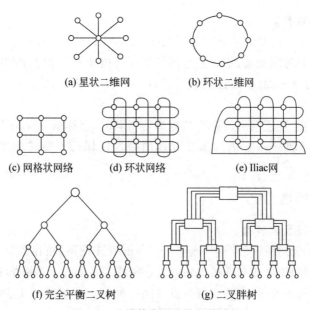

(a) 星状二维网　　　(b) 环状二维网

(c) 网格状网络　　(d) 环状网络　　　(e) Iliac 网

(f) 完全平衡二叉树　　　(g) 二叉胖树

图 1-8 二维静态网络的拓扑结构

（3）三维静态网络。三维静态网络主要有带弦环状、循环移数、全连接和立方体等 4 种类型，且均具有一定的变形，它们的拓扑结构如图 1-9 所示。

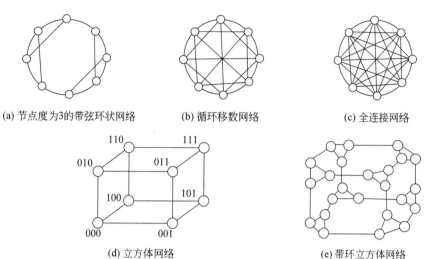

(a) 节点度为3的带弦环状网络　　　(b) 循环移数网络　　　(c) 全连接网络

(d) 立方体网络　　　　　　(e) 带环立方体网络

图 1-9　立方体及其变形三维静态网络的拓扑结构

（4）高维静态网络。高维静态网络的典型结构是 r 维方体网络或超方体网络，四维方体网络的拓扑结构如图 1-10 所示，它将两个三维立方体网络的对应点互连。r 维方体网络的变形即采用 r 个节点环代替超方体网络角节点。

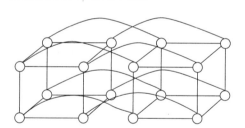

图 1-10　四维方体静态网络的拓扑结构

4. 静态互连网络结构特性比较

不同静态互连网络的主要结构特性如表 1-1 所示。

表 1-1　静态互连网络结构特性比较

网络类型	节点度	网络直径	链路数	等分宽度	对称性	规格评注
线性阵列	2	$N-1$	$N-1$	1	非	N 个节点
二维星状	$N-1$	2	$N-1$	$\lceil N/2 \rceil$	非	N 个节点
二维环状	2	$\lceil N/2 \rceil$	N	2	是	N 个节点
二维网格	4	$2(r-1)$	$2(N-r)$	r	非	又称 $r \times r$ 网，$r=\sqrt{N}$
网格环状	4	$2\lceil r/2 \rceil$	$2N$	$2r$	是	$r \times r$ 网络，$r=\sqrt{N}$
Iliac 网	4	$r-1$	$2N$	$2r$	非	与 $r=\sqrt{N}$ 的带弦环等效
二叉树	3	$2(r-1)$	$N-1$	1	非	层数 $r=\lceil \log_2 N \rceil$

网络类型	节点度	网络直径	链路数	等分宽度	对称性	规格评注
三维全连	$N-1$	1	$N(N-1)/2$	$(N/2)^2$	是	N 个节点
三维立方体	3	$2r-1+\lceil r/2 \rceil$	$3N/2$	$N/(2r)$	是	$N=r\times2^r$ 节点，环长 $r\geqslant3$
超方体	r	r	$rN/2$	$N/2$	是	N 个节点，$r=\log_2 N$（维）

　　节点度越高，节点需要提供的通道越多。多数静态网络的节点度均小于 4，较为理想，但全连接网络与星状网络的节点度很高；超方体的节点度随 $\log_2 N$ 增大而增大，当 N 很大时，其节点度也很高。

　　通常网络直径越大，网络传输性能越差，链路利用率越低。不同静态网络的网络直径变化差异很大，但随着寻径技术的发展如虫蚀，网络直径对传输性能影响有限，因为在虫蚀寻径时，节点之间的通信时延几乎是固定不变的。

　　链路数影响网络造价，等分宽度影响网络带宽，对称性影响网络的可扩展性与寻径效率。网络造价随等分宽度与链路数增加而上升。由表 1-1 可知，环状、网格与方体等静态互连网络可以用来构造大规模并行处理机。

1.3.4　动态互连网络

1. 动态互连网络及其种类

　　动态互连网络指通过设置有源开关，在运行期间可以根据需要，借助控制信号对连接关系加以重新组合，实现所要求的通信。动态互连网络的节点之间不是通过直接相连的通道进行消息通信，而是通过网络中的可控开关来实现连接。显然，每个节点均带有一个连接到网络开关上的网络适配器，所以也称为基于开关的网络。动态互连网络主要有总线、交叉开关和多级交叉开关等类型。

　　总线、交叉开关和多级交叉开关系统域互连网络的主要性能如表 1-2 所示。在总线中，ω 为通路数据宽度，N 为连接的接口数；在交叉开关中，ω 为所有链路数据宽度的最小值，N 为交叉开关的行数与列数；在多级交叉开关中，ω 为所有链路数据宽度的最小值，N 为输入端或输出端数，K 为所使用交叉开关的输入端或输出端数。

表 1-2　动态互连网络性能比较

网络特性	总线	交叉开关	多级交叉开关
单位数据传输时延	恒定	恒定	$O(\log_K N)$
节点带宽	$O(\omega/N)$ 到 $O(\omega)$	$O(\omega)$ 到 $O(N\omega)$	$O(\omega)$ 到 $O(N\omega)$
连线复杂性	$O(\omega)$	$O(N^2\omega)$	$O(N\omega\log_K N)$
开关复杂性	$O(N)$	$O(N^2)$	$O(N\omega\log_K N)$
节点对连接	一次仅一对一	一次可实现所有全互连或广播	不阻塞时，一次可实现某些全互连或广播

　　1）硬件复杂性

　　动态互连网络的硬件复杂性采用连接线与开关来表示。

总线互连网络的硬件复杂性最低。总线连接线复杂性由数据宽度与地址宽度之和(通路数据宽度 ω)决定,开关复杂性由连接的接口数 N 决定,所以总线的硬件复杂性随 N 与 ω 线性增加,可以采用函数 $O(N+\omega)$ 表示。

交叉开关互连网络的硬件复杂性最高。交叉开关连接线复杂性由链路数据宽度 ω 决定,开关复杂性由节点开关数 N^2 决定,链路 ω 与节点开关数 N^2 成正比,所以,交叉开关的硬件复杂性随 N^2 与 ω 乘积线性增加,可以采用函数 $O(N^2\omega)$ 表示。

多级交叉开关互连网络硬件复杂性介于总线与交叉开关之间,其硬件复杂性函数为 $O(N\omega\log_K N)$,其中 $N\log_K N$ 为所使用的交叉开关数。

2)节点带宽与传输时延

假设时钟频率 f 在 3 种互连网络中相同,且单位数据传输均仅需要一个时钟周期。总线仅有一条数据通路,由 N 个节点(功能部件)分时共享,即 N 个节点竞争总线带宽,则总线节点带宽为 $O(\omega f/N)\sim O(\omega f)$。交叉开关与多级交叉开关的数据通路随 N 线性变化,则它们的节点带宽为 $O(\omega f)\sim O(N\omega f)$。但是当传输数据时,总线与交叉开关仅需要 $1\sim 2$ 个时钟周期,而多级交叉开关由于需要经过多级交叉开关,则需要多个时钟周期。因此,总线节点带宽并不比多级交叉开关低很多。

3)节点对连接

总线仅有一条数据通路,采用时分策略建立节点对连接,所以一次仅能一对一连接。交叉开关若仅允许一对一映射,可实现的数据通路为 $N!$,采用空分策略建立节点对连接,所以一次可以实现全连接;若允许一对多映射,还可以实现广播。多级交叉开关不阻塞时,一次可以实现某些全互连或广播。

2. 总线互连网络

总线互连网络指采用一组导线和插座将处理机、存储模块和各种外围设备互连起来,实现功能部件间的数据通信。总线互连网络与另外两种动态互连网络相比,具有以下几个方面的特点。

(1)信息传输的带宽低。多个功能部件共享总线,采用分时复用方式实现数据交换,即同一时刻只能有一个功能部件发送信息。

(2)组装方便且扩展性好。功能部件之间交换信息的总线标准化,使得功能部件之间连接的接口标准化,与总线标准相匹配的功能部件都可以连接在总线上。

(3)结构简单且成本低。功能部件之间的连接关系直观,从而简化了体系结构与软硬件设计,减轻了软硬件调试的负担。

3. 交叉开关互连网络

交叉开关也称为路由器,交叉开关互连网络指利用一组纵横交错的开关阵列,把各功能部件连接起来,实现功能部件之间的数据通信。开关阵列中的所有开关可以由程序控制,动态设置其处于"开"与"关"的状态,从而使节点对之间实现动态连接。交叉开关实际是多总线中总线数量增加的极端情况,当总线数量等于全部相连的功能部件数时,便极大地增加了网络频带。如图 1-11 所示的是把横向的 S 个处理机及 I 个 I/O 设备与纵向的 N 个存储器连接起来的交叉开关互连网络,总线数等于全部相连的功能部件数($N+I+S$),且 $N\geqslant I+S$,使 S 个处理机与 I 个 I/O 设备都能分到一套总线与 N 个存储器中的某个相连,以实现所有的处理机与 I/O 设备同时读写。在图 1-11 所示的交叉开关中,每个交叉点即是一个开关,称为交点开关。交点开关主要由仲裁控制逻辑和多路转换电路两部分组成,其逻辑结构相当复杂。

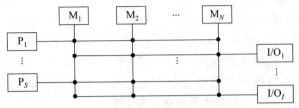

图 1-11   交叉开关互连网络的结构形式

一个交叉开关通常表示为 $a \times b$,意指有 a 个输入端和 b 个输出端。理论上 a 和 b 不一定相等,但实际常使 $a=b$,且为 2 的整数幂,即 $a=b=2^K$,$K \geqslant 1$,常用交叉开关为 2×2、4×4 和 8×8。交叉开关的每个输入端可以与一个或多个输出端相连,即允许一对一或一对多的连接,但不许允多对一的连接。当多个输入端同时争用一个输出端时,称之为冲突,通过交叉开关传送信息被阻塞的原因便是冲突。仅允许一对一映射的 $N \times N$ 交叉开关,有 N 个输入端和 N 个输出端,交点开关数为 N^2,输入端与输出端的合法连接状态为 N^N,可实现的连接或置换为 $N!$。例如,4×4 的交叉开关,含有 16 个交点开关,合法连接状态为 256,可实现的连接为 24。

交叉开关互连网络同多级交叉开关互连网络相比,其实际是一种单级交叉开关,即输入端的数据经过一个开关元件就被输出,采用无阻塞的形式实现输入端与输出端的连接,但在数据传送过程中仍然会有端口冲突的情况,即可能有多个输入端的数据分组转发到同一个输出端。而交叉开关互连网络与总线互连网络相比,交叉开关采用空间分配机制(即在众多输入端与输出端的连接中选择其中一种来连接),总线采用时间分配机制。

4. 多级交叉开关互连网络

1) 多级交叉开关互连网络及其类型

交叉开关非常复杂,当纵向和横向的总线数都为 N 时,交叉开关的所有交叉点数为 N^2。当 N 很大时,其成本可能超过连接的 $2N$ 个节点部件的成本,因此交叉开关连接的节点数一般为 $N \leqslant 16$,少数有 $N=32$。由于大规模交叉开关的复杂性,人们一直在改进交叉开关的组成结构和组织形式。交叉开关组织的基本思想为:将多个较小规模的交叉开关,采用"串连"和"并连"的形式来构成一个多级交叉开关,以取代单个大规模交叉开关。例如,利用 8 个 4×4 交叉开关可以构成一个 16×16 的二级交叉开关网络,每一级有 4 个 4×4 交叉开关组成,二级交叉开关之间采用某种固定连接。8 个 4×4 交叉开关构成的多级交叉开关的交点开关数是 128,而单一 16×16 的交叉开关的交点开关数是 256,前者交点开关仅为后者的一半。

多级交叉开关互连网络是把重复设置的多套组成结构相同的交叉开关串并联起来,级间串联的交叉开关之间采用固定连接,同级交叉开关之间相互独立,通过动态控制各级交叉开关上的节点开关状态来实现输入端与输出端之间所需要的连接。多级交叉开关互连网络一般简称为多级互连网络。根据多级交叉开关互连网络连接能力的强弱,其可分为阻塞网络、可重排非阻塞网络和非阻塞网络 3 种类型。

阻塞网络指在一对以上输入端与输出端可以同时实现互连的网络中,可能发生 2 个或

2 个以上的输入端对同一输出端的连接要求,从而产生路径争用冲突。对于阻塞网络,都可以实现某些互连函数,但不能实现任意互连函数。由于阻塞网络所需要的交叉开关数量少、时延时间短、路径控制较简单,又可以实现并行处理中许多常用的互连函数,所以得到广泛使用。代表性的阻塞网络有:Ω 网络、STARAN 网络、间接二进制 n 方体网络、基准网络、δ 网络、数据变换网络等。

可重排非阻塞网络指如果改变交叉开关状态,重新安排现有连接的路径通路,并为新连接安排路径通路,满足新节点对之间的连接请求,从而实现任意节点对的连接,即可实现任意互连函数。代表性的可重排非阻塞网络有:可重排 Clos 网络、Benes 二进制网络等。

非阻塞网络指不必改变交叉开关状态,就可以满足任意输入端与输出端之间的连接请求。它与可重排非阻塞网络是不同的,可重排非阻塞网络要通过改变交叉开关状态来改变连接的路径通路,才能满足新节点对之间的连接请求。代表性的非阻塞网络有多级 Clos 网络等,交叉开关属于单级非阻塞网络。

显然,在这 3 种多级交叉开关互连网络中,非阻塞网络连接能力最强,阻塞网络连接能力最弱。特别地,所谓互连网络实现了某种互连函数指该互连函数表示的连接关系,在该互连网络中可同时建立而不会产生路径争用冲突的现象。

2) 多级交叉开关互连网络的组成结构

多级交叉开关的组成结构如图 1-12 所示,它包含交叉开关及其特性、级间连接模式和控制策略 3 个属性。级间连接模式指多级交叉开关中上一级交叉开关输出端和下一级交叉开关输入端相互连接的模式。级间连接是固定的,其模式可以采用互连函数来表示,常用的有均匀洗牌、蝶式等。

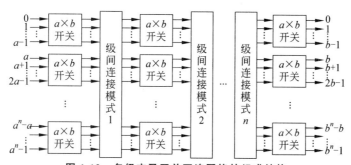

图 1-12　多级交叉开关互连网络的组成结构

在多级交叉开关互连网络中一般采用最简单的 2×2 交叉开关,2×2 交叉开关有 4 种正常工作状态(连接特性),即直送、交叉、上播和下播,如图 1-13 所示,但这时的 2×2 交叉开关仅有两种类型。一种是仅有"直送"和"交叉"两种工作状态,称之为二功能交叉开关;另一种是具有 4 种工作状态,称之为四功能交叉开关。

图 1-13　2×2 交叉开关的 4 种正常工作状态

为使多级交叉开关的输入端和输出端建立所需要的连接,可以通过控制信号动态控制交叉开关的工作状态来实现,这称为互连网络拓扑结构的动态重构。多级交叉开关的控制策略有 3 种。①级控制：同一级的所有交叉开关采用一个控制信号进行统一控制，使同一级的所有交叉开关同时处于同一工作状态；②组控制：同一级的所有交叉开关采用不同数量控制信号进行分组控制，同一组的交叉开关处于同一工作状态，不同组的交叉开关可能处于同一工作状态，也可能处于不同工作状态。通常，第 i 级的所有交叉开关分为 $i+1$ 组，采用 $i+1$ 个控制信号进行控制，其中 $0 \leqslant i \leqslant N-1$，$N$ 为级数；③单元控制：每一个交叉开关均采用自己单独的控制信号进行控制，使各个交叉开关可以处于不同工作状态。

1.3.5 常用多级交叉开关互连网络

1. Ω（omega）多级交叉开关

1）Ω 多级交叉开关的组成结构

Ω 网络又称为多级洗牌（因为级间连接采用均匀洗牌置换而得名）网络，若其输入端或输出端数为 N，则有 $n = \log_2 N$。Ω 网络的组成结构有以下内容。

（1）交叉开关级数为 n，每级有 $N/2$ 个交叉开关，交叉开关数为 $N\log_2 N/2$。

（2）采用 2×2 的四功能交叉开关，4 个功能为直送、交叉、上播、下播。

（3）按输出端到输入端顺序来编排交叉开关级号，n 级交叉开关从输入端到输出端依次分别表示为 $K_{n-1}, \cdots, K_1, K_0$。

（4）按输出端到输入端顺序来编排交叉开关级间连接号，$n+1$ 个交叉开关级间连接从输入端到输出端依次分别表示为 $C_n, \cdots, C_1, C_0$，其中 $C_n \sim C_1$ 为均匀洗牌互连函数，C_0 为恒等函数。

$N=8$ 的 Ω 网络的组成结构如图 1-14 所示。

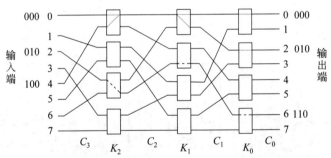

图 1-14 $N=8$ 的 Ω 网络组成结构及其寻径控制与争用冲突

2）Ω 多级交叉开关的寻径控制

Ω 网络交叉开关的控制策略为单元控制，采用终端标记寻径控制算法来建立所需要的输入端到输出端的连接路径。所谓终端标记寻径控制算法指以输出端的二进制编号 D 的各位作为控制信号，来控制从输入端到输出端所经过路径上的交叉开关的工作状态，实现输入端到输出端的连接。

设 Ω 网络输入端二进制编号为 $S = s_{n-1}s_{n-2}\cdots s_1 s_0$，输出端二进制编号为 $D = d_{n-1}d_{n-2}\cdots d_1 d_0$。从输入端 S 开始，K_i 级交叉开关由输出端编号 D 中的二进制数位 d_i 控制。若 $d_i = 0$，则 K_i 级上对应交叉开关的输入端与上输出端相连；若 $d_i = 1$，则 K_i 级上对应交叉开关的输入端与下输出端相连。若 $S = 010$、$D = 110$，连接输入端 S 的 K_2 级交叉开关，由于输出端 D 的 $d_2 = 1$，则 K_2 级对应交叉开关输入端与下输出端相连；由于输出端 D 的 $d_1 = 1$，则 K_1 级对应交叉开关输入端与下输出端相连;由于输出端 D 的 $d_0=0$,则 K_0 级对应交叉开关输入端与上输出端相连。从而实现了输入端 $S=010$ 到输出端 $D=110$ 的连接,如图 1-14 所示。

对于 Ω 网络,输入端集合到输出端集合的连接,都可以采用终端标记法、单元控制来控制交叉开关的工作状态。但由于终端标记法使任何输入端与输出端对的连接路径均是唯一的,所以不可能保证不发生争用交叉开关状态的冲突。如需要实现(000,000)和(100,010)两对输入端与输出端同时连接,就会发生 K_2 级交叉开关的冲突,如图 1-14 所示,可见 Ω 网络是一种阻塞网。

2. STARAN 多级交叉开关

1) STARAN 多级交叉开关的组成结构

若 STARAN 网络的输入端或输出端数为 N,则有 $n=\log_2 N$,其组成结构有以下内容。

(1) 交叉开关级数为 n,每级有 $N/2$ 个交叉开关,交叉开关数为 $N\log_2 N/2$。

(2) 采用 2×2 的二功能交叉开关,两个功能为直送和交叉。

(3) 按输入端到输出端顺序来编排交叉开关级号,n 级交叉开关从输入端到输出端依次分别表示为 $K_0,K_1,\cdots,K_{n-1}$。

(4) 按输入端到输出端顺序来编排交叉开关级间连接号,$n+1$ 个交叉开关级间连接从输入端到输出端依次分别表示为 $C_0,C_1,\cdots,C_n$,其中 $C_1\sim C_n$ 为逆洗牌互连函数,C_0 为恒等函数。

$N=8$ 的 STARAN 网络的组成结构如图 1-15 所示。

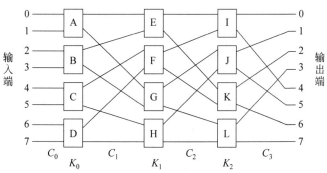

图 1-15　$N=8$ 的 STARAN 网络的组成结构

2) STARAN 多级交叉开关的寻径控制

STARAN 网络的二功能交叉开关仅需要一位控制信号 f 即可以控制其工作状态,交叉开关输出 $V(x)$ 与输入 x 的连接和控制位 f 的关系为

$$V(x)=x\oplus f$$

即若 $f=0$,则 $V(x)=x$,交叉开关为直送状态;若 $f=1$,则 $V(x)=\bar{x}$,交叉开关为交叉状态。

STARAN 网络的交叉开关有级控制和组控制两种策略。对于级控制策略,若采用二进制向量 $\mathbf{F}=(f_{n-1}f_{n-2}\cdots f_1 f_0)$ 来表示网络的控制信号,其 f_i 则是 K_i 级所有交叉开关的控制信号。对于组控制策略,第 i 级的 $N/2$ 个交叉开关分为 $i+1$ 组,每组需要一位控制信号,则 $0\sim n-1$ 级交叉开关所需控制信号的位数分别为 $1,2,\cdots,n$,即二进制控制向量 $\mathbf{F}$ 包含 $n(n+1)/2$ 位。当 $N=8$ 时,则需要 6 位控制信号,相应的二进制控制信号向量可以记为

$F=(f_{23}f_{22}f_{21}f_{12}f_{11}f_0)$，$K_0$ 级 1 位控制信号 f_0，控制交叉开关 A、B、C、D；K_1 级 2 位控制信号 f_{11} 和 f_{12}，f_{11} 控制交叉开关 E 和 F，f_{12} 控制开关 G 和 H；K_2 级 3 位控制信号 f_{21}、f_{22} 和 f_{23}，f_{21} 控制交叉开关 I，f_{22} 控制交叉开关 J，f_{23} 控制交叉开关 K 和 L。

在级控制方式下，包含 n 级 STARAN 网络需要的二进制控制信号为 n 位，n 位二进制数有 $N=2^n$ 个不同组合，可使 $N \times N$ 的 STARAN 网络实现 N 种互连函数。组控制策略下，包含 n 级 STARAN 网络需要的二进制控制信号为 $n(n+1)/2$ 位，$n(n+1)/2$ 位二进制数有 $2^{n(n+1)/2}$ 个不同组合，但仅有 $(n^2+n+2)/2$ 个不同组合有效，可以使 STARAN 网络不会发生交叉开关争用冲突，即 $N \times N$ 的 STARAN 网络可以实现 $(n^2+n+2)/2$ 种互连函数。

3. δ 多级交叉开关

1) δ 多级交叉开关的组成结构

δ(Delta) 网络的一般表示为 $a^n \times b^n$ 形式，其组成结构有以下内容。

（1）交叉开关级数为 n，采用 $a \times b$ 交叉开关，a、b 分别为其输入端数和输出端数，且 a、b 不相等。

（2）按输入端到输出端顺序来编排交叉开关级号，n 级交叉开关从输入端到输出端依次分别表示为 $K_1, K_2, \cdots, K_n$。各级交叉开关数为：K_1 级交叉开关数为 a^{n-1} 个，K_n 级交叉开关为 b^{n-1} 个，中间 K_i 级交叉开关数为 $a^{n-i}b^{i-1}$ 个。

（3）相邻两级交叉开关左侧输出端数与右侧输入端数相等，如 K_1 级交叉开关输入端数为 $a^{n-1} \times a = a^n$、输出端数为 $a^{n-1} \times b = a^{n-1}b$，$K_n$ 级交叉开关输入端数为 $b^{n-1} \times a = ab^{n-1}$、输出端数为 $b^{n-1} \times b = b^n$，中间 K_i 级交叉开关输入端数为 $a^{n-i}b^{i-1} \times a = a^{n-i+1}b^{i-1}$、输出端数为 $a^{n-i}b^{i-1} \times b = a^{n-i}b^i$，中间 K_{i+1} 级交叉开关输入端数为 $a^{n-i-1}b^i \times a = a^{n-i}b^i$、输出端数为 $a^{n-i-1}b^i \times b = a^{n-i}b^{i+1}$，显然 K_i 级交叉开关输出端数与 K_{i+1} 级交叉开关输入端数相等。

（4）按输入端到输出端顺序来编排交叉开关级间连接号，$n+1$ 个交叉开关级间连接从输入端到输出端依次表示为 $C_0, C_1, \cdots, C_n$，其中 C_0 和 C_n 为恒等互连函数，$C_1 \sim C_{n-1}$ 为 q 洗牌函数。级间连接为：K_1 级和 K_2 级的级间连接是将 K_1 级的 $a^{n-1}b$ 个输出端依序分为 $q_1=a^{n-1}$ 组，每组有 $r=a^{n-1}b/a^{n-1}=b$ 个输出端，按 q 洗牌连接到 K_2 级的 $a^{n-1}b$ 个输入端；K_{n-1} 级和 K_n 级的级间连接是将 K_{n-1} 级的 ab^{n-2} 个输出端依序分为 $q_{n-1}=ab^{n-3}$ 组，每组有 $r=ab^{n-2}/ab^{n-3}=b$ 个输出端，按 q 洗牌连接到 K_n 级的 ab^{n-2} 个输入端；K_i 级和 K_{i+1} 级的级间连接是将 K_i 级的 $a^{n-i}b^i$ 个输出端依序分为 $q_i=a^{n-i}b^{i-1}$ 组，每组有 $r=a^{n-i}b^i/a^{n-i}b^{i-1}=b$ 个输出端，按 q 洗牌连接到 K_{i+1} 级的 $a^{n-i}b^i$ 个输入端。显然 r 恒为 b 时，实际是将一个交叉开关 b 个输出端作为一组，对任何交叉开关级的所有输出端进行 q 洗牌，连接到其后级交叉开关的输入端。

当 $n=2$、$a=4$、$b=3$ 时，$4^2 \times 3^2$ 的 δ 网络组成结构如图 1-16 所示。

2) δ 多级交叉开关的寻径控制

δ 网络交叉开关的控制策略为单元控制，采用终端标记寻径控制算法来建立所需要的输入端到输出端的连接路径，但终端编号 D 不是二进制数字，对于 $a \times b$ 交叉开关，其是以 b 为基数的 b 进制数字。若终端编号为 $D=(d_{n-1}d_{n-2}\cdots d_1 d_0)_b$，由 d_i 控制第 $(n-i)$ 级上的交叉开关，且使交叉开关从输出端 d_i 输出，$0 \leqslant i \leqslant n-1$。如图 1-16 所示 $4^2 \times 3^2$ 的 δ 网

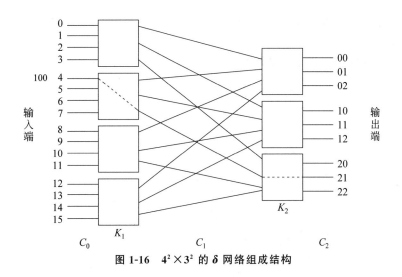

图 1-16　$4^2 \times 3^2$ 的 δ 网络组成结构

络,其 $n=2$、$a=4$、$b=3$;若要使输入端 $S=(100)_2$ 连接到输出端 $D=(21)_3$,$i=0$ 时由 $d_0=1$ 控制 K_2 级的相应交叉开关从输出端 1 输出,$i=1$ 时由 $d_1=2$ 控制 K_1 级的相应交叉开关从输出端 2 输出,从而实现了相应连接。

4. DM 多级交叉开关

1) DM 多级交叉开关的组成结构

DM 网络即数据变换(data manipulator)网络,$N \times N$ 的数据变换网络有 $n=\log_2 N$,其组成结构有以下内容。

(1) 交叉开关级数为 $n+1$,每级有 N 个交叉开关,则交叉开关数为 $N(\log_2 N+1)$,级间连接数为 n 个。

(2) 按输出端到输入端顺序来编排交叉开关级号,$n+1$ 级交叉开关从输入端到输出端依次表示为 K_n,K_{n-1},$\cdots$,K_0。

(3) 网络输入端的 K_n 级采用 1 个输入端和 3 个输出端的交叉开关,网络输出端的 K_0 级采用 3 个输入端和 1 个输出端的交叉开关,其余中间 $K_1 \sim K_{n-1}$ 级采用 3 个输入端和 3 个输出端的交叉开关。

(4) 按输出端到输入端顺序来编排交叉开关级间连接号,n 个交叉开关级间连接从输入端到输出端依次表示为 C_{n-1},$\cdots$,C_0,级间连接均为 PM2I 互连函数。即交叉开关 K_i ($0 \leqslant i < n$) 级的交叉开关 j ($0 \leqslant j \leqslant N-1$) 的 3 个输入端分别连接左侧交叉开关 K_{i+1} 级的交叉开关 $(j-2^i \bmod N)$、j 和 $(j+2^i \bmod N)$ 的输出端,交叉开关 K_i ($0 < i \leqslant n$) 级的交叉开关 j ($0 \leqslant j \leqslant N-1$) 的 3 个输出端分别连接右侧交叉开关 K_{i-1} 级的交叉开关 $(j-2^{i-1} \bmod N)$、j 和 $(j+2^{i-1} \bmod N)$ 的输入端。当 $i=2$ 时,K_2 级交叉开关 $j=3$ 的 3 个输入端分别连接 K_3($i+1=3$) 级的 $(j-2^i \bmod N=3-2^2 \bmod 8=7)$、$(j=3)$、$(j+2^i \bmod N=3+2^2 \bmod 8=7)$ 交叉开关的输出端,3 个输出端分别连接 K_1($i-1=1$) 级的 $(j-2^{i-1} \bmod N=3-2^1 \bmod 8=1)$、$(j=3)$ 和 $(j+2^{i-1} \bmod N=3+2^1 \bmod 8=5)$ 交叉开关的输入端。另外,K_n 级交叉开关的 N 个输入端就是 DM 网络的 N 个输入端,K_0 级交叉开关的 N 个输出端就是 DM 网络的 N 个输出端。

(5) 输入输出节点对之间的连接具有冗余路径,有利于避免冲突和提高网络可靠性。

对于图 1-17 的 DM 网络,若要求实现输入端 7 到输出端 2 的连接,则有路径 $7 \rightarrow 3 \rightarrow 3 \rightarrow 2$、$7 \rightarrow 7 \rightarrow 1 \rightarrow 2$、$7 \rightarrow 3 \rightarrow 1 \rightarrow 2$ 等。

$N = 8$ 的 DM 网络组成结构如图 1-17 所示。

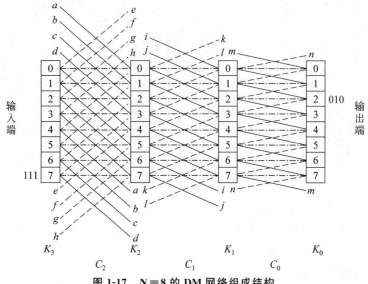

图 1-17　$N = 8$ 的 DM 网络组成结构

2）DM 多级交叉开关的寻径控制

由于除 K_0 级交叉开关外,其余 $K_1 \sim K_n$ 级交叉开关的 3 个输出端可以分别连接右侧级的 3 个交叉开关,因此需要采用 3 个控制信号来控制一个交叉开关与右侧级的哪一个交叉开关连接,这 3 个控制信号分别称为平控 H、下控 D 和上控 U,分别选择水平输出、向下输出和向上输出。对于图 1-17 的 DM 网络,若按路径 $7 \rightarrow 7 \rightarrow 1 \rightarrow 2$ 来实现输入端 7 到输出端 2 的连接,则 K_3 的 7 号交叉开关、K_2 的 7 号交叉开关、K_1 的 1 号交叉开关级分别采用平控 H^3、下控 D^2、下控 D^1。

DM 网络交叉开关的控制策略为组控制,每级交叉开关分为两组,分别由两组控制信号控制:H_1^i、D_1^i、U_1^i 和 H_2^i、D_2^i、U_2^i。K_i 级交叉开关的分组为:对于 K_i 级交叉开关,二进制编号第 i 位为"0"的为一组,由 H_1^i、D_1^i、U_1^i 控制;二进制编号第 i 位为"1"的为一组,由 H_2^i、D_2^i、U_2^i 控制。对于图 1-17 的 DM 网络,如 $K_1(i=1)$ 级交叉开关的二进制编号第 1 位为"0"的 000、001、100、101 为一组,二进制编号第 1 位为"1"的 010、011、110、111 为另一组。

例 1-1　若采用节点度和网络直径的乘积作为静态互连网络的性能指标,当节点数为 4、16、64、256、1024、4096 时,试分析二维环状、二维网格和超方体等静态网络的性能指标,并指出哪一种网络是最好的拓扑结构。

解:从静态互连网络的选用要求可知,若采用节点度和网络直径的乘积来度量静态互连网络的性能时,乘积越小性能越高。

二维环状网络:网络直径为 $\lceil N/2 \rceil$,节点度为 2,则乘积为 N;当节点数为 4、16、64、256、1024、4096 时,乘积性能为 4、16、64、256、1024、4096。

二维网格网络:网络直径为 $2(r-1)$,节点度为 4,则乘积为 $8(r-1)$,且其中 $r = \sqrt{N}$;当节点数为 4、16、64、256、1024、4096 时,乘积性能为 4、24、56、120、248、504。

超方体网络：网络直径与节点度均为 r，则乘积为 r^2，且其中 $r = \log_2 N$；当节点数为 4、16、64、256、1024、4096 时，乘积性能为 4、16、36、64、100、144。

可见，当节点数相同时，超方体网络均为最小，所以其是最好的拓扑结构。

例 1-2　一台多处理机包含 N 个功能节点，若采用交叉开关连接，那么该交叉开关含有多少个交点开关和多少条链路？若交点开关造价系数为 α、链路造价系数为 β，试写出交叉开关硬件造价的计算式。

解：(1) 由题意和交叉开关组成结构可知：用于互连 N 个功能节点的交叉开关由 $N/2$ 行 $N/2$ 列的交点开关按阵列排列组成，所以交点开关数为 $N/2 \times N/2 = N^2/4$ 个；交点开关阵列是二维网格网络，所以链路数为 $2(N - \sqrt{N})$。

(2) 硬件复杂性是由连线复杂性和交点开关复杂性决定的，即可以认为交叉开关硬件造价是链路造价和交点开关造价的和，所以交叉开关硬件造价的计算式为

$$\alpha N^2/4 + 2\beta(N - \sqrt{N})$$

例 1-3　分别画出 4×9 单级交叉开关和使用二级 2×3 交叉开关组成的 4×9 的 delta 网络，并比较这二种互连网络的开关设备量。

解：4×9 单级交叉开关的组成结构如图 1-18(a) 所示，其中每个交叉点为一个交点开关，该交点开关应包含 4 选 1 多路转换逻辑和 4 输入冲突仲裁电路，数量为 $4 \times 9 = 36$。

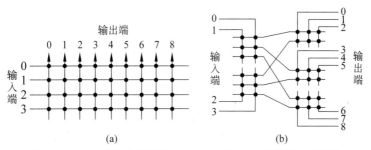

图 1-18　4×9 单级交叉开关与 4×9 二级 delta 网络的组成结构

二级 2×3 交叉开关组成 $2^2 \times 3^2 (4 \times 9)$ delta 网络的组成结构如图 1-18(b) 所示，其包含 2×3 的交叉开关 5 个，每个交叉开关含有 6 个交点开关，交点开关数量为 $5 \times 6 = 30$，交点开关应包含 2 选 1 多路转换逻辑和 2 输入冲突仲裁电路。

例 1-4　$N = 8$ 个节点 ($P_0 \sim P_7$) 的 Ω 网络，如果节点 P_6 需要把数据播送于节点 $P_0 \sim P_4$，节点 P_3 需要把数据播送于节点 $P_5 \sim P_7$，那么 Ω 网络能否为两种数据发送要求提供连接？如果可以请画出连接实现时的开关状态图。

解：Ω 网络采用的是 2×2 的四功能交叉开关，一对一的置换连接仅能使用直送与交叉，一对多的播送连接则还需要使用上播与下播。由要求可知，现在需要实现的是一对多的播送连接，所以交叉开关直送与交叉、上播与下播均可能需要使用。

根据节点 P_6 和节点 P_3 的播送要求，使用交叉开关的功能状态，如果没有交叉开关状态冲突和交叉开关输出端争用冲突，那么 Ω 网络就可以为两种数据播送要求提供连接，否则不能提供。实际没有任何冲突，两种数据播送可以同时实现，这时 Ω 网络的开关状态图如图 1-19 所示。

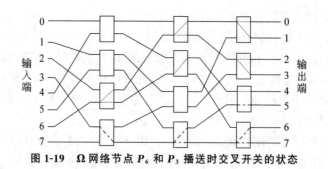

图 1-19　Ω 网络节点 P_6 和 P_3 播送时交叉开关的状态

1.4　并行计算机的存储结构模型

1.4.1　高性能存储的类型及其结构原理

在并行计算机中,为了提高存储访问的带宽、减少存储访问的时延,通常配置多个存储器(或体或模块)来构成一个存储器系统,存储器系统是多个存储器协同工作的有机整体。根据存储器系统中各个存储器的特性是否相同,可以分为并行访问的并行存储器和分层访问的存储系统两种。

1. 并行存储器

所谓并行存储器指通过多个存储器或存储体并行工作,在一个存取周期内可以访问到多个存储字。目前,面向带宽扩展的主存储器并行访问技术可以分为面向设计的空间并行技术和面向组织的时间并行技术,前者通过改造存储器内部结构来提高带宽,后者通过改变存储器组织结构来提高带宽。基于存储器内部结构空间并行技术的有双端口存储器和相联存储器,基于存储器组织结构的有单体多字存储器和多体多字存储器,即并行存储器可以分为双端口存储器和相联存储器、单体多字存储器和多体多字存储器 4 种。

1) 双端口存储器

双端口存储器指同一个存储器具有两组相互独立的读写端口,允许两个访问源异步进行读写操作。双端口存储器能够有效地扩展带宽,其最大特点是可以共享存储数据。双端口 RAM 是常用的多端口存储器,且有多种结构,图 1-20 所示的是一种基本的双端口存储器结构。可见,双端口存储器具有左右两个数据端口、地址端口、读写控制端口和片选端口。

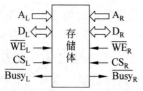

图 1-20　双端口 RAM 的结构

若把左右两个端口同时对同一个存储单元进行访问称为冲突。那么,当左右两个端口访问的存储单元地址不同时,则不会发生冲突,两个端口使用各自的数据线、地址线和控制线对存储器进行异步读写操作。

2) 相联存储器

相联存储器指可以按照给定信息内容的部分或全部特征作为检索项(即关键字项)来检索存放于存储器中的数据信息,将与特征相符的所有存储单元一次性找出来。所谓一次性指在存储器内部可能包含多次操作,需要连续的比较、符合、分解等处理。所以简单来讲,所谓相联存储器指按存储字的全部或部分内容寻址的存储器。相联存储器主要由存储体、运算操作器、控制电路和若干数据寄存器等组成,存储体是一个 $W \times M$ 的二进制位阵列。运算操作器用于实现检索过程中的各种比较操作,如相等、不等、小于、大于、求最大值和求最小值等,且比较操作在各存储单元中是并行进行的。可见,各个存储单元除具有数据存储功能外,还应具有数据处理能力。

　　数据寄存器用于存储检索过程中的有关数据,主要包含 4 种寄存器,其配置如图 1-21 所示。比较寄存器 CR 的字长与存储单元位数相等,均为 M 位,用于存放需要比较或检索的数据。屏蔽寄存器 MR 的字长也与存储单元位数相等,均为 M 位,用于指示比较寄存器中哪些位参与检索;当需要检索数仅是 CR 存储字的部分内容时,则 MR 中需要参与检索的位置为"1",不需要参与检索的位置为"0"。查找结果寄存器 SRR 的字长与存储单元数相等,均为 W 位,若检索结果第"i"个存储字满足检索要求,则 SRR 中的第"i"位为"1",其余位则为"0"。字选择寄存器 WSR 的字长也与存储单元数相等,均为 W 位,用于指示哪些存储字参与检索,若 WSR 中的第"i"位为"1",则表示第"i"个存储字参与检索,为"0"则表示不参与检索。

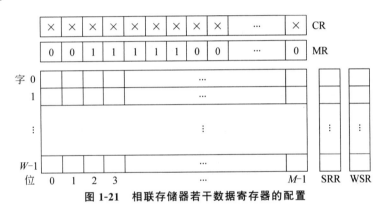

图 1-21　相联存储器若干数据寄存器的配置

　　3) 单体多字存储器

　　单体多字存储器是由多个特性相同、共享译码与读写控制等外围电路的存储体组成,各存储体具有相同的存储容量和单元地址,一个单元地址可从不同的存储体访问到一个存储字,那么每个存取周期则可同时访问到多个存储字,存储容量为 $M \times \omega$ 位的结构模型如图 1-22 所示。可见,单体多字存储器可以在不改变存储体存取周期的情况下,使带宽得到扩展。若存储体个数为 N,在保证存储容量 $M \times \omega$ 不变的情况下,可以把存储体的字数减少 N 倍,即每个存储体的字数变为 M/N,访问字长为 $N \times \omega$ 位,存储器最大频宽为 $B_m = N\omega / T_M$,最大带宽扩大了 N 倍。这时把地址信息分成两个字段,高字段用于访问存储器(存储器字数减少,存储器地址码缩短),低字段则用于控制一个多路选择器,从同时读出的 N 个存储字中选择一个字输出。

　　4) 多体多字存储器

　　具有独立的译码与读写控制等外围电路的存储体即是存储模块。多体多字存储器是由多个存储模块组成的,一个单元地址可从不同的存储体访问到一个存储字,在一个存取周期内,若分时地访问各个存储模块,则可并发访问到多个存储字。包含 N 个存储模块的多体多字存储器的结构模型如图 1-23 所示,同样,多体多字存储器可以在不改变存储体存取周期的情况下,使带宽得到扩展。但带宽能否得到扩展,由多体多字存储器的访问方式决定,

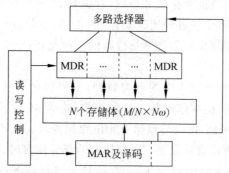

图 1-22　单体多字存储器的结构模型

其访问方式有顺序和交叉之分。

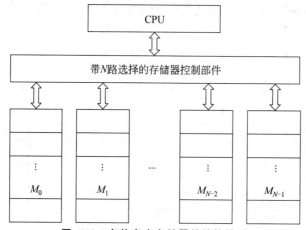

图 1-23　多体多字存储器的结构模型

顺序访问方式指当对多个存储模块中的某个模块进行访问时,其他模块不工作,存储模块之间是串行访问的。这时,多体多字存储器在一个存取周期内,仍仅能访问到一个存储字,带宽没有得到扩展。交叉访问方式指当对多个存储模块中的某个模块进行访问时,其他模块也在工作,存储模块之间是分时启动、并发访问的,即按流水线方式工作。这时,多体多字存储器在一个存取周期内,能访问到多个存储字,带宽得到扩展。

2. 存储系统

在计算机中,信息存储的基本层次一般分为 6 层,如图 1-24 所示。从下到上或低到高存储器的容量越来越小,位价格越来越高,访问周期越来越短(即速度越来越快),即访问周期有 $T_i < T_{i+1}$、存储容量有 $S_i < S_{i+1}$、位价格有 $C_i > C_{i+1}$。高速缓冲存储器(Cache)分为两层:CPU 芯片内的和 CPU 芯片外的,很多高性能的 CPU 芯片内集成有 Cache,通用寄存器堆、指令与数据缓冲栈,片内 Cache 是在 CPU 芯片内的。

从存储层次的组织操作(含数据传送、地址变换、数据块替换、一致性维护)来看,片内高速缓冲存储器及其以上存储层次的组织操作由 CPU 自动实现,是 CPU 的功能;联机外部存储器与脱机外部存储器存储层次的组织操作由用户借助操作系统非自动实现;只有片外高速缓冲存储器、主存储器和联机外部存储器(又称辅助存储器)等 3 个存储层次的组织操作由存储系统自动实现,是存储系统的功能。因此,由片外高速缓冲存储器、主存储器和辅

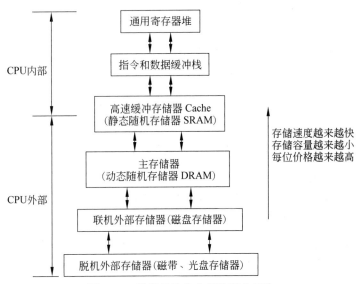

图 1-24　计算机信息存储的基本层次

助存储器构成一个三层二级的存储器系统,其体系结构如图 1-25 所示。高级存储体系由 Cache 存储器与主存储器构成的"Cache-主存"存储体系,简称为 Cache 存储体系;低级存储体系由主存储器与辅存储器构成的"主存-辅存"存储体系,简称为虚拟存储体系。

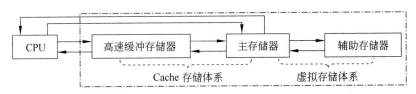

图 1-25　三层二级存储系统的结构模型

1.4.2　存储器的物理结构模型

在并行计算机中,存储器的物理组织有集中式和分布式两种形式,所以从物理结构来看,存储器物理结构模型可以分为集中式存储器和分布式存储器两种。

1. 集中式存储器

集中式存储器指在并行计算机中,仅设置一个存储器(可以是一个存储器,也可以是存储器集合),所有其他功能节点(可以含大容量私有 Cache)利用总线或交叉开关与其相连。由于受集中式存储器带宽限制,采用集中式存储器的并行计算机所包含的处理单元数较少,至多几十个。根据互连网络不同,集中式存储器与其他功能节点连接可以分为总线、多级交叉开关和共享 Cache 3 种连接方式。

1)总线连接

当集中式存储器与其他功能节点(含大容量私有 Cache)利用总线连接时是总线连接方式,其结构模型如图 1-26 所示。由于总线带宽极为有限,使得存储访问带宽低、扩展性差,所以总线连接集中式存储器主要应用于小规模并行计算机,节点数至多为 20~30 个。现在的微处理器通常均支持 Cache 一致性,不需要任何辅助逻辑,便可以构成一台对称多处理机,所以对称多处理机基本都采用总线连接。

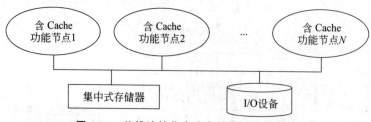

图 1-26　总线连接集中式存储器的结构模型

2) 多级交叉开关连接

当集中式存储器与其他功能节点(含大容量私有 Cache)利用多级交叉开关连接时则是多级交叉开关连接方式,这时集中式存储器一般是多存储体集,其结构模型如图 1-27 所示。由于多级交叉开关是可扩放的点到点互连网络,集中式存储器又是多存储体集,所以由此构成的并行计算机还是对称的体系结构,但规模较大。当并行计算机规模较大时,多级交叉开关的级数多,访问时延大。

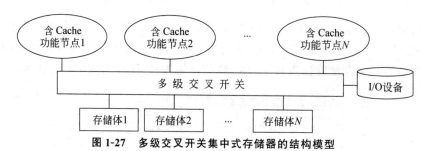

图 1-27　多级交叉开关集中式存储器的结构模型

3) 共享 Cache 连接

当集中式存储器与其他功能节点(可含二级小容量私有 Cache)利用共享 Cache 及交叉开关连接时则是共享 Cache 连接方式,这时集中式存储器一般是多存储体集,其结构模型如图 1-28 所示。为了扩大共享 Cache 的带宽,也可采用多 Cache 体集来实现 Cache 并行访问,以减少功能节点对 Cache 访问的时延。共享 Cache 连接集中式存储器主要应用于小规模并行计算机,节点数仅能为 2~8 个,且扩展性很差。

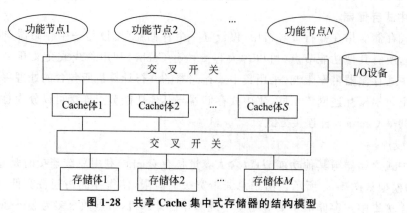

图 1-28　共享 Cache 集中式存储器的结构模型

2. 分布式存储器

分布式存储器指在并行计算机中,为每个功能节点设置一个存储器,节点之间利用多级交叉开关连接来实现数据信息的交换,从而扩大存储器带宽,适应中大规模并行计算机的需要,其结构模型如图 1-29 所示。这时,每个节点一般均包含存储器和 Cache,甚至还有 I/O 设备而构成一台完整的计算机;另外,功能节点还可以是一个超节点,所谓超节点指小规模 (含 2~8 个节点)的采用总线集中式存储器的并行计算机,其带宽仅受多级交叉开关互连网络的限制。

图 1-29　分布式存储器的结构模型

相对于集中式存储器,分布式存储器的优点在于:一是功能节点的存储访问大多数是本地存储器,从而降低了对多级交叉开关带宽的要求;二是对本地存储器的访问时延低。其缺点为:一是功能节点之间的通信较为复杂;二是功能节点对外地存储器的访问时延较大。

1.4.3　存储器的逻辑结构模型

在并行计算机中,存储器的逻辑组织有共享和非共享两种方式,所以从逻辑结构来看,存储器逻辑结构模型可以分为共享式存储器和非共享式存储器两种。

1. 共享式存储器

共享式存储器指并行计算机中所有存储器的存储空间被所有功能节点共享,在逻辑上所有存储器统一编址的单地址空间,各功能节点上相同的逻辑单元地址指向存储空间的同一个存储单元。采用共享式存储器的并行计算机,其节点之间数据信息的交换一般采用共享存储实现,使得其通信带宽高、规模较大。

由于存储器在物理组织上有集中与分布之分,因此共享式存储器可以分为集中共享与分布共享两种。集中共享存储器指并行计算机中存储器物理结构是集中式的,逻辑结构是共享式;分布共享存储器指并行计算机中存储器物理结构是分布式的,逻辑结构是共享式。集中式存储器的存储空间共享是自然的,其本身是单地址空间,可扩展性差。分布式存储器的存储空间是多地址空间,多地址存储空间共享则需要通过相应的软硬件来实现,使物理上分布的多个存储器在逻辑上是一个共享存储器,任何一个节点如果具有访问权限,就可以访问其他节点中的存储器,可扩展性强。

2. 非共享式存储器

非共享式存储器指并行计算机中各存储器的存储空间对各功能节点不共享,在逻辑上各存储器独立编址的多地址空间,各功能节点上相同的逻辑单元地址指向存储空间的不同存储单元。采用非共享式存储器的并行计算机,节点之间数据信息的交换一般采用消息传递实现,使得其通信带宽较低,但规模可以很大。

由于存储器在物理组织上集中时,存储空间是单地址空间,所以非共享式存储器的物理结构必须是分布的,任何一个节点均不可以访问其他节点中的存储器,可扩展性好。

1.4.4　Cache 层次一致性及其维护

1. Cache 层次一致性

在存储系统中,高层次存储器上存放的内容应该是低层次存储器上存放的内容的部分副本。存储层次间的一致性指同一存储单元的数据项应与其后继存储层次上的副本相一致,即如果某存储层次的存储器中一个字被修改,那么与其相邻更低或更高存储层次的存储器也应同时或随后加以修改,否则可能产生错误。由于比主存储器更低层次的存储器是作为功能节点而存在的,比高速缓冲存储器更高的层次则是功能节点,所以存储层次间的一致性实质仅有高速缓冲存储器与主存储器之间的一致性,简称为 Cache 层次一致性。

由于 CPU 可以访问高速缓冲存储器和主存储器,主存储器还可以被 I/O 设备访问,当 CPU 写高速缓冲存储器或 I/O 设备写主存储器时,可能使得高速缓冲存储器的数据与主存储器数据不一致,这就需要维护。所谓 Cache 层次一致性维护指必须采用一定方法来始终保持高速缓冲存储器的数据与主存储器数据一致,以避免数据使用错误。

2. Cache 层次一致性的维护方法

Cache 层次不一致性产生的原因不同,因此需要采用完全不同的方法来维护。对于 I/O 设备写主存储器产生的不一致性,最简单的维护方法是禁止 I/O 设备可写数据进入 Cache 存储器或使 I/O 设备可写 Cache 存储器,但这均极大地降低了 Cache 存储体系的性能,其更有效的维护方法在 4.2 节加以介绍,在此仅讨论 CPU 写 Cache 存储器产生不一致性的有效维护方法。

对于 CPU 写 Cache 存储器产生不一致性,其有效维护方法的关键在于选择合适的时机,将主存储器的数据更新为最新数据,使主存储器的数据与 Cache 存储器数据一致,这通常称为更新算法。而写 Cache 命中和写 Cache 不命中的更新算法是完全不同的,所以 Cache 层次一致性维护的更新算法可以分为写 Cache 命中的和写 Cache 不命中的两种类型。

1) 写 Cache 命中更新算法

若写 Cache 命中,根据写 Cache 存储器时是否同时写主存储器来分,更新算法有写回法和写直达法两种。

写回法指 CPU 在执行写操作时,被写数据字仅写入 Cache 存储器,而不写入主存储器;当包含写数据字的 Cache 块需要替换时,才把修改过的 Cache 块(即有数据字写入)写到主存储器。为记录 Cache 块是否修改,在 Cache 映像表行字中,增加一位"修改位"且初始为"0";当 Cache 块中任何一个单元数据字被写入时,该块对应映像行字的修改位置为"1",否则保持"0"。当 Cache 块需要替换时,如果块映像行字的修改位为"1",则先把该 Cache 块写到主存储器的对应块中,即主存块进行更新,再装入新块来替换;如果块映像行字的修改位为"0",则直接装入新块来替换。

写直达法指 CPU 在执行写操作时,被写数据字同时写入 Cache 存储器和主存储器。这样在 Cache 映像表行字中,不需要增加"修改位",且 Cache 块需要替换时,也不需要把被替换 Cache 块写回主存储器。

2) 写 Cache 不命中更新算法

若写 Cache 不命中,根据执行写操作时,是否把包含所写数据字的块从主存储器装入

Cache 存储器区别,更新算法有不按写分配法和按写分配法两种。

不按写分配法指 CPU 在执行写操作时,仅把所写数据字写入主存储器,而不把包含所写数据字的块从主存储器装入 Cache 存储器。按写分配法指 CPU 在执行写操作时,先把所写数据字写入主存储器,再把包含所写数据字的块从主存储器装入 Cache 存储器。

练 习 题

1. 改进计算机体系结构的目标是什么?"计算机发展的过程既是并行处理能力不断提高的过程,又是体系结构不断改进的过程"的说法正确吗? 为什么?

2. 什么是计算模型? 单处理机与并行计算机的计算模型有哪些相异之处? 为什么使用高级语言开发应用软件时,设计人员并不需要了解硬件组成结构?

3. 目前计算机工作的驱动方式有程序驱动和非程序驱动两种,那么哪种方式的并行性更高? 为什么?

4. "专用计算机与通用计算机一直是计算机体系结构研究的两个方向"的说法正确吗? 为什么?

5. 比较并行性、并行处理、并行算法、并行计算机之间的相似与相异之处。

6. 分析并行计算机中任务分割、调度、同步之间的关系。

7. 交叉开关形成与总线结构的发展有什么关系? 交叉开关与总线各采用什么机制来分配链路?

8. 仅允许一对一映射的 $N \times N$ 交叉开关,其交点开关数为多少? 输入端与输出端的合法连接状态和可实现的互连函数各是什么? 举一例来说明。

9. 多级交叉开关一般是阻塞网,而交叉开关是非阻塞网,为什么还要采用多级交叉开关? 多级交叉开关的结构由哪些属性来决定?

10. 对于总线、交叉开关和多级交叉开关来说,哪种网络的硬件复杂性最高? 为什么? 哪种网络的传输时延最长? 为什么?

11. 计算机中信息存储包含 6 个层次,而存储系统仅包含 3 个层次,为什么?

12. 衡量主存储器的性能参数为时延和带宽,采用存储层次之前与之后,影响 CPU 访问主存储器的关键参数分别是哪一个? 为什么?

13. 双端口存储器的带宽可以达到单端口存储器的二倍吗? 为什么?

14. 多体多字存储器访问方式有顺序和交叉之分,它们是否均可以扩展带宽? 为什么?

15. "物理上集中的存储器,逻辑上一定共享;逻辑上非共享的存储器,物理上一定分布"的说法正确吗? 为什么?

16. 对于 n 级 STARAN 多级交叉开关,当采用组控制策略时,需要多少位二进制控制信号? 这些二进制数的组合都可以用于控制吗? 为什么? 举一例说明。

17. 对于 n 级 STARAN 多级交叉开关,当采用级控制策略时,需要多少位二进制控制信号? 这些二进制数的组合都可以用于控制吗? 为什么? 举一例说明。

18. 对于 δ 多级交叉开关 $a^n \times b^n$,试分析相邻二级交叉开关左侧输出端数与右侧输入端数是否相等。

19. 对于图 1-17 的 DM 网络,若要求实现输入端 2 到输出端 7 的连接,有哪几条路径?

由此说明 DM 多级交叉开关节点之间的路径具有什么特性?

20. 在有 16 个处理器的均匀洗牌互连网络中,若需要使第 0 号处理器与第 15 号处理器连接通信,需要经过多少次均匀洗牌和交换?

21. 设 E 为交换函数、S 为均匀洗牌函数、PM2I 为移数函数,且入出端编号用十进制数表示,现有 32 台处理器。

(1) 采用 E_0 和 S 构建均匀洗牌交换互连网络(每步仅可使用一次 E_0 和 S),请问网络直径为多少? 从 5 号处理器发送数据到 7 号处理器,最短路径需要经过几步? 列出最短路径所经过的处理器编号。

(2) 采用移数函数构建互连网络,网络直径和节点度各为多少? 与 2 号处理器距离最远的是几号处理器?

22. 若分别采用直径最小的三维网络、六维二元超方体网络和带环立方体网络来构建由 64 个节点组成的直接网络,令 d、D、L 分别为网络的节点度、直径和链路数,且采用 $(d \times D \times L)^{-1}$ 来衡量其性能,按性能排列出这 3 种构建网络的顺序。

23. 试证明一次通过节点数 $N=8$ 的 Ω 网络是否可以实现任意的移数排列(移数排列指对于给定 $N=2^n$ 个输入端,将其编号循环左移或右移 $k(0 \leqslant k < N)$ 位)。

24. 试证明多级 Ω 网络采用不同大小开关模块构造时,具有以下特性。

(1) 一个 $k \times k$ 开关模块的合法状态(连接)数目等于 k^k。

(2) 试计算 2×2 开关模块构造 64 个输入端的 Ω 网络一次通过所能实现的百分比。

(3) 采用 8×8 开关模块构造 64 个输入端的 Ω 网络,重复(2)。

(4) 采用 8×8 开关模块构造 512 个输入端的 Ω 网络,重复(2)。

25. 设 $N=2^n$ 个输入端的 Ω 网络,采用单元控制。

(1) 给定任意一个源(S)-目的(D)对,连接通路可以由终端地址唯一控制。若不采用终端地址 D 为寻径标记,而定义 $T=S \oplus D$ 为寻径标记来建立连接通路,那么由 T 为寻径标记的优点有哪些?

(2) Ω 网络可以实现播送(一源对多目)功能,若目的数为 2 的幂,试写出实现该功能的寻径算法。

26. 若 $2^m \times 2^m$ 矩阵 A 以行序方式存放于主存储器中,试证明在对 A 进行 m 次均匀洗牌后可以获得转置 A^T。

27. $N=2^n$ 个节点的均匀洗牌网络,其节点度、网络直径和对剖宽度各为多少?

第 2 章

多处理机的组织结构及其性能

多处理机为通过 MIMD 形式实现各级别并行处理的并行计算机,目前还没有统一的计算模型,所以其体系结构复杂多样,性能度量及分析计算与程序设计比单处理机困难得多。本章讨论多处理机的组织模型与特点分类、存储访问模型与数据通信模型、体系结构模型的类型与特点、并行算法构造与相关限制及其检测、并行程序设计语言、阐述程序并行性的度量计算、多处理机性能的分析模型与三级评测方法、异构多处理机任务调度、任务粒度对多处理机性能的影响,介绍多处理机与多计算机概念及其差异、多处理机操作系统类型及其特点、结构模型的发展趋势、多处理机性能的有限性与度量的基本参数、并行程序开发工具、并行优化编译程序。

2.1 多处理机概述

2.1.1 多处理机与多计算机

1. 多处理机与多计算机及其差异

多计算机(multi computer)是由多台独立计算机组成的计算机系统,多处理机(multi processor)是由多台处理器组成的计算机系统,通常把多处理机和多计算机统称为多机系统。多计算机和多处理机的差别主要有以下 4 个方面。

(1)操作系统方面。多计算机的各台计算机分别配有自己的操作系统,各自的资源由各自独立的操作系统控制分配;多处理机仅配有一个操作系统,各自的资源由该操作系统统一控制分配。

(2)存储器方面。多计算机的各台计算机分别拥有自己的存储器,各自运行完全独立的程序;多处理机的各个处理器共享同一主存储器,各自可以运行独立程序,也可以共同运行同一程序。

(3)信息交换方面。多计算机的各计算机之间通过通道或通信线进行通信,以文件或数据集的形式实现交换;多处理机由于共享主存储器,各处理器之间可以以文件或数据集的形式实现交换,也可以单个数据的形式实现交换。

(4)并行性级别方面。多计算机通过批量数据交互,实现作业级并行;多处理机可以实现作业级并行,也可以实现同一作业中的指令级并行,甚至可以实现同时处理多条指令对同一数组各元素全并行处理。

早期的多处理机采用各处理器直接共享主存储器,因此它与多计算机在并行处理的功能和结构上都有着明显的不同。现在,许多多处理机除了共享主存储器之外,每个处理器都带有自己的局部存储器,本身也构成一台计算机,所以与多计算机在结构上的差别不大,但在操作系统和并行性级别方面的差别依旧明显。

2. 多机耦合度及其类型

多机耦合度用于反映多机系统各单元(计算机或处理器)之间物理连接的紧密程度和交互作用的强弱。多机耦合一般可以分为最低耦合、松散耦合和紧密耦合 3 种类型。

(1) 最低耦合。最低耦合指各单元之间没有物理连接,也无共享的联机硬件资源,只是通过中间存储介质(如磁盘、磁带等)为交互作用提供支持。多机系统采用最低耦合将计算机组织在一起则称为最低耦合多机系统,在互联网出现之前,所有用户的计算机组成的是一个多机系统。

(2) 松散耦合。松散耦合指多台计算机通过通道或通信线路实现互连,共享某些如磁盘、磁带等外围设备,以较低频带在文件或数据集一级相互作用。采用松散耦合将多台计算机组织在一起则称为松散耦合多机系统,一般是多计算机。松散耦合多机系统具有异步工作、结构灵活、容易扩展等特点,且有两种组织形式。一种组织形式是实现功能专用化的多台计算机通过通道与共享外围设备相连,每台计算机处理的结果以文件或数据集形式传送到共享外围设备上,以供其他计算机继续处理;另一种组织形式是多台计算机通过通信线路连接成计算机网络,获得更大地域内的资源共享。

(3) 紧密耦合。紧密耦合指多个处理器之间通过总线或高速开关互连,共享主存储器,以较高频带在单个数据一级相互作用。采用紧密耦合将多个处理器组织在一起则称为紧密耦合多机系统,一般是多处理机。紧密耦合多机系统在统一的操作系统管理下,可以获得各处理器的高效率和负载均衡。

2.1.2 多处理机的分类及其比较

1. 多处理机的分类

多处理机的分类角度很多,但目前最基本的分类是按处理器组织形式分,其可以分为异构的、同构的和分布的 3 种。

(1) 异构多处理机(heterogeneous multi processor)。异构多处理机又称非对称型多机,指由多个不同类型的,至少是担负不同功能的处理器组成的多处理机。

(2) 同构多处理机(homogeneous multi processor)。同构多处理机又称对称型多处理机,指由多个同类型的,且完成同样功能的处理器组成的多处理机。

(3) 分布多处理机(distributed processor)。分布多处理机指有大量分散、重复的处理机资源(一般是具有独立功能的单处理机)相互连接在一起,在操作系统的统一控制下,各处理机协调工作但最少地依赖于其他资源的多处理机。

2. 不同类型多处理机的比较

3 种不同类型多处理机的比较如表 2-1 所示,综合起来其结构的不同之处主要有以下几个方面。

表 2-1 3 种不同类型多处理机的比较

类 型 名 称	同构多处理机	异构多处理机	分布多处理机
组织目的	提高性能(可靠性、速度)	提高效率(吞吐率)	兼顾性能与效率

续表

类 型 名 称	同构多处理机	异构多处理机	分布多处理机
技术途径	资源重复（机间互联）	时间重叠（功能专用）	资源共享（网络化）
微处理器要求	功能类型相同	功能类型不同	无限制
分工策略	按任务分配	按功能分配	按资源分配
作业方式	协同并行完成作业	协同串行完成作业	主辅协同完成作业
控制形式	一般为浮动控制	一般为专用控制	一般为分布控制
互连要求	灵活快速、可重构	专用	简单灵活、快速通用

（1）分工策略不同。同构多处理机是将一个作业分解为若干功能尽可能相同的任务，把任务直接分配于各处理机，以满足资源重复的需要；异构多处理机是将一个作业分解为若干功能尽可能不同的任务，按功能把任务分配于各处理机，以满足时间重叠的需要；分布多处理机是将一个作业分解为若干所需资源相同的任务，把任务直接分配于各处理机，满足资源共享的需要。

（2）作业方式不同。同构多处理机是使一个作业所包含的任务并行执行，以提高可靠性和速度；异构多处理机是使一个作业所包含的任务流水串行执行，以提高吞吐量和效率；分布多处理机是使一个作业所包含的任务尽可能由本地处理机执行，较少依赖集中的软件、数据和硬件。

（3）控制形式不同。同构多处理机一般采用浮动控制形式，所有管理控制由一台处理机实现，但并不是固定不变，其他处理机也可以承担管理控制；异构多处理机一般采用专用控制形式，由一台专用处理机来实现集中管理控制，其他处理机不可能承担管理控制；分布多处理机一般采用分布控制形式，由多台处理机协同实现所有管理控制，且多台处理机不存在明显的层次性。

2.1.3　多处理机的组织模型与特点

1. 多处理机的组织模型

在多处理机中，处理机与处理机之间采用互连网络连接，用于实现程序之间的数据交换和同步。由 N 台处理器、M 个共享存储模块、Q 台 I/O 设备组成的多处理机组织模型如图 2-1 所示，其中 P_i 为处理机、SM_j 为存储模块、IO_k 为 I/O 设备、CM_i 为 Cache 存储器、LM_i 为本地存储器、IOC_k 为 I/O 接口部件，$i=1,2,\cdots,N$，$j=1,2,\cdots,M$，$k=1,2,\cdots,Q$。多处理机利用 3 种互连网络将处理机、主存储器和 I/O 设备连接在一起而构成一个整体，即利用处理机-存储器互连网络（processor and memory interconnection network，PMIN）使处理机与共享主存储器相连接，利用处理机-处理机互连网络（processor and processor interconnection network，PPIN）使处理机之间相连接，利用处理机-I/O 互连网络（processor and i/o device inter connection network，PIOIN）使处理机与 I/O 设备相连接，且为使结构简单，可以把所有 I/O 设备连接在一台或少数几台处理机上。通过 PMIN 或 PPIN 来实现处理机之间的数据通信，通过 PPIN 发送中断信号来实现进程同步，通过 PIOIN 来实现处理机的输入输出。特别地，共享主存储器所有处理机均可以直接访问，私有存储器仅可以被所连接的处理机所访问。

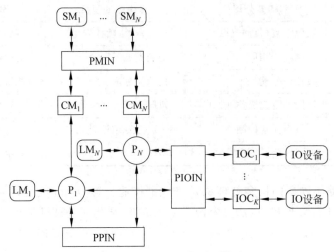

图 2-1 多处理机的组织模型

为了减少处理机访问共享主存储器时的冲突,共享主存通常为多体多字交叉编址的存储器,且 M 大于 N。每台处理机还可以配置私有存储器,用于存储操作系统和被阻塞或中断的进程,以减少互连网络 PMIN 的通信量及其共享主存储器的访问冲突,但当处理机数量较多时,多处理机的吞吐量仍会因共享主存储器的访问冲突和互连网络 PMIN 的通信时延而受到限制。为此,在处理机与互连网络 PMIN 之间还可以配置 Cache,这样虽然可以有效地提高多处理机的吞吐量,但这时将产生数据一致性问题,这将在第 4 章讨论。

2. 多处理机与阵列处理机的组织差异

在程序控制的 3 种并行计算机中,MIMD 结构的多处理机和 SIMD 结构的阵列处理机具有一定的相似性,如均包含许多处理部件,但它们的组织结构存在以下 3 个方面的差异。

(1) 控制部件的个数不同。多处理机有多个控制部件,各控制部件用于单独控制其对应的处理部件,且相互之间可以协调配合;阵列处理机仅有一个控制部件,用于控制所有的处理部件。

(2) 外围设备的使用不同。多处理机的外围设备通过互连网络,可以被多个处理机调度使用;阵列处理机的外围设备仅可以被前台处理机调度使用。

(3) 互连网络的复杂程度不同。阵列处理机主要用于对数组向量运算,处理部件和主存储器之间的数据交换比较有规则,其互连网络的作用主要在于数据对准,因此较为简单;多处理机的各台处理机各自运行不同程序,处理机对主存储器的访问不仅是随机的,而且还要实现主存储器共享,因此互连网络的连接关系、频宽和路径选择等均极其复杂。

3. 多处理机的特点

由于阵列处理机与多处理机的组织结构存在差异,二者相比,在性能特性上多处理机具有以下特点。

(1) 结构灵活。阵列处理机主要是针对数组和向量运算等数据并行算法来组织实现的,所以其仅需配置连接关系有限且固定的互连网络,即可满足一批并行算法。而多处理机是为适应多样的并行算法来组织实现的,具有较强的通用性,从而要求其具备更为灵活多变的体系结构以实现各种复杂多样的机间互连,另外还需要有效地解决共享资源的冲突。

（2）并行性挖掘途径多。阵列处理机实现的是数据操作级的并行,其并行性存在于指令内部,且对数据处理的算法具有较强的专用性,使得并行性的识别比较容易实现。在多处理机中,并行性存在于指令外部,实现的是程序作业级的并行,且程序作业的算法具有通用性要求,使得并行性的识别难度比较大,所以必须利用算法、程序语言、编译、操作系统及其指令执行硬件等多种途径,来尽量挖掘程序作业中的并行性。

（3）并行任务需要派生。阵列处理机依靠单指令控制多数据来实现数据并行操作,即通过指令本身就可以使多个处理部件并行工作。多处理机为多指令流操作,当程序作业存在多个并发任务（程序段或指令）时,可以采用专门的指令来表示并发关系,以使一个任务开始执行时派生出其他并行执行的任务,也可以通过一个任务的执行来激发其他任务的执行。当可以并行执行的任务数多于处理机数,多余的任务则进入排队器等待。

（4）任务同步复杂。阵列处理机仅有一个控制部件,自然是同步的。多处理机中各处理机执行的是不同的任务,工作进度不必保持相同,各处理机任务执行完则停下来等待分配。但如果并发任务之间存在某种依赖关系,如发生数据相关等,那么有的处理机即使任务没有执行完也需要停下来等待,直到条件满足继续执行原来任务。所以,多处理机必须采取特殊的同步措施,以确保任务按所要求的正确顺序执行,并在条件满足时立刻继续执行原来任务。

（5）资源分配和任务调度影响工作效率。阵列处理机的处理部件是固定的,采用屏蔽手段可以改变实际参加操作的处理部件数。多处理机执行并发任务,需用的处理机数目不固定,各台处理机进入或退出任务的时刻不相同,所需共享资源的种类、数量随时变化。所以,资源分配和任务调度对工作效率有很大的影响。

2.1.4　多处理机操作系统

当并行程序在多处理机上运行时,需要有操作系统来控制实现资源的管理分配等功能,多处理机操作系统有主从型、独立型和浮动型 3 种。

1. 主从型操作系统

主从（又称集中控制）型操作系统（master slave supervisor）指通过限定其仅可以运行于一台指定的主处理机来实现集中控制,以管理控制其他从处理机的状态及其工作的分配。主处理机可以是专用的,也可以是通用的（与其他从处理机相同）,它除管理控制外还可以可用于其他功能执行实现。从处理机是一个可以被调度的资源,它通过访管指令或自陷（trap）软中断来请求主处理机服务。

由于主从型操作系统仅运行于一台处理机上,除某些需要递归或多重调用的公用程序,通常都不必是可再入的,所以它只有一个处理机访问执行表,不存在系统管理、控制表格的访问冲突与阻塞,管理控制的实现简单。主从型操作系统可以最大限度地利用单处理机多道程序分时操作系统的成果,仅需要对它稍加扩充即可,硬件结构比较简单,实现起来经济方便。

主从型操作系统对主处理机的可靠性要求很高,一旦发生故障,会使多处理机整体瘫痪,显得不够灵活。主处理机应能快速执行管理功能,提前等待请求,以便及时为从处理机分配任务,否则会降低从处理机的效率。主处理机即使是专用的,如果负荷过重,也会影响整体性能,特别是当大部分任务都很短时,由于频繁地要求主处理机进行大量的管理性操作,整体效率将会显著降低。

主从型操作系统适合于工作负荷固定,且从处理机功能明显低于主处理机,或由功能差异较大的处理器组成的异构多处理机。

2. 独立型操作系统

独立型操作系统(separate supervisor)指其可以运行于多台处理机来实现分散控制,以管理控制所有处理机的状态及其工作分配。多台运行操作系统的处理机均有操作系统内核(独立的管理程序)的副本,按自身需要及分配于它的任务需要来执行各种管理控制功能。

独立型操作系统除去了对专用处理机的需求,即使某处理机发生故障,也不会引起整体瘫痪,有较高的可靠性。每台处理机均有专用控制表格,使访问冲突与阻塞较少;实际也不会有许多公用执行表,可以对控制进程和用户进程一起调度,以获得较高整体效率。

由于独立型操作系统可以运行于多台处理机,因此要求内核管理程序必须是可再入的。若某台处理机发生故障,其未完成的任务会难以恢复和重新执行,所以其实现难度大,硬件结构比较复杂。虽然每台处理机有自己的专用控制表格,但仍有一些共享表格会带来访问冲突,导致进程调度复杂、开销加大。每台处理机均有自己专用的输入输出设备和文件,使整体输入输出结构变换需要操作员干预。各处理机负荷平衡较困难,且需要局部存储器存放内核管理程序副本,降低了存储器的利用率。

独立型操作系统适用于松散耦合的分布多处理机。

3. 浮动型操作系统

浮动型操作系统(floating supervisor)指介于主从型和独立型之间的一种折衷方式,其可以在多台处理机之间浮动地运行。在一段时间内哪一台处理机为控制处理机,控制时间多长是不固定的。

浮动型操作系统可以使各类资源得到较好的负荷平衡,在硬件结构和可靠性上具有分布控制的优点,而在操作系统的复杂性和经济性上则接近于主从型。如果操作系统设计得好,将不受处理机数目的影响,具有很高的灵活性。

浮动型操作系统的主控管理程序可以在处理机之间转移,允许多台处理机同时执行同一管理服务程序,所以多数管理程序必须是可再入的,所以硬件结构比较复杂,实现难度较大。由于同一时间可能有多台处理机处于管态,可能发生访问表格和数据集的冲突(一般采用互斥访问方法解决),还有服务请求冲突(可通过静态分配或动态控制高优先级方法解决)。

浮动型操作系统适用于紧密耦合多处理机,即由包含共享主存和I/O设备的多台相同处理机组成的同构多处理机。

2.1.5 多处理机并行程序开发工具

并行编程模型一直是并行计算研究领域中的重点内容,它和并行计算机体系结构紧密相关。共享存储体系结构下的并行编程模型主要是共享变量编程模型,它具有单地址空间、编程容易、可移植性差等特点,其实现有OpenMP和Pthreads等。分布式存储体系结构下的并行编程模型主要有消息传递编程模型和分布式共享编程模型两种。消息传递编程模型的特点是多地址空间、编程困难、可移植性好,其实现有MPI、PVM等。分布式共享编程模型是指有硬件或软件的支持,在分布式体系结构下实现的具有共享变量编程模型特点的编程模型。后者可以分别按照硬件或软件的实现分为 DSM 和 SVM,其实现有 TreadMark 和 JiaJia 等,目前作为研究热点的分割全局地址空间(partitioned global address space,PGAS)模型的研究有 uPC 等代表,具有很强的发展潜力。

不同并行程序设计模型需要采用不同的开发工具支持,目前应用较为普遍的开发工具有 OpenMP 和 MPI。

1. OpenMP 并行程序开发工具

OpenMP 是支持共享存储体系结构下共享变量并行程序设计模型的开发工具,其规范由"OpenMP 体系结构审核委员会"创立并公布。OpenMP 不是一种新的程序设计语言,它支持 C、C++ 和 Fortran 等语言,对基本语言的扩展提供并行区域、工作共享和同步机制的支持。OpenMP 具有与平台无关的编译指导命令、编译指示符、函数调用和环境变量,显式指示编译程序在应用程序中如何使用并行性。

OpenMP 提供了一个可移植的多线程应用程序 API,可以实现循环程序的多线程化,并支持多线程间的同步和局部数据变量。OpenMP 采用派生汇合(Fork,Join)的执行模式建立多线程,该模式以一个线程为主线程,程序从主线程开始,创建若干个子线程进行并行计算,每个子线程完成一个并行子任务的计算,各个子线程完成并行任务后即终止,回归到主线程。多线程(Fork,Join)执行模式可以有效地减少线程开销,程序员无须对线程的创建、释放、同步进行编程,仅需要指出哪些循环程序段可以并行化和如何测试并行线程的性能。

许多编译程序均支持 OpenMP。例如,在 Visual C++ 2005 中使用 OpenMP,仅需要在 Project/Properties 的 C/C++ 的 Language 选项卡中将 OpenMP Support 这项设置为"Yes",在需要使用 OpenMP 函数的 CPP 文件中引用"omp.h",便可以实现有关功能。如下面的程序段所示。其结果为"0,1,2,3,4,5,6,7,8,9"。

```
inti,j,n;
for(i=0;i<10;i++)
{
    for(j=0;j<100000;j++);          //空循环
    printf("%d,",i);
}
```

若希望将 for 循环并行处理,仅需要在前面加上一个预处理命令:

```
#pragma omp parallel for
```

这时运行结果为"0,5,1,6,2,7,3,8,4,9"。由此可见程序没有按照输出 0~9 的顺序执行,原因在于:OpenMP 把循环 0~9 共 10 个步骤拆分为 0~4 和 5~9 两部分,然后分配给不同的子线程去并行运行,所以数字出现交错输出。

2. MPI 并行程序开发工具

MPI 是支持分布式存储体系结构下消息传递并行程序设计模型的开发工具,其是针对规范进程/线程间的消息传递而提出来的,目的在于提供用于多处理机的消息传递标准。MPI 并行程序开发工具由标准消息传递函数及相关辅助函数构成,运行在不同处理机上的线程/进程通过调用这些函数进行通信,且消息传递的通信模式分为点到点通信和群集通信两类。基于 MPI 并行程序的设计流程如图 2-2 所示,其中每个进程开始时,将获得一个唯一的序号,如启动 P 个进程,序号依次为 0、1、$\cdots$、$P-1$,进程间的通信通过调用 MPI 函数来实现。MPI 比较适合于分布式存储多处理机,如 IBM 的 BlueGene/L 就采用了 MPI。

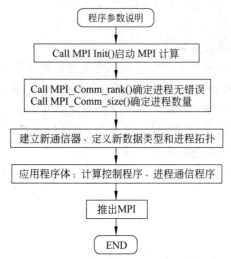

图 2-2 基于 MPI 并行程序的设计流程

点对点通信指给定属于同一通信器的两个进程,其中一个发送消息、另一个接收消息。MPI 定义的所有通信模式均建立在点对点通信之上,它有 4 种方式:标准方式、缓存方式、同步方式、就绪方式。标准方式指进程可以任意发送(或接收)消息,与是否存在匹配的消息接收(或发送)进程无关。缓存方式指发送端把缓存区中的消息复制到接收缓存区后立即返回。同步方式指在等待缓存区中的消息被接收端读取后才返回,发送端线程运行中存在等待状态,为避免处理机资源空闲,操作系统可以启动线程调度,运行其他线程以提高资源利用率。就绪方式指发送端在接收端就绪时才启动消息发送操作,而后立即返回。

群集通信用于多方通信,即属于同一通信器的所有进程均通过调用同一群集通信函数来参与通信操作,它有两种方式:同步的和特异的。同步方式指发送端同步发送、接收端有阻塞地接收,等到所有线程均完成收发操作时才返回,所以其要求所有进程在某程序点上同步,通信带有屏障同步操作。特异方式又分为两种:一对多和多对一。一对多通信又有散播、广播和规约之分,其中规约用于求最大最小值、求总和、求乘积等规约运算;多对一用于线程间的数据收集。

2.2 多处理机的访问通信与结构模型

2.2.1 多处理机的存储访问模型

对于多处理机,由于存储器的结构模型不同,导致存储访问模型也存在差异。目前,多处理机的存储访问模型有:均匀存储访问模型、非均匀存储访问模型、全高缓存访问模型和非远程存储访问模型 4 种。

1. 均匀存储访问模型

均匀存储访问(uniform memory access, UMA)模型是以集中式存储器的物理结构模型为基础,资源高度共享的多处理机对存储器的访问模型。均匀存储访问模型的组织结构与集中式存储器的组织结构一样,且相应多处理机的多机耦合度是紧密的。均匀存储访问模型特点有:①物理上集中于一体存储器被所有处理机共享;②所有处理机对任何存储字的访问时间均相等;③所有处理机可以配置私有高缓 Cache;④I/O 设备也以一定形式共享。所以,均匀存储访问模型适应于通用或分时的应用。

当所有处理机可以等同访问 I/O 设备和运行操作系统内核及其 I/O 服务程序等(即多处理机的操作系统为浮动型)时,采用均匀存储访问模型的多处理机为对称多处理(symmetrical multi processing, SMP)机。若仅有一台或一组处理机(即主处理机)可以运行操作系统内核及其 I/O 服务程序(即多处理机的操作系统为主从型或独立型)时,采用均匀存储访问模型的多处理机为非对称多处理机。

2. 非均匀存储访问模型

非均匀存储访问(nonuniform memory access, NUMA)模型是以分布式存储器的物理结构模型为基础,资源高度共享的多处理机对存储器的访问模型。非均匀存储访问模型的组织结构与分布式存储器的结构模型一样,但有两种变形,且相应多处理机的多机耦合度均是紧密的。一种变形是层次式存储,其组织结构如图 2-3 所示,其中 CSM 为群内共享存储器、GSM 为全局存储器。另一种变形是群节点远程高缓(RC)一致性,其组织结构如图 2-4 所示,节点为对称多处理机,且仅增加了基于目录一致性协议(DIR)的远程高缓(RC)和网络接口电路(NIC)。

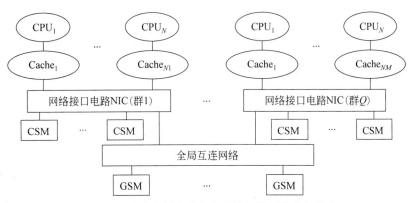

图 2-3　层次式存储非均匀存储访问模型的组织结构

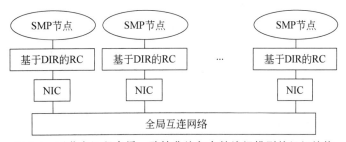

图 2-4　群节点远程高缓一致性非均匀存储访问模型的组织结构

非均匀存储访问模型特点有：①物理上分布于各处理机的存储器组成单地址存储空间，被所有处理机共享；②所有处理机对存储字的访问时间不一定相等，对本地存储器的访问比对外地存储器的访问时间短；③所有处理机可以配置私有高缓 Cache；④I/O 设备也以一定形式共享。

特别地，层次式存储非均匀存储访问模型是在非均匀存储访问模型一般组织结构的基础上分层组织存储器，以使存储容量增加而不会影响访问速度。群节点远程高缓一致性非均匀存储访问模型是在非均匀存储访问模型一般组织结构的基础上，节点群化以增强扩展性，增设远程高缓及其一致性以使数据具有迁移聚集特性，程序员无须进行数据分配而由软硬件自动分配数据。

3. 全高缓存储访问模型

全高缓存储访问（cache-only memory access，COMA）模型是 NUMA 的特例，它没有存储层次，按分布式存储器的物理结构模型来组织分布的高缓 Cache，资源高度共享的多处理机对存储器的访问模型。全高缓存储访问模型的组织结构如图 2-5 所示，且相应多处理机的多机耦合度是紧密的。

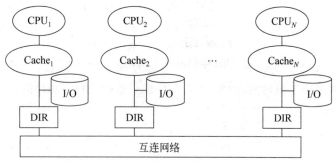

图 2-5　全高缓存储访问模型的组织结构

全高缓存储访问模型特点有：①各处理机都没有存储层次，仅有高缓 Cache，且 Cache 容量一般很大；②物理上分布于各处理机的高缓 Cache 组成单地址存储空间，被所有处理机共享，并利用分布的 Cache 目录（DIR）实现远程高缓 Cache 的访问；③数据开始时是任意分配于高缓 Cache 的，运行过程会使数据迁移到需要该数据处理机的高缓 Cache。

4. 非远程存储访问模型

非远程存储访问（no remote memory access，NORMA）模型是以分布式存储器的物理结构模型为基础，资源不共享的多处理机对存储器的访问模型。非远程存储访问模型的组织结构与分布式存储器的结构模型一样，且相应多处理机的多机耦合度可以是紧密的，也可以是松散的。

非远程存储访问模型特点有：①各功能节点是一台由处理器、私有高缓 Cache、本地存储器和（或）I/O 外设组成的自治计算机；②处理机之间通过消息传递互连网络连接；③物理上分布于各计算机的存储器组成多地址存储空间，并不共享，一般不支持远程存储器的访问；④I/O 设备也不共享。

2.2.2　多处理机的数据通信模型

对于多处理机，存储器的逻辑结构有共享和非共享之分，相应地从通信机制来看，数据通信模型可以分为共享变量和消息传递两种。当然,在多处理机中,也可以将两种模型结合在一起应用。

1. 共享变量模型

对于共享存储器的单地址存储空间,各处理机给出相同逻辑单元地址指向的是同一存储单元,所以可以通过存数指令和取数指令中的地址,隐含地进行处理机之间的数据通信,这样的数据通信机制称为共享变量模型。共享变量模型的主要优点有以下方面内容。

(1) 多处理机共享变量模型的通信机制与单处理机指令之间的数据通信一样,使得编程方法为人们所熟悉,还有利于软件兼容。

(2) 对通信复杂或程序执行动态变化的多处理机,易于编程,有利软件编译。

(3) 当通信量不是很大时,通信开销小,带宽利用高。

(4) 通过硬件控制的 Cache 可减少远程通信的频度和共享数据访问的冲突。

2. 消息传递模型

对于存储空间不共享的多地址存储空间,各处理机给出相同逻辑单元地址指向的是不同的存储单元,所以不可以通过存数指令和取数指令中的地址来实现处理机之间的数据通信,只能通过处理机请求与响应服务显式地传递消息进行处理机之间的数据通信,这样的数据通信机制称为消息传递模型。当某处理机 A 需要对另一处理机 B 的存储器中数据进行访问或操作时,处理机 A 向处理机 B 发送一个请求(可以看成一个远程进程调用);处理机 B 接收到请求后,代替处理机 A 对数据进行访问或操作,而后发送一个应答到处理机 A,把对数据进行访问或操作的结果返回。通常,接收方处理机所需要数据未到达,则处于等待状态;若接收方处理机还未处理完前一次数据通信且缓冲器已满,则发送方处理机也处于等待状态。目前,许多计算机软件对处理机请求与响应服务的发送和接收的具体操作进行了封装,建立了标准的消息传递库,如 MPI,这为编程人员提供了高效率支持,也有效地支持软件移植。

在数据通信中,如果请求处理机在发送请求后,需要等待应答到达后才能继续运行程序,则该消息传递为同步的。如果某处理机已知另一处理机需要其存储器数据,则数据通信可以由数据发送方处理机发起,即数据可以不需要通过接收方处理机请求,发送方处理机就把数据直接发送到接收方处理机,且数据发送后继续运行程序,则该消息传递为异步的。消息传递模型的主要优点有以下方面。

(1) 硬件简单,易于实现。

(2) 显式的数据通信可以引起编程人员和编译程序的关注,使其清楚数据通信在何时发生和通信开销,重视通信开销大的数据通信,以开发出高性能的并行程序。

(3) 同步自然与数据通信关联,从而可以减少不当的同步所带来的错误,有利于数据的安全性。

2.2.3　多处理机的结构模型及其特性

1. 多处理机的结构模型

随着多处理机的不断发展,从多处理机的结构模型来看,目前多处理机包含集中共享存储多处理机(SMP)、分布共享存储多处理机(DSM)、大规模并行多处理机(MPP)、机群多处理机(COWP)4 种类型。

1）集中共享存储多处理机

集中共享存储多处理机的结构模型如图 2-6 所示，又称为对称多处理机，它通过互连网络将若干处理机和若干存储器模块（SM）连接在一起而构成一个整体，它所包含的处理机的功能类型是相同的，所包含的存储器模块的特性性能也是相同的。对于集中共享存储多处理机，其互连网络是处理机和存储器模块之间进行数据传送的必经之路，任何处理机访问任何存储器模块的时延时间相等。由于集中式存储器的带宽有限，该多处理机规模通常不大，处理机数至多为 20 个左右，所以其中的互连网络一般为定制的总线或交叉开关。特别地，若将各处理机换为向量处理机，那么则是并行向量多处理机（parallel vector processor，PVP）。

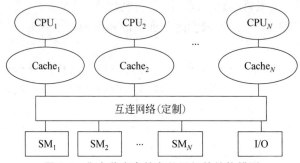

图 2-6　集中共享存储多处理机的结构模型

2）分布共享存储多处理机

分布共享存储多处理机的结构模型如图 2-7 所示，其中高速缓存目录 DIR 用于支持分布高速缓存的一致性，NIC 为网络接口电路。分布共享存储多处理机通过互连网络将若干节点单元连接在一起而构成一个整体，每个节点单元由处理机、本地存储器（LM）、高缓 Cache、I/O 设备等组成。分布于各处理机的存储器统一编址，组成单地址存储空间被所有处理机共享。各处理机除可以访问本地存储器外，还可以通过互连网络直接访问分布于其他处理机的"远程存储器"，但访问时延时间长。分布共享存储多处理机的数据通信带宽取决于互连网络，处理机规模通常较大，所以其中的互连网络一般为定制的多级交叉开关。特别地，在分布共享存储多处理机中，节点单元可以是对称多处理机，这样的节点称为超级节点，相应的多处理机称为超分布共享存储多处理机。

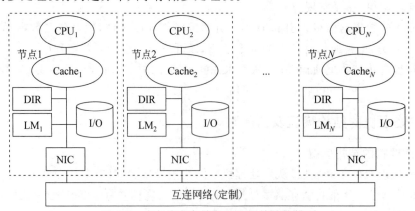

图 2-7　分布共享存储多处理机的结构模型

3）大规模并行多处理机

大规模并行多处理机的结构模型如图 2-8 所示，它与 DSM 的组织结构相似。但不同之处有 3 点：①节点单元中的 CPU 是商用带高缓的微处理器，且一般没有配置 I/O 设备；②分布于各处理机的存储器相互独立编址，组成多地址存储空间而非共享；③I/O 设备通过互连网络被所有处理机共享调用。在大规模并行多处理机中，由于处理机之间的数据通信速度低、时延长，对互连网络的带宽要求不高，使得其成本低，规模可以很大，从而可以利用微处理器来构成经济的大规模多处理机。

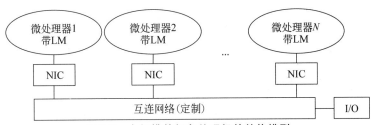

图 2-8　大规模并行多处理机的结构模型

4）机群多处理机

机群多处理机的结构模型如图 2-9 所示，其中 B 为 I/O 接口电路，某种程度可以认为它是 MPP 的变形。但不同之处有 3 点：①节点单元是完全独立的计算机或工作站或对称多处理机，拥有本地磁盘和操作系统，可以单独作为计算资源供用户使用；②用于节点单元之间连接的互连网络为商品化的局域网（如以太网、FDDI、ATM 等）；③节点单元通过 NIC 连接于 I/O 总线（DSM 和 MPP 则是连接于系统总线），即对于某节点单元来说，其他节点单元均为它的 I/O 设备，所以节点单元之间是松散耦合的（DSM 和 MPP 则是紧密耦合的）。

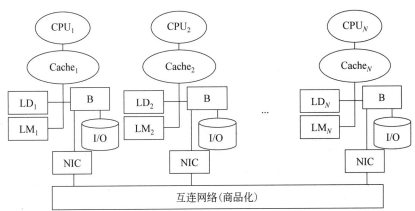

图 2-9　机群多处理机的结构模型

2. 不同结构模型多处理机的结构特性

不同结构模型的多处理机都是通过互连网络将若干多处理机连接在一起来构成一个整体，而节点处理机均采用商品化的通用处理器，且均配有私有高缓 Cache，它们的结构特性如表 2-2 所示。

表 2-2　不同组织结构多处理机的结构特性

特　　性	集中共享存储	分布共享存储	大规模并行	机　　群
多机耦合度	紧密	紧密	紧密或松散	松散
节点类型	单处理机	单处理机或 SMP	微处理器	计算机或 SMP
互连网络类型	总线或交叉开关	多级交叉开关	多级交叉开关	商品化局域网
通信模型	共享变量	共享变量	消息传递	消息传递
地址空间	单地址	单地址	多地址	多地址
存储物理模型	集中	分布	分布	分布
存储逻辑模型	共享	共享	非共享	非共享
存储访问模型	均匀访问	非均匀访问	非远程访问	非远程访问
节点带 I/O	不带	带不带均可	带不带均可	带

2.2.4　多处理机结构模型的发展趋势

1. 多处理机的实现模型界限模糊化

自 20 世纪 90 年代以来,随着多处理机的不断研究与发展,目前已出现了多样化的组织结构。但不同组织结构的多处理机所涉及技术的实现模型之间的界限越来越模糊,具体包含以下两个方面。

1)数据通信方面

无论存储空间是单地址还是多地址、是共享还是非共享,人们都希望可以同时实现共享变量和消息传递这两种数据通信模型,以发挥其各自的优势,增强多处理机的适应性。这样就要求在共享存储的多处理机上实现消息传递数据通信模型,在非共享存储的多处理机上实现共享变量数据通信模型,而这要求是可以实现的。

在共享存储的多处理机上,可以通过共享缓冲区来实现消息传递,即当得到数据请求后,发送方便将数据写入缓冲区,接收方则读取缓冲区数据,且使用标记或锁等来控制缓冲区的访问,从而使数据通信显式化。在非共享存储的多处理机上,使数据通信隐式化则比较复杂,需要将存储访问转换为请求的发送和接收(共享存储访问需要操作系统提供地址转换),有 2 条实现途径。一是由于非共享存储多处理机可以建立共享虚拟地址空间,若使不同处理机的进程共享若干虚拟空间页面,并允许直接访问,这样数据通信在页面级上便隐式化了;二是由于非共享存储多处理机的用户进程可以构成全局地址空间,且可以通过软件进行请求式访问,可以向包含目标和接收响应的进程发送请求(相当于执行一条指令),因为绝大多数的消息传递库允许一个进程接收任何别的进程的消息,为别的进程服务于数据请求。

2)结构模型方面

MPP 和 COWP 界限越来越模糊,若增强 MPP 节点功能和减弱 COWP 节点功能,那么 MPP 和 COWP 的结构模型便趋于一致。SMP 已融合于 DSM 之中,而 DSM 与 COWP 的区别就在于资源共享程度的差异。而节点处理机已均是商品化的通用处理机,未来必将均采用高性能微处理器。无论哪一种多处理机,都是通过互连网络将节点连接在一起,采用商品化的高速网络,以提高性价比是多处理机发展的必然要求。

2. 多处理机结构模型合一化

随着多处理机的进一步研究与改进,多处理机的结构模型具有合一化的趋势,最终形成了 3 种公用的结构模型,如图 2-10 所示,其中将无共享存储结构中节点内的磁盘移出来则变为共享磁盘存储结构,再将共享磁盘存储结构中节点内的主存储器移出来则变为共享存储结构。究其原因在于无论设计哪一种多处理机的组织结构,都有相同的目标,即互连网络带宽大且质量高、尽量避免或降低或隐藏数据通信时延、支持不同的同步形式、扩展性强、软件实现容易等。

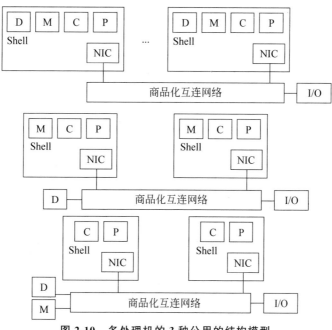

图 2-10 多处理机的 3 种公用的结构模型

特别地,公用结构中的节点通常遵循一个壳体结构(shell architecture),其中一个专门设计定制的电路(Shell)将商品化的处理器与 Cache、主存储器(M)、NIC 和磁盘(D)连接起来构成一个节点,并可与其他节点相连接。另外,根据 Shell 结构的不同,一个节点内可以有多个处理器。Shell 结构的最大优点是当处理器芯片更新换代时,其他部分无须改变。

2.3 多处理机程序的并行性

多处理机的并行性既存在于指令及其内部,又存在于指令外部。利用流水线、向量化等技术,可以挖掘指令及其内部的低级别并行性;通过算法、程序语言、编译程序和操作系统等途径,可以挖掘指令外部的高级别并行性。

2.3.1 程序并行性算法的构造

1. 单处理机与多处理机的算法比较

并行算法必须适应具体的并行计算机体系结构,当多处理机的处理机数比较多时,把一个计算分解为足够多的可并行的任务是极其复杂的。因此,为简化并行算法的讨论,可以算术表达式的并行运算为例来说明并行算法构造的设计过程。实际上,可以把算术表达式看成多个程序段相互作用的结果,其中表达式中每一项可以看成一个程序段的运行结果。

对于单处理机串行算法,通常采用的循环和迭代算法往往不适合于多处理机,如算术表达式 $E_1 = a + bx + cx^2 + dx^3$,可以变换为 $E_1 = a + x\{b + x[c + x(d)]\}$,其有 3 个循环,每个循环包含一个乘和一个加,共 6 级运算,这是适用于单处理机的典型串行算法。但这个算法不适用于多处理机,因为在算法程序运行过程中,始终仅需要一台处理机运算,其他处理机处于空闲状态。对于多处理机并行算法,按原式计算却更为有效,若采用 3 台处理机仅需要 4 级运算。将上述两式的运算过程表示为树状流程如图 2-11 所示,按原式计算图 2-11(a)的树高度为 4,按变换式计算图 2-11(b)的树高度为 6,树高度即运算级数。

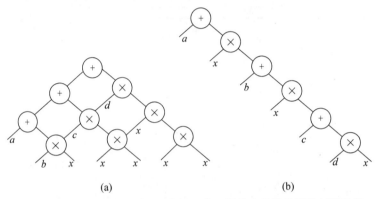

(a)   (b)

图 2-11 $E_1 = a + bx + cx^2 + dx^3$ 的两种不同算法计算流程的树状流程

2. 并行算法的构造策略

当把运算过程表示树状流程时,树高度即运算级数,降低树高可以减少运算级数,提高运算的并行性。这样,树状流程的变换是并行算法构造的基本途径,而树状流程的变换可以利用交换率、结合率、分配率来实现。因此利用交换率、结合率、分配率来对描述运算过程的树状流程进行变换是并行算法构造的思想。具体操作为:从算术表达式的直接形式出发,利用交换率把相同运算集中在一起,利用结合律把参加这些运算的操作数(原子)配对,以尽可能并行运算,由此组成树高最小的子树;再把这些子树结合起来,利用分配律进一步降低树高;最后在适当平衡各子树级数的情况下,可以实现较理想的并行效果。

对于算术表达式 $E_2 = a + b(c + def + g) + h$,直接计算的流程树状结构如图 2-12(a)所示,需要 7 级运算。若利用交换律和结合律对原算术表达式进行变换,可得到:$E_2 = (a + h) + b[(c + g) + def]$,这时计算的流程树状结构如图 2-12(b)所示,需要 5 级运算,且计算 $(c + g)$ 子树为 1 级,计算 def 子树为 2 级,相加后乘 b 又有 2 级。若把 b 写进括号内,则计算 $bdef$ 仍可以为 2 级,省去后续的乘 b,从而使级数由 5 级变为 4 级,这时有 $E_2 = (a + h) + (bc + bg) + bdef$,计算的流程树状结构如图 2-13 所示。

2.3.2   程序并行性的数据相关与检测

1. 程序并行性的数据相关

数据相关既存在于指令之间,又存在于程序段之间。若一个程序包含 $P_1, P_2, \cdots, P_i, \cdots,$

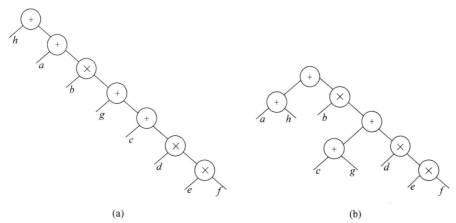

图 2-12　$E_2 = a + b(c + def + g) + h$ 的两种不同算法计算流程的树状结构

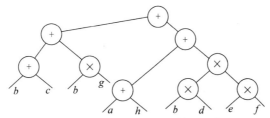

图 2-13　$E_2 = (a + h) + (bc + bg) + bdef$ 算法计算流程的树状结构

$P_j, \cdots, P_M$ 等 M 个程序段,其编写顺序反映程序正常运行的顺序。为便于分析,设 P_i 和 P_j 程序段均是一条语句,且仅讨论 P_i 和 P_j 之间直接的数据相关(实际上 P_i 和 P_j 还可能形成间接的数据相关,下面讨论的原理在实际应用时可适当推广)。在指令流水线中,若异步流动,指令之间的数据相关有"先写后读""先读后写"和"写后写"3 种。在多处理机上,各处理机执行的程序段之间的并行必然是异步的,因此程序段之间也必然会出现类似的 3 种数据相关。

1）数据相关

如果 P_i 的左部变量在 P_j 的右部变量集内,且 P_j 必须读取 P_i 的运算结果来作为操作数,就称 P_j "数据相关"于 P_i。例如,$P_i : A = B + D$,$P_j : C = A \times E$。这相当于流水线中发生的"先写后读"相关。其顺序串行执行为

$$P_i \ A_{新} = B_{原} + D_{原}$$
$$P_j \ C_{新} = A_{新} \times E_{原} = (B_{原} + D_{原}) \times E_{原}$$

如果让 P_i 和 P_j 并行执行,P_j 的 $C_{新}$ 则为 $A_{原} \times E_{原}$,显然不对,所以 P_i 和 P_j 是不能并行的。若将 P_i 和 P_j 交换串行执行,即先执行 P_j,再执行 P_i,同样也得不到正确结果。若可以交换串行,让空闲处理机提前执行 P_j,则有利于提高程序段之间的并行,加快执行速度。但当 P_i 和 P_j 满足交换律时,例如,$P_i : A = 2 \times A$,$P_j : A = 3 \times A$。虽然不能并行执行,却允许交换串行执行,结果 $A_{新}$ 为 $6 \times A_{原}$,与顺序串行执行的结果一致。

2）数据反相关

如果 P_i 的左部变量在 P_i 的右部变量集内,且当 P_i 未读取操作数之前,不允许被 P_j 改变该变量,就称 P_i "数据反相关"于 P_j。例如,$P_i : C = A + E$,$P_j : A = B + D$。这相当于流水

线中发生的"先读后写"相关。其顺序串行执行为

$$P_i \quad C_{新} = A_{原} + E_{原}$$

$$P_j \quad A_{新} = B_{原} + D_{原}$$

如果让 P_i 与 P_j 并行执行,只要硬件可以保证 P_i 先读取相关操作数,就可以得到正确结果。若将 P_i 和 P_j 交换串行执行,则有

$$P_j \quad A_{新} = B_{原} + D_{原}$$

$$P_i \quad C_{新} = A_{新} + E_{原} = B_{原} + D_{原} + E_{原}$$

得不到正确结果,所以不能交换串行执行。

为保证先读后写的顺序,让每个处理机的操作结果先暂存于自己的局部存储器或 Cache 存储器中,控制局部存储器或 Cache 存储器在适当时间再写入共享主存储器中。

3) 数据输出相关

如果 P_i 的左部变量也是 P_j 的左部变量,且 P_j 写入所得值必须在 P_i 之后,则称 P_j "数据输出相关"于 P_i。例如,$P_i : A = B + D$,$P_j : A = C + E$。这相当于流水线中发生的"写后写"相关。按顺序串行执行 $A_{新}$ 应该为 $C_{原} + E_{原}$。可见,只要可以保证 P_i 先于 P_j 的写入,P_i 与 P_j 可以并行,但交换串行执行是不行的,否则将使 $A_{新}$ 变为 $B_{原} + D_{原}$。

特别地,若两个程序段的输入变量互为输出变量,即实现数据交换,这时同时存在"先写后读"和"先读后写"两种相关,则必须并行执行,既不能顺序串行执行,又不能交换串行执行,且需要保证读写完全同步。例如,$P_i : A = B$,$P_j : B = A$。

如果两个程序段之间不存在任何一种数据相关,即无共同变量或共同变量仅出现在右部的源操作数,则两个程序段可以无条件地并行执行,也可以顺序串行或交换串行执行。例如,$P_i : A = B + C$,$P_j : D = B \times E$。

综上所述,两个程序段之间若存在先写后读的数据相关,不能并行,只在特殊情况下可以交换串行;若存在先读后写的数据反相关,可以并行执行,但必须保证写入共享主存时的先读后写次序,不能交换串行;若存在写后写的数据输出相关,可以并行执行,但同样需要保证写入的先后次序,不能交换串行;若同时有先写后读和先读后写两种相关,必须并行执行,且读写需要完全同步,不许顺序串行和交换串行;若没有任何相关或仅有源数据相关时,可以并行、顺序串行和交换串行。

2. 程序并行性检测

并行算法从计算过程来挖掘任务之间的并行,但是否可以并行还取决于程序中的数据相关,数据相关是限制程序并行的重要因素。程序并行性检测就是判别程序中是否存在数据相关,为此,Bernstein 提出了一种自动判别数据相关的准则。程序段 P_i 与 P_j 可以并行执行的 Bernstein 准则为:

(1) $I_i \cap O_j = \phi$(空),即 P_i 的读取变量集与 P_j 的写入变量集不相交;

(2) $I_j \cap O_i = \phi$(空),即 P_j 的读取变量集与 P_i 的写入变量集不相交;

(3) $O_i \cap O_j = \phi$(空),即 P_i 的写入变量集与 P_j 的写入变量集不相交。

其中,I_i 和 I_j 分别为程序段 P_i 与 P_j 的读取变量集,O_i 和 O_j 分别为程序段 P_i 与 P_j 的写入变量集。

例 2-1　若包含 3 台处理机的多处理机分别运行 3 个程序段 P_1、P_2 和 P_3,试判别这 3 个程序段是否可以并行运行。程序段为 $P_1:X=A+B$,$P_2:Y=D×F+A$,$P_3:Z=C+E$。

解:由程序段可知 $I_1=\{A,B\}$、$O_1=\{X\}$,$I_2=\{A,D,F\}$、$O_2=\{Y\}$,$I_3=\{C,E\}$、$O_3=\{Z\}$。根据 Bernstein 准则有

对于 P_1 和 P_2: $I_1\cap O_2=\{A,B\}\cap\{Y\}=\phi$,$I_2\cap O_1=\{A,D,F\}\cap\{X\}=\phi$,$O_1\cap O_2=\{X\}\cap\{Y\}=\phi$,可见 P_1 和 P_2 可以并行执行。

对于 P_2 和 P_3: $I_2\cap O_3=\{A,D,F\}\cap\{Z\}=\phi$,$I_3\cap O_2=\{C,E\}\cap\{Y\}=\phi$,$O_2\cap O_3=\{Y\}\cap\{Z\}=\phi$,可见 P_2 和 P_3 可以并行执行。

对于 P_3 和 P_1: $I_3\cap O_1=\{C,E\}\cap\{X\}=\phi$,$I_1\cap O_3=\{A,B\}\cap\{Z\}=\phi$,$O_3\cap O_1=\{Z\}\cap\{X\}=\phi$,可见 P_3 和 P_1 可以并行执行。

所以,程序段 P_1、P_2 和 P_3 可以并行执行。

2.3.3　并行程序设计语言

并行算法需要用并行程序设计语言来描述,为了加强程序并行性的识别,在程序设计语言中必须增加并发程序的表示,即需要采用并行程序设计语言。

1. 语言的基本特性

(1) 优化特性。把顺序形式的程序转换为并行形式时,程序可以重构与编译,并尽量使目标多处理机的软件并行性与硬件并行性相匹配。

(2) 可用特性。可以增强用户的"友善性",使语言可以移植到体系结构不同的多处理机上,这包括可扩展性、兼容性和可移植性。

(3) 通信特性。可以有效表达共享变量、消息传递、远程调用、同步机制等。

(4) 并行控制特性。可以有多种形式来表达并行性的控制结构,这主要包括不同粒度的并行性、显式与隐式并行性、整个程序中的全局并行性、迭代中的循环并行性、任务分割并行性、共享任务队列和共享抽象数据类型等。

(5) 数据并行特性。可以支持数据访问及其把数据分布于处理机上的方法,这主要包括:无须用户干预运行时的数据自动分布,为用户提供一种指定通信模式或将数据与进程映射到硬件上,编译器将虚拟处理机动态或静态地映射到物理处理机上,共享数据被直接访问而不需要管理程序控制。

(6) 进程管理特性。可以支持并行进程的高效创建,多线程或多任务处理的实现,程序划分复制和运行时的动态负载平衡。

2. 语言的并行结构

并行程序设计语言就是采用特定的语言结构来描述程序的并行性,并行性语言结构一般有:并行语句对、派生汇合语句对、并行迭代对等。在 UNIX 环境中,派生汇合语句对提供了一种动态创建进程对其多次激活的机制,而并行语句对提供的是结构化的单入单出控制命令,并行迭代对提供的是循环结构的控制命令。

1) 并行语句对

并行语句对(Cobegin,Coend)用于表示程序块内指定的进程(程序段或语句)可以并行执行,它以显式形式指示并发进程,但并发进程之间的同步是隐含的。并行语句对语

言形式为(Cobegin P_1；P_2；…；P_M；Coend)，其含义为：使进程 P_1，P_2，…，P_M 同时开始并且并发地进行处理，直到它们全部结束。特别地，并行语句对可以嵌套使用，相关并行程序段如下：

```
Begin
    P₀;
    Cobegin
        P₁;
        Begin
            P₂;
            Cobegin P₃;P₄;P₅;Coend
            P₆;
        End
        P₇;
    Coend
    P₈;
End
```

该程序段表示进程 P_1、P_7 和进程集 P_2、P_3、P_4、P_5、P_6 可以并行执行，而进程集中的进程 P_3、P_4、P_5 可以并行执行。

例 2-2　若有进程 P_0、P_1、P_2、P_3、P_4、P_5、P_6，其中 P_1、P_2、P_3、P_4、P_5 可以并行执行，试编写一个并行程序。

解：由题意可知，需要由并行语句对来指示并发进程，并行程序如下：

```
Begin
    P₀;
    Cobegin P₁;P₂;P₃;P₄;P₅;Coend
    P₆;
End
```

2）派生汇合语句对

派生汇合语句对(Fork，Join)用于表示母进程与其派生出的子进程可以并行执行。在执行母进程 P_0 的过程中，由母进程 P_0 中的派生语句(ForkP_1)派生出一个子进程 P_1，并与母进程 P_0 并发处理；同理在执行子进程 P_1 的过程中，由子进程 P_1 中的派生语句(ForkP_2)派生出一个孙进程 P_2，并与子进程 P_1 并发处理。以此类推，可以派生出$(M-1)$个进程，利用汇合语句(Join M)将 M(含母进程)个进程再组合成一个进程，直到母进程 P_0 执行汇合语句(Join M)为止。特别地，M 个进程必须全部执行完成，才可以使母进程 P_0 结束，转入下一个进程。例如，有 3 个进程 P_0、P_1、P_2，P_1 由 P_0 派生，P_2 由 P_1 派生，使用派生汇合语句对(Fork，Join)控制的并行程序的流程如图 2-14 所示。

例 2-3　编写计算 $Z=E+A\times B\times C/D+F$ 的并行程序，并简要说明程序的运行过程。

解：计算 $Z=E+A\times B\times C/D+F$ 的并行程序包含 5 个进程，具体为

$P_1\ G=A\times B$，$P_2\ H=C/D$，$P_3\ I=G\times H$，$P_4\ J=E+F$，$P_5\ Z=I+J$

进程之间的数据相关如图 2-15 所示。相应的并行程序如下：

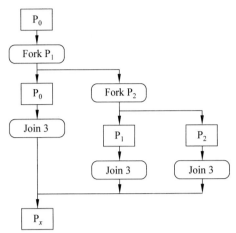

图 2-14　使用派生汇合语句对(Fork,Join)控制的并行程序的流程

```
        Fork  20
  10    G=A×B                          (进程 P₁)
        Join  2
  20    H=C/D                          (进程 P₂)
        Join  2
        Fork  40
  30    I=G×H                          (进程 P₃)
        Join  2
  40    J=E+F                          (进程 P₄)
        Join  2
  50    Z=I+J                          (进程 P₅)
```

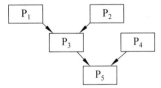

图 2-15　计算 $Z＝E＋A×B×C/D＋F$ 所包含进程的数据相关

假设由某含有 CPU1 和 CPU2 两台处理机的多处理机来运行该并行程序,且初始程序运行于 CPU1,程序的运行过程为:CPU1 遇到 Fork 20 则由 CPU2 去执行进程 P_2,由 CPU1 执行进程 P_1。若进程 P_1 的执行时间短,完成后遇到 Join 2,由于进程 P_2 还在执行,CPU1 从进程 P_1 释放,无其他任务而空闲。当进程 P_2 完成后,遇到 Join 2 则进程 P_1 与 P_2 汇合。CPU2 遇到 Fork 40 则由 CPU1 去执行进程 P_4,CPU2 执行进程 P_3。当进程 P_3 与 P_4 汇合后,则由 CPU1 或 CPU2 执行进程 P_5。对于由含两台处理机的多处理机来运行该并行程序,其计算资源分配时序如图 2-16 所示。

3) 并行迭代对

当循环体的所有迭代彼此互不依赖,且又有足够的处理机来处理不同的迭代,则迭代可并行执行。并行迭代对(Doall,Endall)用于表示彼此无关的循环体迭代之间可以并行执行,但每次迭代的计算仍按程序次序顺序执行。如若有 3 个向量 $A＝(a_1,a_2,\cdots,a_M)$、$B＝(b_1,$

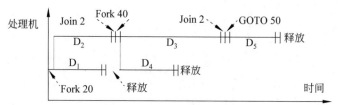

图 2-16　两台处理机计算 $Z = E + A \times B \times C/D + F$ 的计算资源分配时序

$b_2, \cdots, b_M)$、$C = (c_1, c_2, \cdots, c_M)$，计算 $D = A + B \times C$，由于循环体迭代之间可以并行执行，并行程序：

```
Begin
    i=1 to M
    Doallk_i=b_i×c_i;d_i=a_i+k_i; Endall
End
```

当循环体的连续迭代彼此相互依赖时，则采用（Doacross，Endacross）语句对来说明循环体间的相关并行性，即迭代之间必须实行同步。

3. 语言的实现途径

并行程序设计语言的实现途径主要有如下 3 种。

（1）库函数。在现有串行程序标准函数库的基础上，扩充支持并行操作的通用函数，如 MPI 的消息传递库、POSIX 的 Pthread 多线程库、并行操作的同步与互斥库等。库函数实现途径较简便容易，不需要改变编译程序，但程序中的并行性没有经过编译程序的检查、分析和优化，且并行程序设计的难度较大，容易出错。

（2）构造新语言。针对并行操作，在原有的程序设计语言中增加并行构造语句，编译程序可以根据并行构造语句的语义生成适合并行计算的程序。在对并行构造语句进行分析的时候，编译程序通过检查、分析，发现并行计算中存在的问题和错误。构造新语言实现途径需要采用新的编译程序，增加了编译程序的复杂性。

（3）增加编译指导语句。在串行程序中，嵌入一些表示并行计算的编译指导语句（又称伪语句）。编译指导语句可以被并行编译程序识别，并将相关代码转换为适合并行计算的代码，但串行编译程序将其视为注释语句而被忽略，所以，带编译指导语句程序既可以在串行平台上编译执行，又可以在并行平台上编译执行。增加编译指导语句实现途径的特点综合了上述两种途径的优势，编译程序的复杂性不高，却可以对程序进行分析和优化，程序员还可以利用编译指导语句对并行代码的生成进行控制。

2.3.4　并行优化编译程序

由于源代码通常都采用程序设计的高级语言编写，必须利用编译程序将其转换为二进制目标代码，所以编译程序已成为现代计算机一个必不可少的系统软件。

1. 并行优化编译的过程

编译程序的基本任务是程序优化和目标代码生成，目标则是在保证目标代码可以正确运行的基础上，尽可能生成高效率（容量小、运行时间少）的目标代码和使编译速度快，并尽可能支持程序调试和各种语言之间互操作。对于多处理机的编译程序,还需要检查、分析、挖掘和优化并行计算,尽可能地提高程序的并行性。

现代编译程序具有层次转换特性,层次转换顺序是预先设定且自动实现的,任何层次转换是无法再重复的,通常把这一限制称为"按序转换问题(phase-ordering problem)"。从全局优化来看,层次转换不可逆转的限制对目标代码的质量不利,但有利于降低编译程序设计的复杂性和缩短程序编译的时间。目前,并行化编译程序一般包含语言预处理、程序流分析、并行性优化和并行代码生成 4 个层次转换,并行代码生成过程如图 2-17 所示。在每个层次,编译程序都对全部程序扫描一遍,通过一遍遍扫描,逐渐将高级而抽象的表示形式——源程序,转换成低级而具体的表示形式——二进制目标代码。转换层次越多,编译程序的组成部分越多、设计越复杂,编译时间越长,目标代码的优化程度越高。所以,转换层次的数量与编译程序的复杂性之间,需要综合权衡来取舍。

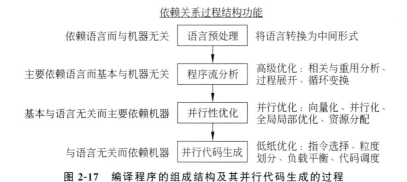

图 2-17　编译程序的组成结构及其并行代码生成的过程

2. 并行优化编译程序的组成结构

并行优化编译的过程包含语言预处理、程序流分析、并行性优化和并行代码生成 4 个层次的转换,相应地其组成结构由 4 个部分组成。

(1) 语言预处理。语言预处理是将源程序代码转换为便于分析优化的一种中间语言代码,其转换完全与机器无关而依赖于语言。但实际中,大多数转换受机器结构限制,这就是编译程序依赖于机器的主要原因。依赖于机器的转换是为了使硬件资源如存储器、寄存器和功能部件的分配更有效,即常用简单操作替换复杂操作。

(2) 程序流分析。程序流分析是高级优化,它主要还是依赖于语言而基本与机器无关。通过分析程序流,找出程序中的数据与控制相关和重用的代码与数据,建立程序流的计算模式,如利用过程展开和循环变换使标量数据具有一致性,从而构造数组或矩阵来计算。根据并行计算机的体系结构,开发出不同并行性,如超标量处理机的指令级并行性、阵列机或向量机的循环级并行性、多处理机的任务级并行性。

(3) 并行性优化。并行性优化包含并行优化、全局优化与局部优化,它主要依赖于机器而基本与语言无关。通过并行性优化,可以尽可能多地挖掘硬件的能力与效率,使代码长度短、访存次数少、并行性高、执行速度快。并行优化包括面向流水线硬件的向量化、面向多处理机的任务并行化、面向多通道的数据并行化等,局部(线性代码序列)优化包括公共子表达式消除、常数变量常数化、表达式计算降高等,全局(非线性代码序列)优化包括变量备份传递、代码移动调整、消去索引变量、寄存器等硬件资源分配等。

（4）并行代码生成。从优化来看，并行代码生成是低级优化。代码生成是将中间语言形式的程序代码转换为目标代码，转换完全与语言无关而依赖于机器。代码生成包括减少计算量、指令选择和代码调度等，它与指令调度策略和中间代码模型密切相关。并行代码生成还要进行粒度划分、负载平衡和链接程序块优化（如使转移分支偏移量小），且不同体系结构计算机的并行代码生成差异很大，如额外开销如何降低、代码与数据如何分布、消息传递如何实现等，从而使并行代码生成变得极其复杂，所以当代码自动生成难以实现时，可以采用编译命令来提示。

2.3.5　程序并行性的度量计算

多处理机运行程序的并行性不仅与多处理机的并行性有关，还与程序的并行性有关，只有多处理机的并行性可以使程序的并行性得以实现时，才能产生效能，否则会增加程序的运行成本和复杂性。目前，程序并行性的度量参数主要有程序并行度、程序并行加速比、程序并行效率和程序并行质量等。

1. 程序并行度

当一个并行程序运行于一台多处理机时，使用的处理机数不是恒定不变的，而是随时间动态变化的。所谓程序并行度指一个并行程序运行于一台多处理机时，在某时间范围内，执行程序指令的处理机数。显然，程序并行度是在假设为程序运行提供了无限的处理机及其他所需资源的条件下确定的，反映的是程序本身的可并行化程度，由程序中指令之间的相关性决定。

为便于比较分析，把并行程序运行期间单位时间内执行程序指令的处理机数称为程序平均并行度，其连续计算式为

$$\mathrm{DOP} = \int_{t_1}^{t_2} \mathrm{DOP}(t)\,\mathrm{d}t / (t_2 - t_1) \tag{2-1}$$

式中：DOP 为程序平均并行度；$\mathrm{DOP}(t)$ 为 t 时刻程序并行度；$(t_2 - t_1)$ 为程序总运行时间。

实际上，程序并行度是一个离散的时间函数，其时间曲线称为程序并行性分布图，所以其离散计算式为

$$\mathrm{DOP} = \left(\sum_{i=1}^{M} n_i \times t_i \right) / \sum_{i=1}^{M} t_i \tag{2-2}$$

式中：M 为程序总运行期间的时间段数；t_i 为第 i 时间段时间；n_i 为第 i 时间段内执行程序指令的处理机数。

2. 程序并行加速比

程序并行加速比指对于某特定的应用，并行程序（或算法）的运行速度相对于串行程序（或算法）的运行速度的提高倍数，即一个并行程序运行于一台单处理机与运行于一台多处理机的运行时间的比。根据资源的状态不同，程序并行加速比包含渐进加速比和调和均值加速比两种。

1）渐进加速比

程序运行过程中，处理机数不受限时的程序并行加速比称为渐进加速比。假设多处理机中，各处理机的计算速率相同，则程序运行的总计算量为

$$W = \sum_{i=1}^{M} W_i = R_1 \times \sum_{i=1}^{M} (n_i \times t_i)$$

式中：W 为程序运行的总计算量；W_i 为程序运行第 i 时间段的计算量；R_1 为处理机的计算速率。显然 $W_i = n_i R_1 t_i$。

计算量为 W 的并行程序运行于单处理机的运行时间 T_1 为

$$T_1 = W/R_1 = \sum_{i=1}^{M} (n_i \times t_i)$$

该程序在处理机数不受限的条件下，运行于多处理机的运行时间 T_N 为

$$T_N = \sum_{i=1}^{M} t_i$$

所以程序渐进加速比 S_N 为

$$S_N = \sum_{i=1}^{M} (n_i \times t_i) / \sum_{i=1}^{M} t_i \tag{2-3}$$

比较式（2-2）和式（2-3）可知，在处理机数不受限的理想条件下，渐进加速比与程序平均并行度相等。

2）调和均值加速比

并行程序运行于多处理机时，不同时间段程序以不同模式运行，不同模式对应程序中的标量计算或向量计算、串行执行或并行执行，使用不同数量的处理机使得指令处理的均值速率也不同。

假设并行程序运行于多处理机时，共有 K 个模式，这时每条指令的算术均值处理时间为

$$T_a = \sum_{i=1}^{K} (1/R_i)/K$$

每条指令的加权均值处理时间 T_a^* 为

$$T_a^* = \sum_{i=1}^{K} (b_i/R_i) \tag{2-4}$$

式中：R_i 为程序以 i 模式运行时的指令处理速率；b_i 为程序以 i 模式运行的概率。

若将 $1/T_a^*$ 定义为指令处理的调和均值速率 R_a^*，假设程序在单处理机上串行运行时每条指令的处理时间为 1，那么在处理机数不受限的理想条件下，程序调和均值加速比 S_a^* 为

$$S_a^* = 1/\sum_{i=1}^{K} (b_i/R_i) \tag{2-5}$$

若程序以 i 模式运行时所使用的处理机数为 R_i，即 $R_i = i$。又假设程序仅以两种模式运行：单处理机串行模式和 N 台多处理机全并行模式，串行模式运行的概率为 α，指令处理速率为 1；那么全并行模式运行的概率为（$1-\alpha$），指令处理速率为 N。将上述参数代入式（2-5），这时便为渐进加速比，且有

$$S_N = N/[1 + (N-1)\alpha] \tag{2-6}$$

对于式（2-6），当 $N \to \infty$ 时，$S_N \to 1/\alpha$。由此便能得出 Amdahl 定理：对于并行度有限的程序，其在多处理机上运行时，其加速比上限为 $1/\alpha$，它与多处理机的处理机数无关，仅与程序中串行计算量占总计算量的比例有关，串行比例越大，最大加速比越小，且将串行比例称为程序的串行瓶颈。可见，开发程序的并行性，有利于提高多处理机的性能。

3. 程序并行效率

当并行程序在一台多处理机上运行时,由于受通信、同步、资源等影响,处理机无法完全得到利用,使得相互之间忙闲程度不一致,当所有处理机在并行程序运行过程中全部被利用时,效率达到最大。程序并行效率指并行程序在多处理机上运行时,各处理机的忙闲程度。效率 E_N 定义式为

$$E_N = S_N/N = T_1/(NT_N) \tag{2-7}$$

由于 $1 \leqslant S_N \leqslant N$,所以 $1/N \leqslant E_N \leqslant 1$。

程序并行效率也可以由程序并行利用率来直接反映,程序并行利用率指并行程序在多处理机上运行时,各处理机保持忙碌状态的平均百分比。利用率 U_N 定义式为

$$U_N = E_N \times R_N \tag{2-8}$$

式中: R_N 为程序并行冗余度,且 $R_N = O_N/O_1$; O_1 为并行程序在单处理机上运行时所需要的操作数量; O_N 为并行程序在多处理机上运行时所需要的操作总数(含额外的),显然有 $O_N > O_1$。程序并行冗余度体现软件并行性与硬件并行性的匹配程度,程序对硬件提供的并行性的利用程度越高,处理机需要执行的额外操作越少。

4. 程序并行质量

程序并行质量定义为与加速比和效率成正比,与冗余度成反比。质量 Q_N 定义式为

$$Q_N = S_N E_N/R_N \tag{2-9}$$

由于 $1/N \leqslant E_N \leqslant 1$、$1 \leqslant R_N \leqslant N$,所以 Q_N 的上限为加速比 S_N。

在上述程序并行性能的各项度量指标中,加速比表示并行计算的速度增益程度,效率表示并行计算的有效工作量所占比例,冗余度表示并行计算的工作量增加程度,利用率表示并行计算的资源利用程度,质量则是综合性指标以评价并行计算的相对性能。

2.4　多处理机的性能分析

2.4.1　多处理机性能提高的有限性

1. 多处理机性能提高受限的缘由

对于多处理机,当其所包含的处理机均在有效运行而没有一台处于空闲状态时多处理机的性能达到峰值,且随着所包含的处理机数增加其性能也随之增加。但实际上,多处理机性能不可能达到峰值,因为引起多处理机性能下降的原因很多,且避免极其复杂甚至有些无法避免。特别地,当多处理机体系结构与程序算法很不匹配时,性能下降可能极其严重。例如,若多处理机的性能仅是峰值的 10%,当多处理机所包含的处理机为 10 台时,仅相当于一台处理机。

导致多处理机性能下降的主要缘由有:①处理机之间通信所带来的时延;②某台处理机与其他处理机同步所需要的开销;③并行任务不多时使得一台或多台处理机处于空闲;④一台或多台处理机执行无效的工作;⑤协调控制与任务调度所需要的开销。而单处理机性能下降主要表现为指令调度及其同步的开销。所以,当多处理机所包含的处理机数较少时,多处理机性能下降不会很大,但随着处理机数的增加,性能下降也随之增加。特别地,对于某一程序算法,多处理机所包含的处理机数存在一个瓶颈,若再增加处理机,计算时间反

而增加而不是减少,这是目前大多数多处理机所包含的处理机数均不会很多的根本原因。可见,多处理机的并行性如果不能被有效利用,只有通过降低并行性来获得效益。

2. 任务粒度对多处理机性能的影响

在引起多处理机性能下降的众多因素中,任务粒度的影响最为显著。任务粒度小,额外开销大,工作效率低;任务粒度大,程序并行度小,性能不可能高。所以合理选择任务粒度的大小,并尽可能使任务粒度均匀,再采用一定技术来减少额外开销,才可能使多处理机性能随处理机数增加有较大的提高。

任务粒度是衡量软件进程所含计算量的尺度,对于单处理机串行执行,可以采用指令数直接表示。但对于多处理机,任务粒度还应考虑到任务之间并行执行所带来的额外开销,所以,任务粒度通常采用程序有效计算时间 T_R 与额外开销 T_C 的比值 T_R/T_C 来度量,其表示单位有效计算的额外开销。当 T_R/T_C 较大时,即粗粒度并行,单位有效计算所需的平均额外开销较少;当 T_R/T_C 较小时,即细粒度并行,单位有效计算所需的平均额外开销较多。多处理机并行处理性能很大程度上取决于任务粒度 T_R/T_C 的值,如果 T_R/T_C 值很小,开发多处理机并行性价值低,只有 T_R/T_C 值大时,开发多处理机并行性才有价值。一般说来,细粒度任务适用于大规模多处理机,粗粒度任务适用于小规模多处理机。

为了使软件运行时间短,人们总设法将作业尽可能地分解为可以并行执行细粒度任务,以获得尽可能高的并行性。但高并行性同时会带来更多的额外开销,因此提高并行性并不是缩短软件运行时间的最佳办法。虽然细粒度任务有较高的并行性,但额外开销增加,不一定使多处理机获得较高速度。所以,为了获得最佳性能,需要对并行性和额外开销进行综合考虑。

2.4.2　多处理机基本性能模型

多处理机基本性能模型是以 4 个假设为基础建立的。一是仅考虑通信开销,忽略同步等其他额外开销,这样可以极大地简化性能模型,实际上其他额外开销可以通过适当增大任务粒度来体现。二是两个任务在同一台处理机上运行不存在通信开销,在不同处理机上运行才发生通信开销。三是有效计算与通信操作在时间上没有重叠,这一般是成立的,如多处理机访问共享数据、通信链路冲突或处理机同步等待等,当然有时有效计算可以与通信等其他额外操作在时间上重叠,如数据输入输出等。四是所有任务之间的通信操作是串行进行的。

1. 两台处理机基本性能模型

若应用程序被分解为 M 个任务,在含两台处理机的多处理机上运行,其任务分配存在多种情形。若把全部任务均分配于一台处理机而另一台空闲,则既没有通信开销,又没有并行性。若把 R 个任务分配于一台处理机,把 $(M-R)$ 个任务分配于另一台处理机,那么程序并行处理所需时间为

$$T(2) = T_R \times \max(M-R, R) + T_C \times (M-R)R \qquad (2\text{-}10)$$

式中:第一项为有效计算时间,取两台处理机中有效计算时间长的时间,它是 R 的线性函数;第二项为通信开销时间,它是 R 的二次函数。可见,并行处理时间是 R 的函数,称 R 为任务分配参数。

根据 $T(2)$、T_R、T_C 与 R 的关系可得如图 2-18 所示的关系曲线。从图 2-18(a)可以看

出：有效计算时间对称于 $R=M/2$（当 M 为奇数时，应尽可能使 $R=M/2$）的分段折线，通信开销对称于 $R=M/2$ 的开口向下的二次曲线；T_R/T_C 值仅影响通信开销，并不影响有效计算时间，且 T_R/T_C 值越大，通信开销越小；当 $R=M/2$ 时，通信开销最大，有效计算时间最小，且均等于 $MT_R/2$；当 $R=0$ 或 M 时，没有通信开销，有效计算时间最大为 MT_R。从图 2-18(b) 可以看出，T_R/T_C 值越大，并行处理时间越小；当 $T_R/T_C>M/2$ 且 $R=M/2$ 时，并行处理时间最小；当 $T_R/T_C<M/2$ 且 $R=0$ 或 M 时，并行处理时间最小为 MT_R。并行处理时间是通信开销和有效计算时间的叠加，它们均为对称于 $R=M/2$ 的分段线。

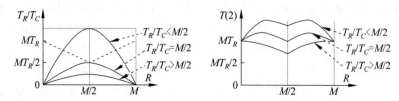

(a) 不同 T_R/T_C 时 T_R（虚线）、T_C（实线）与 R 的关系   (b) 不同 T_R/T_C 时 $T(2)$ 与 R 的关系

图 2-18   不同 T_R/T_C 时 $T(2)$、T_R、T_C 与 R 的关系

2. N 台处理机基本性能模型

若应用程序被分解为 M 个任务，在含 N 台处理机的多处理机上运行，若分配于第 i 台处理机上的任务数为 R_i 且 $\sum_{i=1}^{N} R_i = M$，那么程序并行处理所需时间为

$$T(N) = T_R \times \max(R_i) + T_C/2 \times \sum_{i=1}^{N} R_i(M - R_i)$$

$$= T_R \times \max(R_i) + T_C/2 \times \left(M^2 - \sum_{i=1}^{N} R_i^2\right) \tag{2-11}$$

式中：第一项为 N 台处理机中的最大的计算时间；第二项为不同处理机上任务之间两两通信开销的总和。

类似于式 (2-10) 的分析，对式 (2-11) 进行分析可以得出 T_R/T_C 值对最佳任务分配（即并行处理时间最短）的影响：对于 T_R/T_C 值小的细粒度任务，最短并行处理时间为任务极端分配——将所有任务分配于一台处理机上运行，以避免通信开销；对于 T_R/T_C 值大的粗粒度任务，最短并行处理时间为将任务平均分配于所有处理机。显然，这时需要有一个 T_R/T_C 的临界值，以确定任务分配采用集中策略还是平均策略来使并行处理时间最短。特别地，对于将 M 个任务平均分于 N 台处理机的平均分配策略，当任务数 M 不是处理机数的整数倍时，让多数处理机分得 $\lceil M/N \rceil$ 个任务，一台处理机分得所剩不足 $\lceil M/N \rceil$ 个任务，其余处理机空闲不分配任务，这样便可以减少通信开销。

当采用平均分配策略时，将 $R_i = M/N(i=1,2,\cdots,N)$ 代入式 (2-11)，则并行处理时间为 $T(N) = T_R M/N + T_C(M^2 - M^2/N)/2$。当采用集中分配策略时，则并行处理时间为 $T(1) = T_R M$。这时平均分配与集中分配的并行处理时间差 $T(N) - T(1)$ 为

$$T(N) - T(1) = T_R M/N + T_C M^2/2 - T_C M^2/(2N) - T_R M \tag{2-12}$$

为得到 T_R/T_C 的临界值，使 $T(N) - T(1) = 0$，则有

$$T_R/T_C = M/2 \tag{2-13}$$

由此说明：若任务粒度 T_R/T_C 比临界值 $M/2$ 大，则应采用平均分配策略，以提高并行

性来缩短并行处理时间;若任务粒度 T_R/T_C 比临界值 $M/2$ 小,则应采用集中分配策略,以减少通信开销来缩短并行处理时间,即虽然有多台处理机可以使用,也不如由一台处理机处理全部任务的并行处理时间短。因为任务粒度小时,若任务采用平均分配,通信开销很大,除非通信开销小于集中并行处理时间的某百分比值,否则得不到任何益处。

任务粒度 T_R/T_C 不仅影响性能,还影响价格,即 T_R/T_C 值的大小决定采用哪种任务分配策略可以使多处理机有价格优势,通过分析加速比来判断。依据加速比的定义有

$$S_N = \frac{T(1)}{T(N)} = \frac{T_R M}{T_R M/N + T_C M^2/2 - T_C M^2/(2N)} = \frac{T_R N/T_C}{T_R/T_C + M(N-1)/2}$$

(2-14)

由式(2-14)可见,若 T_R/T_C 较大、M 和 N 较小,那么式中分母中的第二项远小于第一项,这时加速比 S_N 与 N 成正比,增加处理机数可以提高加速比。若处理机数 N 较大、T_R/T_C 相对较小,那么式中分母中的第二项远大于第一项,这时加速比 S_N 与 $2T_R/MT_C$ 成正比,而不依赖于处理机数 N。也就是说,为了提高并行性,使 N 增加到一定程度时,加速比将不再随 N 的增加而增大,这时继续提高并行性仅会增加运行的成本。所以,处理机数不应超过由成本与 T_R/T_C 所决定的函数的最大值。

上述基本性能模型还有一个假设:所有任务的有效计算时间均相等,这时任务平均分配有利于并行处理时间的缩短。实际上,任务的有效计算时间往往是不相等的,这时采取不均匀分配,以使各处理机的工作负载均衡,可以极大地减少通信开销,缩短并行处理时间。另外,基本性能模型虽然是在一些假设条件成立的情况下得出的,但它说明了任务粒度和通信开销如何影响多处理机的性能,指出了程序开发中降低额外开销与合理选择粒度的重要性。

2.4.3 多处理机通信性能模型

由于影响多处理机性能的因素很多,难以采用一种性能模型来完全反映多处理机体系结构和程序算法的特征。为此,以某些假设为基础,建立若干不同的性能模型,以分析不同程序算法、体系结构和任务粒度对多处理机性能的影响。但无论哪种性能模型,任务粒度即 T_R/T_C 值的作用是相同的,差别在于并行性与额外开销达到平衡的程度不同。在额外开销中,通信开销份额最大,假设通信开销的变化特征来建立多处理机性能模型,是分析多处理机性能必不可少的途径。

1. 通信开销线性增加性能模型

在基本性能模型中,假设每个任务与其他任务之间均存在通信,则通信开销随处理机上分配任务数 R 的增加以二次函数增加。实际上,并不是每个任务均需要与其他任务通信,较为常见情况是一个任务与另一台处理机上的所有任务通信且内容相同,这时仅需要向这台处理机发送一次信息即可,当信息到达处理机后,这台处理机上的任务之间的信息传递就无须花费通信开销了。这样,通信开销与处理机数量 N 成正比,则程序并行处理所需时间为

$$T(N) = T_R \times \max(R_i) + T_C \times N$$

(2-15)

式中:第一项与任务分配有关;第二项与任务分配无关。如果采用平均分配策略,随处理机数 N 增加,第一项将减少,第二项将增大,则必存在一个最大处理机数 N,可以使处理机性

能最佳。

如果将 M 个任务平均分配于 N 台处理机,那么 $T(N)=T_R\times M/N+T_C\times N$;如果将 M 个任务平均分配于 $(N+1)$ 台处理机,那么 $T(N+1)=T_R\times M/(N+1)+T_C\times(N-1)$。增加一台处理机是希望程序并行处理所需时间减少,即 $T(N+1)\leqslant T(N)$,由此可以得出进一步提高并行性的条件为

$$T_R/T_C=N(N+1)/M \tag{2-16}$$

式(2-16)表明,若分解为 M 个任务的程序使用 N 台处理机并行处理时,若任务粒度 T_R/T_C 达到临界值 $N(N+1)/M$,那么使用更多处理机反而会增加程序并行处理所需时间,原因在于通信开销的增加超过并行性的提高所带来的有效计算时间减少。

若将式(2-16)进行变换,则可以得到使用处理机数 N 的上限为

$$N\leqslant\sqrt{\frac{T_R M}{T_C}} \tag{2-17}$$

式(2-17)表明,多处理机性能最佳时的处理机数是任务粒度 T_R/T_C 的开平方函数,所以任务粒度 T_R/T_C 的增大,削弱了并行性提高的功效,有时限制并行性,反而可以获得较高性能。换句话说,当处理机数 N 超过其上限数时,反而会使并行处理时间变长。希望通过平均分配任务以使并行性达到最大,并不一定可以使并行处理时间最短。由于通信开销的存在,并行度仅可以取小,且等于处理机数 N 上限而不是任务数 M 时,才能使程序并行处理时间最短。

2. 通信完全重叠性能模型

通信完全重叠指任务之间的通信过程可以完全与有效计算重叠进行。假设通信开销完全被有效计算覆盖,程序并行处理所需时间为

$$T(N)=\max\left\{T_R\times\max(R_i),T_C/2\times\sum_{i=1}^{N}(M-R_i)R_i\right\} \tag{2-18}$$

把 M 个任务平均分配给 N 台处理机,即 $R_i=M/N(i=1,2,\cdots,N)$,假设通信完全重叠可以屏蔽掉通信开销,则有

$$T_R\times M/N\geqslant T_C\times M^2(1-1/N)/2 \tag{2-19}$$

当 N 较大时,则近似有

$$T_R/T_C\geqslant N\times M/2 \tag{2-20}$$

式(2-20)表明,分解为 M 个任务的程序使用 N 台处理机并行处理,若任务之间的通信过程与有效计算过程重叠进行,那么只有当任务的 T_R/T_C 值大于 $N\times M/2$ 时,才能将通信开销完全屏蔽,从而使程序并行处理所需时间最小。

若将式(2-20)进行变换,则可以得到使用处理机数 N 的上限为

$$N\leqslant 2T_R/T_C\times M \tag{2-21}$$

式(2-21)表明,当通信开销完全屏蔽时,并行度也仅可以取小,且一定比二倍任务数 M 小才能使程序并行处理时间最短。但任务粒度 T_R/T_C 增大,增强了并行性提高的功效,增加并行性,可以获得较高性能。

3. 多条通信链路性能模型

上述性能模型均假设程序各任务的计算由多台处理机并行执行,所有任务之间的通信是串行执行的,它们仅适用于共用单个通信链路的处理机。例如,所有处理机通过一条单总

线或一条环路相连,或所有处理机以非并行存取方式访问一个共享存储器等。如果每台处理机与其他处理机之间都有一条专门的通信链路,一台处理机在某一时刻仅能与一台处理机通信,那么通信进程的并发度为 N,将使得总的通信开销缩短为原来的 $1/N$。有多条通信链路支持并行通信多处理机的程序并行处理所需时间为

$$T(N) = T_R \times \max(R_i) + T_C/2N \times \sum_{i=1}^{N} (M - R_i)R_i \qquad (2\text{-}22)$$

若把 M 个任务平均分配于 N 台处理机,那么式(2-22)变为

$$T(N) = T_R \times M/N + T_C \times M^2(1 - 1/N)/(2N) \qquad (2\text{-}23)$$

由 $T(N) - T(N+1) \geqslant 0$,可以得出该性能模型提高并行性的条件为

$$T_R + T_C \times M[1 - (2N - 1)/N(N + 1)]/2 \geqslant 0 \qquad (2\text{-}24)$$

当 $N > 2$ 时,该条件恒成立,即对通信频宽随使用处理机数 N 的增加而增加的多处理机,提高并行性将缩短程序并行处理时间,任务粒度也可以取得小些。但并行性提高,通信链路数增加,通信开销外的其他额外开销并不能减少,多处理机造价提高,所以并行度大小取决于性能价格比。

综合起来,随着多处理机所含处理机数的增加,程序运行时用于有效计算的时间将减少,但调度、同步、共享资源分配、通信等额外开销将增大,且增大量可能比处理机数的线性增加要大。对于某一特定多处理机,有效计算时间与额外开销的比大,这时采用细粒度是可以提高处理并行度的。但单靠增加处理机数来实现多处理机高性能是不可能的,因为当考虑到合理性价比、互连结构、通信技术和程序算法等因素时,多处理机所含处理机数是有上限的。所以,多处理机给计算机体系结构设计者和算法设计者带来的是不同问题。计算机体系结构设计者需要设计一个任务粒度 T_R/T_C 值尽可能高、价格合理、并行度高、使用效率高的多处理机。算法设计者必须为应用问题选择任务粒度,并考虑任务分配,使有效计算与额外开销达到某种平衡。上述性能模型说明:并不是有多少台可用的处理机就使用多少台处理机,最高的并行度并不意味能获得最快的处理速度。较为通用的多处理机一般有 4～16 台处理机,更大规模的多处理机几乎可以肯定仅适用于内在并行性很高的应用领域,其粒度也在多处理机有效工作的范围之内。

2.4.4　异构多处理机任务调度

实现负载平衡是提高多处理机性能的重要途径,而负载平衡是通过任务分配调度来实现的,所以任务调度是影响多处理机性能的重要因素。作业程序根据并行性分解为并行任务,若尽量使任务计算量和任务之间的通信量相等,对于同构多处理机,由于其各处理机的计算能力和通信速度相等,则负载平衡实现较为容易。但在异构多处理机中,由于其各处理机的计算能力和通信速度不相等,使得负载平衡实现极其复杂,任务优化分配调度成为一个NP 完全问题。

1. 任务调度结构模型

一个分解为 M 个任务的作业可以定义为一个图 $QG = (Q, U)$。Q 为节点集合,且有 $Q = \{q_1, q_2, \cdots, q_M\}$,可以利用作业计算量向量 $\boldsymbol{F} = (f_1, f_2, \cdots, f_M)$ 描述,其中 f_k 为第 k 个任务 q_k 的计算量,$k = 1, 2, \cdots, M$。U 为边集合,可以利用作业通信量矩阵 $\boldsymbol{U} = [u_{kl}]_{M \times M}$ 描述,u_{kl} 为任务 q_k 与任务 q_l 之间的通信量,且有 $u_{kl} = u_{lk}$、u_{kk} 或 $u_{ll} = 0$,$l = 1, 2, \cdots, M$。

一个包含 N 台处理机的异构多处理机也可以定义为一个图 $PG=(P,V)$。P 为节点集合，且有 $P=\{p_1,p_2,\cdots,p_N\}$，可以利用多处理机计算速度向量 $\boldsymbol{E}=(e_1,e_2,\cdots,e_N)$ 描述，其中 e_i 为第 i 台处理机 p_i 的计算速度，$i=1,2,\cdots,N$。V 为边集合，可以利用多处理机通信速率矩阵 $\boldsymbol{V}=[v_{ij}]_{N\times N}$ 描述，v_{ij} 为处理机 p_i 与处理机 p_j 之间的通信速率，且有 $v_{ij}=v_{ji}$、v_{ii} 或 $v_{jj}=\infty$，$j=1,2,\cdots,N$。

所以，异构多处理机实现负载平衡的任务优化分配调度模型可以描述为：寻找一个映射关系，将作业图 QG 映射到多处理机图 PG，以使作业处理时间最短。且优化调度包含 4 个约束条件：①任务计算量不相等；②任务之间通信量不相等；③处理机计算速度不相等；④处理机之间通信速率不相等。

若 QG 到 PG 的映射关系采用任务分配矩阵 $\boldsymbol{A}=[a_{ki}]_{M\times N}$ 表示，且定义为

$$a_{ki}=\begin{cases} 0, & \text{任务 } q_k \text{ 已分配到处理机 } p_i \\ 1, & \text{任务 } q_k \text{ 未分配到处理机 } p_i \end{cases}$$

对于某给定的分配矩阵 $\boldsymbol{A}$，则可知已分配于处理机 p_i 的任务计算总量为

$$\sum_{k=1}^{M} f_k(1-a_{ki})$$

任务计算时间 g_i 为

$$g_i=\sum_{k=1}^{M} f_k(1-a_{ki})/e_i \tag{2-25}$$

处理机 p_i 上的任务 q_k 同其他处理机上的任务之间的通信量为 $\sum_{l=1}^{M} u_{kl}a_{li}$，即作业通信量矩阵 $\boldsymbol{U}$ 的第 k 行同任务分配矩阵 $\boldsymbol{A}$ 的第 l 列的点积。特别地，处理机 p_i 上的任务 q_k 同本处理机上的其他任务之间的通信量为 0，实际上，任务分配矩阵 $\boldsymbol{A}$ 的第 i 列中的 $a_{li}=0$，即在计算任务 q_k 的通信量时，同本处理机上的其他任务之间的通信量已排除在外。若分配于处理机 p_i 上的任务数为 X，那么处理机 p_i 同其他处理机的通信总量 h_i 为

$$h_i=\sum_{k=1}^{X}\left(\sum_{l=1}^{M} u_{kl}a_{li}\right) \tag{2-26}$$

如果忽略处理机之间通信速率不等和各处理机通信服务额外开销不等对实际通信时间的影响，那么处理机 p_i 执行分配于它的所有任务的任务处理时间为

$$b_i=g_i+h_i=\sum_{k=1}^{M} f_k(1-a_{ki})/e_i+\sum_{k=1}^{X}\left(\sum_{l=1}^{M} u_{kl}a_{li}\right) \tag{2-27}$$

2. 任务调度求解算法

若采用状态空间搜索方法求解 M 个任务对 N 台处理机的优化分配调度，则状态空间的状态节点由 $\boldsymbol{S}=(s_1,s_2,\cdots,s_N)$ 表示，其中 s_i 为分配到处理机 p_i 的任务集合，初始状态节点为 $\boldsymbol{S}_0=(\varphi,\varphi,\cdots,\varphi)$。任何一个任务能且仅能分配到一个处理机上，若所有任务均已分配，则称为完全分配，否则称为不完全分配。当完全分配时，由分配矩阵定义可知，这时满足：

$$\sum_{i=1}^{N}\sum_{k=1}^{M}(1-a_{ki})=M \tag{2-28}$$

且任何一个完全分配的状态都是搜索树的一个终叶状态节点。对于不完全分配的状态节点，可将一个未分配任务逐一添加到任务集合 $s_1,s_2,\cdots,s_N$ 中，由此产生该不完全分配状

态节点的 N 个后继状态节点。

由式(2-27)可知,对于任何状态节点 S,处理机 p_i 的任务处理时间为 $b_i(S) = g_i(S) + h_i(S)$,由于各处理机并行处理,所以状态节点作业处理时间 $b(S)$ 为

$$b(S) = \max\{b_i(S) \mid i = 1, 2, \cdots, N\} \tag{2-29}$$

搜索求解终止条件是找到完全分配的目标状态,而任务优化分配调度的要求是:找到目标状态作业处理时间 $b(S)$ 应是所有完全分配状态中的最小值。为了减少搜索求解的时空开销,可以采用启发式搜索,即每次分配一个任务时,将从不完全分配状态中选择 $b_i(S)$ 最小的状态进行扩展搜索。据此,异构多处理机实现负载平衡的任务优化分配调度算法为以下步骤。

步骤1:建立作业计算量向量 $\boldsymbol{F} = (f_1, f_2, \cdots, f_M)$、作业通信量矩阵 $\boldsymbol{U} = [u_{kl}]_{M \times M}$ 和多处理机计算速度向量 $\boldsymbol{E} = (e_1, e_2, \cdots, e_n)$,创建任务分配矩阵 $\boldsymbol{A} = [a_{ki}]_{M \times N}$ 并置所有元素为1。

步骤2:创建 Open 表,其格式如图2-19所示。在 Open 表添加一行,p_i 任务集均置为0,$b(S)$ 和 $b_i(S)$ 均置为0。

p_1任务集	p_2任务集	$\cdots$	p_N任务集	$b_1(S)$	$b_2(S)$	$\cdots$	$b_N(S)$	$b(S)$

图2-19 例2-14 任务优化分配算法搜索树

步骤3:选择当前状态节点 S' 行,如果状态节点 S' 的任务分配矩阵 $\boldsymbol{A}(S')$ 满足式(2-28),则 S' 为一个完全分配的目标状态,无任务分配,退出。否则,将一个未分配的任务 q_k 放入状态节点 S' 的 s_1、s_2、$\cdots$、s_N 中,进行扩展搜索便产生 N 个后继状态节点;若任务 q_k 放入状态节点 S' 的 s_i 中,则将 $\boldsymbol{A}(S')$ 的元素 a_{ki} 置为0;对于每个后继状态节点 S'',按式(2-27)和式(2-29)计算状态节点任务和作业处理时间;将所有的后继状态节点 S'' 放入 Open 表。

步骤4:从 Open 表中,选择作业处理时间 $b(S)$ 最小的状态节点 S';若有多个最小作业处理时间的状态节点,则选择分配任务数最多的状态节点;若仍有多个,则任选一个。如果状态节点 S' 的任务分配矩阵 $\boldsymbol{A}(S')$ 满足式(2-28),则 S' 为一个完全分配的目标状态,转步骤6。

步骤5:将一个未分配的任务 q_k 放入状态节点 S' 的 s_1、s_2、$\cdots$、s_N 中,进行扩展搜索便产生 N 个后继状态节点;若任务 q_k 放入状态节点 S' 的 s_i 中,则将 $\boldsymbol{A}(S')$ 的元素 a_{ki} 置为0;对于每个后继状态节点 S'',按式(2-27)和式(2-29)计算状态节点任务和作业处理时间;将所有的后继状态节点 S'' 放入 Open 表,转步骤4。

步骤6:状态节点 S' 即为任务优化分配策略,求得一个解,退出。

对于异构多处理机实现负载平衡的任务优化分配算法,虽然其可以求解得到作业处理时间最短的任务分配策略,但其是以作业计算量向量和任务通信量矩阵为基础进行求解的,因此是一种静态任务分配方法。另外,该算法的时间开销很大,所以不适合动态任务分配来实现负载平衡。该算法的意义在于:清楚地说明了并行任务计算量、任务之间的通信量和各处理机不相等的计算速度等因素对实现负载平衡的影响。

例2-4 现有一个可分解出8个并行任务的作业,作业计算量向量为 $\boldsymbol{F} = (18, 12, 12, 10, 6, 4, 2, 2)$,任务通信量如下所示。现采用含有4台处理机的多处理机进行该作业计算,且为简化计算,各处理机的计算速度采用相对计算速度,即最低计算速度为单位1,其他处

理机计算速度为其倍数,则多处理机计算速度向量 $E=(1.2,1.1,1,1)$。若 8 个任务已有 7 个任务分配到各处理机,且任务分配状态为 $S_t=\{(q_1),(q_2,q_6),(q_3,q_5),(q_4,q_7)\}$。请写出状态节点 S_t 的分配矩阵,并计算它的任务和作业处理时间。

$$U=\begin{pmatrix} 0 & 6 & 2 & 6 & 4 & 2 & 1 & 1 \\ 6 & 0 & 2 & 1 & 0 & 0 & 1 & 0 \\ 2 & 2 & 0 & 0 & 4 & 1 & 2 & 2 \\ 6 & 1 & 0 & 0 & 1 & 2 & 1 & 2 \\ 4 & 0 & 4 & 1 & 0 & 3 & 0 & 0 \\ 2 & 0 & 1 & 2 & 3 & 0 & 2 & 1 \\ 1 & 1 & 2 & 1 & 0 & 2 & 0 & 3 \\ 1 & 0 & 2 & 2 & 0 & 1 & 3 & 0 \end{pmatrix}$$

解:根据状态节点 S_t 的任务分配和分配矩阵定义,则有分配矩阵:

$$A=\begin{pmatrix} 0 & 1 & 1 & 1 \\ 1 & 0 & 1 & 1 \\ 1 & 1 & 0 & 1 \\ 1 & 1 & 1 & 0 \\ 1 & 1 & 0 & 1 \\ 1 & 0 & 1 & 1 \\ 1 & 1 & 1 & 0 \\ 1 & 1 & 1 & 1 \end{pmatrix}$$

根据式(2-27)和式(2-29),则状态节点 S_t 的任务和作业处理时间分别为:

$b_1(S_t)=18/1.2+(0\ 6\ 2\ 6\ 4\ 2\ 1\ 1)\cdot(0\ 1\ 1\ 1\ 1\ 1\ 1\ 1)^T=15+22=37$

$b_2(S_t)=(12+4)/1.1+(6\ 0\ 2\ 1\ 0\ 0\ 1\ 0)\cdot(1\ 0\ 1\ 1\ 1\ 0\ 1\ 1)^T+(2\ 0\ 1\ 2\ 3\ 0\ 2\ 1)\cdot(1\ 0\ 1\ 1\ 1\ 0\ 1\ 1)^T=14.5+10+11=35.5$

$b_3(S_t)=(12+6)/1+(2\ 2\ 0\ 0\ 4\ 1\ 2\ 2)\cdot(1\ 1\ 0\ 1\ 0\ 1\ 1\ 1)^T+(4\ 0\ 4\ 1\ 0\ 3\ 0\ 0)\cdot(1\ 1\ 0\ 1\ 0\ 1\ 1\ 1)^T=18+9+8=35$

$b_4(S_t)=(10+2)/1+(6\ 1\ 0\ 0\ 1\ 2\ 1\ 2)\cdot(1\ 1\ 1\ 0\ 1\ 1\ 0\ 1)^T+(1\ 1\ 2\ 1\ 0\ 2\ 0\ 3)\cdot(1\ 1\ 1\ 0\ 1\ 1\ 0\ 1)^T=12+12+9=33$

$b(S_t)=\max\{37,35.5,35,33\}=37$

例 2-5 对于例 2-4 中的作业及其并行任务分解和多处理机,请应用任务优化分配调度算法求解实现负载平衡的任务分配,假设 4 台处理机开始均为空闲。

解:4 台处理机开始均为空闲,则起始状态节点 $S_0=\{\phi,\phi,\phi,\phi\}$,应用异构多处理机实现负载平衡的任务优化分配算法可以生成一棵搜索树,如图 2-20 所示,图中状态节点 1~32 的任务分配状态和相应的作业或任务处理时间如表 2-3 所示。表中状态节点各处理机的任务处理时间按式(2-27)计算,如状态节点 1 的 b_1:$b_1(S_1)=18/1.2+22(U$ 中第一行元素值之和 $6+2+6+4+2+1+1)=37$,状态节点 5 的 b_1:$b_1(S_5)=(18+12)/1.2+20(U$ 中第一二行除第一二列外元素值之和 $2+6+4+2+1+1+2+1+1)=45$;状态节点多处理机的作业处理时间按式(2-29)计算,如状态节点 6 的 b:$\max(37,20.9)=37$。状态节点 29~32 是完全分配的目标状态,状态节点 32 为作业处理时间最短,其对应的任务分配为最优解：$S_{32} = \{q_1, (q_2, q_6), (q_3, q_5), (q_4, q_7, q_8)\}$。目标状态按式(2-28)来判断，且当没有任务未分配时,任务分配矩阵 A 为全 0,如状态节点为 30：式(2-28)左边计算值为 8。

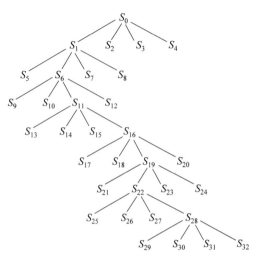

图 2-20 例 2-4 任务优化分配算法搜索树

表 2-3 任务分配状态及其相应作业或任务处理时间

节点	节点状态	$b_1(S)$	$b_2(S)$	$b_3(S)$	$b_4(S)$	$b(S)$
S_0	$\{\varphi、\varphi、\varphi、\varphi\}$	0	0	0	0	0
S_1	$\{q_1、\varphi、\varphi、\varphi\}$	37	0	0	0	37
S_2	$\{\varphi、q_1、\varphi、\varphi\}$	0	38.4	0	0	38.4
S_3	$\{\varphi、\varphi、q_1、\varphi\}$	0	0	40	0	40
S_4	$\{\varphi、\varphi、\varphi、q_1\}$	0	0	0	40	40
S_5	$\{(q_1 q_2)、\varphi、\varphi、\varphi\}$	45	0	0	0	45
S_6	$\{q_1、q_2、\varphi、\varphi\}$	37	20.9	0	0	37
S_7	$\{q_1、\varphi、q_2、\varphi\}$	37	0	22	0	37
S_8	$\{q_1、\varphi、\varphi、q_2\}$	37	0	0	22	37
S_9	$\{(q_1 q_3)、q_2、\varphi、\varphi\}$	56	20.9	0	0	56
S_{10}	$\{q_1、(q_2 q_3)、\varphi、\varphi\}$	37	40.8	0	0	40.8
S_{11}	$\{q_1、q_2、q_3、\varphi\}$	37	20.9	25	0	37
S_{12}	$\{q_1、q_2、\varphi、q_3\}$	37	20.9	0	25	37
S_{13}	$\{(q_1 q_4)、q_2、q_3、\varphi\}$	46.3	20.9	25	0	46.3
S_{14}	$\{q_1、(q_2 q_4)、q_3、\varphi\}$	37	41	25	0	41
S_{15}	$\{q_1、q_2、(q_3 q_4)、\varphi\}$	37	20.9	48	0	48
S_{16}	$\{q_1、q_2、q_3、q_4\}$	37	20.9	25	23	37
S_{17}	$\{(q_1 q_5)、q_2、q_3、q_4\}$	46	20.9	25	23	46

续表

节点	节点状态	$b_1(S)$	$b_2(S)$	$b_3(S)$	$b_4(S)$	$b(S)$
S_{18}	$\{q_1、(q_2\ q_5)、q_3、q_4\}$	37	38.4	25	23	38.4
S_{19}	$\{q_1、q_2、(q_3\ q_5)、q_4\}$	37	20.9	35	23	37
S_{20}	$\{q_1、q_2、q_3、(q_4\ q_5)\}$	37	20.9	25	39	39
S_{21}	$\{(q_1\ q_6)、q_2、(q_3\ q_5)、q_4\}$	47.3	20.9	35	23	47.3
S_{22}	$\{q_1、(q_2\ q_6)、(q_3\ q_5)、q_4\}$	37	35.5	35	23	37
S_{23}	$\{q_1、q_2、(q_3\ q_5\ q_6)、q_4\}$	37	20.9	42	23	42
S_{24}	$\{q_1、q_2、(q_3\ q_5)、(q_4\ q_6)\}$	37	20.9	35	34	37
S_{25}	$\{(q_1\ q_7)、(q_2\ q_6)、(q_3\ q_5)、q_4\}$	46.7	35.5	35	23	46.7
S_{26}	$\{q_1、(q_2\ q_6\ q_7)、(q_3\ q_5)、q_4\}$	37	41.4	35	23	41.4
S_{27}	$\{q_1、(q_2\ q_6)、(q_3\ q_5\ q_7)、q_4\}$	37	35.5	40	23	40
S_{28}	$\{q_1、(q_2\ q_6)、(q_3\ q_5)、(q_4\ q_7)\}$	37	35.5	35	33	37
S_{29}	$\{(q_1\ q_8)、(q_2\ q_6)、(q_3\ q_5)、(q_4\ q_7)\}$	45.7	35.5	35	33	45.7
S_{30}	$\{q_1、(q_2\ q_6\ q_8)、(q_3\ q_5)、(q_4\ q_7)\}$	37	44.4	35	33	44.4
S_{31}	$\{q_1、(q_2\ q_6)、(q_3\ q_5\ q_8)、(q_4\ q_7)\}$	37	35.5	44	33	44
S_{32}	$\{q_1、(q_2\ q_6)、(q_3\ q_5)、(q_4\ q_7\ q_8)\}$	37	35.5	35	34	37

2.5 多处理机的性能评测

2.5.1 多处理机性能评测概述

计算机性能评价测试与计算机体系结构、计算机软件、计算机算法一样,是计算科学的一个分支,而多处理机的评价测试比其他并行计算机复杂得多。

1. 多处理机性能评测的作用

为了更好地使用多处理机,以适应不同应用需求,对其进行评价测试是极其必要的,其作用主要有以下5个方面。

(1) 提高使用效率。通过对多处理机进行性能测试,可以有效地评价其优势与缺陷,从而明确其应用领域,以发挥其长处,提高使用效率。例如,通过测试节点CPU性能,可以为计算密集型应用选择适宜的多处理机;通过测试通信网络性能,可以为通信密集型应用选择适宜的多处理机;通过测试存储器与I/O性能,可以为数据密集型应用选择适宜的多处理机。

(2) 降低投资风险。多处理机一般很贵,用户一旦购买,如果在具体应用中不能发挥其功效,将带来很大的浪费。而用户大都对多处理机不太熟悉,为避免购买多处理机的盲目性,应通过各种性能评测途径,来帮助用户决策购买哪种多处理机,以降低投资风险。

(3) 为改进多处理机的组织结构提供依据。多处理机是极其庞大复杂的产品,即使经验丰富、水平很高的研发人员,也不能一次性设计或改进出性价比高、软硬件功能分配恰当的多处理机,而需要通过反复改进来逐步完善。通过对多处理机进行各种性能评测,可以认识其存在问题,为改进完善多处理机的组织结构提供依据。

(4) 优化组合"结构-算法-应用"。多处理机通常均具有较强专用性,即某种类型的多处理机组织结构用于某种类型的问题求解算法,才能够获得高性能;某种类型算法适宜于哪类应用需求,才能够可靠有效。结构、算法、应用之间的相互适用性,仅能通过对多处理机进行各种性能评测才可能解决。

(5) 为客观评价多处理机提供标准。不同用户或操作员,评价多处理机优劣的角度是不同的,例如,用户期望程序运行时间短,而管理员则期望一定时间内完成的任务数多(即吞吐率高)。研究多处理机性能评测的目的之一,就是提出一个统一客观、公正可比的评价标准。

2. 衡量计算机性能的基本参数

性能是衡量计算机优劣的最基本指标,计算机性能指速度,它与时间是反比关系。同样的工作量,程序运行时间越短,速度就越快,意味着计算机的性能就越高。衡量计算机性能的基本参数有每秒执行百万指令条数(million instructions per second,MIPS)和每秒执行百万浮点运算次数(million floating point operations per second,MFLOPS)。

(1) MIPS。对于一个给定的程序,MIPS 定义为

$$\text{MIPS} = I_N / (T_{CPU} \times 10^6) = f / (\text{CPI} \times 10^6) \tag{2-30}$$

式中: T_{CPU} 为程序运行时间; I_N 为程序中指令条数; f 为时钟频率,CPI 为每条指令所需的平均周期数。

MIPS 的定义表明,MIPS 越高,程序运行时间 T_{CPU} 越短,计算机速度越快,但采用 MIPS 评价计算机性能有以下不足之处。①MIPS 依赖于指令系统,采用 MIPS 来比较指令系统不同的计算机性能是不准确的。②在同一台计算机上,MIPS 因程序不同会发生变化,有时很大,还可能相反。③MIPS 仅适于评估标量计算机。

(2) MFLOPS。浮点运算速度远远小于整数运算,而很多计算机都提供了浮点运算部件。采用软件实现浮点运算时的 MIPS 必然比采用硬件实现浮点运算时的 MIPS 要多,而后者的运算时间比前者少,即 MIPS 的评价结果与计算机实际性能相反。为此,便提出了MFLOPS 评价参数。对于一个给定的程序,MFLOPS 定义为

$$\text{MFLOPS} = I_{FN} / (T_{CPU} \times 10^6) \tag{2-31}$$

式中: I_{FN} 为程序中浮点运算次数。

当然,采用 MFLOPS 评价计算机性能也存在不足之处。①由于 MFLOPS 是基于操作而非指令,所以可以用来比较两种指令系统不同的计算机;因为同一程序在不同指令系统计算机上执行的指令可能不同,但执行的浮点运算却是完全相同的,但比较的结果也并非可靠,原因在于不同计算机的浮点运算集不同。②MFLOPS 取决于计算机和程序两个方面,所以仅可以用来衡量计算机浮点运算的性能,而不能体现计算机的整体性能,如编译程序,不管计算机性能再高,其 MFLOPS 都不会太高。

3. 衡量多处理机性能的基本参数

多处理机性能评测涉及许多因素,如硬件速度、体系结构、计算方法及算法,软件编译及优化、编程工具及环境等,所以需要从机器级、算法级和程序级 3 个层次来对多处理机性能进行评测。而衡量多处理机性能的基本参数如表 2-4 所示。

表 2-4　衡量多处理机性能的基本参数

名　称	符　号	含　义	单　位
机器规模	N	处理机数量	
时钟频率	f	时钟周期的倒数	MHz
工作负载	W	计算任务所包含的操作数量	MFLOPS
串行运行时间	T_1	程序在单处理机上的运行时间	s
并行运行时间	T_N	程序在多计算机上的运行时间	s
单处理机峰值速度	R_{1max}	单个处理机的速度最大值	MFLOPS
速度	$R_N = W/T_N$	每秒百万浮点运算次数	MFLOPS
加速比	$S_N = T_1/T_N$	多处理机与单处理机的速度比	
效率	$E_N = S_N/N$	处理机的利用率	
峰值速度	$R_{Nmax} = NR_{1max}$	所有单处理机峰值速度的和	MFLOPS
利用率	$U = R_N/R_{Nmax}$	可达速度与峰值速度的比	
通信时延	C_0	传送一个字节或一个字的时间	μs
渐近带宽	G_∞	传送长数据块的通信速率	MB/s

2.5.2　多处理机机器级性能评测

多处理机机器级的性能指标包括 CPU 性能、存储器性能、并行与通信开销、可用性与好用性、性能价格比等几个方面。

1. CPU 性能

衡量 CPU 性能最直接的参数为并行运行时间,但由于并行运行时间与并行程度有关,而并行程度由处理机数量和工作负载决定,处理机数量对于某多处理机来说是固定的,所以衡量 CPU 性能的基本参数为工作负载(W)和并行运行时间(T_N)。

1) 工作负载

工作负载通常可以采用串行运行时间、指令数和浮点运算次数 3 个物理量来度量,对于特定计算任务,这 3 个物理量并不一定总是成正比的。

串行运行时间的主要影响因素有:应用问题的求解算法、输入数据集及其数据结构、程序运行的软硬件平台(如处理器、操作系统、程序设计语言、编译器)等。采用浮点运算次数来度量工作负载对于科学与工程计算任务是很适宜的,但对于其他不是以浮点运算为主的计算任务,则需要把非浮点运算或操作折算为浮点运算,如赋值、定点加减乘、比较、类型转换等运算折算为 1FLOP,定点除开平方折算为 4FLOP,定点三角函数、指数、对数等折算为 8FLOP。工作负载最直观的度量物理量便是指令数,但对于一个计算任务,其静态目标代码的指令数与指令系统和编译器有关(如 RISC 计算机上的指令数比 CISC 计算机上的指令数一般多 $50\% \sim 150\%$),而动态执行的指令数还依赖于输入数据集。

2) 并行运行时间

假设程序运行时所需要执行操作无重叠,那么并行运行时间(T_N)为

$$T_N = T_{\text{comput}} + T_{\text{paro}} + T_{\text{comm}} \tag{2-32}$$

式中：T_{comput} 为计算时间；T_{paro} 为并行开销时间；T_{comm} 为通信开销时间。并行开销时间包括任务管理（如任务生成、结束与切换等）时间、组操作（如任务组的生成与消灭等）时间和任务查询（如询问任务的标志、等级、组标志和组大小等）时间。通信开销时间包括同步（如路障、锁、临界区、事实等）时间、通信（如点到点通信、整体通信、读写共享变量等）时间和聚合操作（如规约、前缀运算等）时间。计算时间与任务并行度和计算资源数密切相关，任务并行度（degree of parallelism，DOP）指可以同时执行的最大任务数，计算资源数（N_{max}）指可以用来降低并行运行时间的最大处理机数。

对于不同的并行计算模型，并行运行时间分析估计有很大差异，现以 APRAM 计算模型为例。在 APRAM 并行计算模型中，计算是由一系列用同步路障分开的所谓相（phase）组成，在每个相中，各处理机均是异步执行局部计算，且最后一条指令是同步路障指令。

设程序任务串行运行时间为 T_1、所包含的相数为 K、机器规模为 N，第 i 相工作负载为 $W_i(1 \leqslant i \leqslant K)$、计算时间为 $T_1(i)$、并行运行时间为 $T_N(i)$、任务并行度为 DOP_i，则第 i 相在多处理机上运行的并行计算时间为

$$T_N(i) = T_1(i)/\min(\text{DOP}_i, N) \tag{2-33}$$

则程序任务的并行运行时间为

$$T_N = \sum_{i=1}^{K}\left[T_1(i)/\min(\text{DOP}_i, N)\right] + T_{\text{paro}} + T_{\text{comm}} \tag{2-34}$$

又设当 $N \to \infty$ 时，程序任务在多处理机上的并行运行时间为 T_∞，在不考虑 T_{paro} 和 T_{comm} 时，则有

$$T_\infty = \sum_{i=1}^{K}(T_1(i)/\text{DOP}_i) \tag{2-35}$$

显然，当 $N = N_{\text{max}}$ 时，$T_N = T_\infty$，且有

$$N_{\text{max}} = \max_{1 \leqslant i \leqslant k}(\text{DOP}_i) \tag{2-36}$$

所以，并行运行时间的下界为 $T_N \geqslant \max(T_1/N, T_\infty)$。

布伦特（Brent）已经证明有：$T_N \leqslant T_1/N + T_\infty$，从而在不考虑 T_{paro} 和 T_{comm} 时，程序任务在含有 N 个处理机的多处理机上的并行运行时间的范围为

$$\max(T_1/N, T_\infty) \leqslant T_N \leqslant (T_1/N + T_\infty) \tag{2-37}$$

2. 存储器性能

目前，所有计算机均采用层次结构方法把多个存储器组织在一起来构成一个存储系统，对于每一层次的存储器都采用 3 个参数来反映其性能：①容量（C）：物理存储器可以保存数据的字节数；②时延（L）：访问一次物理存储器所需的时间；③带宽（B）：单位时间内物理存储器可以访问传送数据的字节数。存储器的带宽与时延、访问字长和并行程度有关，且有

$$\text{存储器带宽} = \text{访问字长} \times \text{并行程度} / \text{时延（时钟周期）} \tag{2-38}$$

3. 并行与通信开销

1）衡量开销的基本参数

并行程序在多处理机上运行时，并行开销 T_{paro} 和通信开销 T_{comm} 一般都很大，往往比计算时间 T_{comput} 长得多，且随计算机软硬件不同变化很大，所以分析估算它们的产生过程对设计并行计算机和开发并行程序极其重要。而实际中，计算机厂商既很少提供开销数据，又不

提供开销估算方法。为此,Hockney 针对性地提出了衡量并行与通信开销的两个基本参数(渐近带宽 G_∞、通信时延 C_0)和两个附加参数(半峰值长度 $m_{1/2}$、特定性能 p_0(MB/s)),且附加参数并不是独立的,它们可以通过对基本参数演算来得到。半峰值长度指达到一半渐近带宽时所需的数据长度,而特定性能指传送短数据如一个字的带宽。

开销参数没有具体的估算方法,仅能通过测试方法来量化。开销参数的测量与程序中的数据结构、程序设计语言、硬件协议等诸多因素有关,从而难以获得精确的测量值,仅在微秒或毫秒级进行粗分辨。另外,多处理机一般是异步操作的,测量值离散性很大,所以通常采用点到点的"乒乓"测试法。所谓"乒乓"测试法是单一发送或接收的时间测试法,具体操作过程为:节点 A 发送 m 字节到节点 B,节点 B 从节点 A 接收 m 字节后,立即发送回节点 A,节点 A 从开始发送到接收结束所经过的时间除以 2 即为点到点的通信开销。

"乒乓"测试法可以一般化为"热土豆"测试法,其具体操作过程为:节点 1 发送 m 字节到节点 2,节点 2 接收后立即发送到节点 3,以此类推,直到节点 n,最后节点 n 再将 m 字节发送回节点 1,节点 1 从开始发送到接收结束所经过的时间除以 n 即为点到点的通信开销。

2)开销参数的估算

通过测试所获得的开销数据,可以利用列表法、绘图法和解析法来解释,其中解析法最为普遍。

对于点到点通信,Hockney 通过测试及其解析法,得到数据长度为 m 字节的通信开销 $C(m)$ 的线性估算式为

$$C(m) = C_0 + m/G_\infty \tag{2-39}$$

且有

$$C_0 = m_{1/2}/G_\infty = 1/p_0 \tag{2-40}$$

对于整体通信,典型通信模式有以下几种。①播放(broadcasting):指某处理机发送 m 字节的相同数据到所有其他的处理机;②收集(gather):指某处理机接收所有其他的处理机发送来的 m 字节的数据,收集的数据共有 $m \times (N-1)$ 字节;③散射(scatter):指某处理机发送 m 字节的不同数据到所有其他的处理机,发送的数据共有 $m \times (N-1)$ 字节;④全交换(total exchange):指处理机相互之间发送 m 字节的数据,发送的数据共有 $m \times (N-1)^2$ 字节;⑤循环移位(circular-shift):指处理机 i 发送 m 字节的数据到处理机 $i+1$,处理机 $i+1$ 发送 m 字节的数据到处理机 $i+2$,以此类推,处理机 N 发送 m 字节的数据到处理机 1,发送的数据共有 $m \times N$ 字节。将点到点通信的通信开销线性估算式推广,可以得到整体通信开销($T(m,N)$)的线性估算式为

$$T(m,N) = C_0(N) + m/G_\infty(N) \tag{2-41}$$

对 SP_2 计算机测试所得数据进行拟合,得到整体通信与路障同步开销的估算式如表 2-5 所示。

表 2-5　SP_2 计算机整体通信与路障开销的估算式

操 作 开 销	估　算　式
播放	$52\log N + (0.029\log N)m$
收集/散射	$(17\log N + 15) + (0.025N - 0.02)m$

操 作 开 销	估 算 式
全交换	$80\log N+(0.03N^{1.29})m$
循环移位	$(6\log N+60)+(0.003\log N-0.04)m$
路障同步	$94\log N+10$

4. 可用性与好用性

1) 可用性

可用性(availability)指计算机正常运行时间占总使用(含运行与修复)时间的百分比,它可以由可靠性(reliability)和可服务性(serviceability)或可维护性来衡量。可靠性指计算机失效前平均正常运行的时间,即平均无故障时间(MTTF);可服务性指计算机失效后恢复正常运行的平均时间,即平均修复时间(MTTR)。显然,可用性可表示为

$$availability = MTTF/(MTTF+MTTR) \tag{2-42}$$

2) 好用性

好用性指用户使用计算机时的感受程度。由于用户是通过用户环境来使用计算机的,所以计算机的好用性与用户环境密切相关,可称之为用户环境好用性。由于多处理机软硬件极其复杂且差异性较大,用户难以使用这些资源;为了便于用户使用这些资源,需要呈现这些资源使用的用户环境系统。所谓用户环境指通过工具有机组合呈现资源于用户的某种表现形式,工具有机组合对应用户环境的系统设计,工具集的表现形式对应用户环境的界面设计。可见,用户环境好用性一般可以分为用户环境系统好用性和用户界面好用性。

用户环境系统好用性指应为用户提供工具集的统一映像,工具集统一映像分为内部和外部两个方面。外部工具集统一映像包含统一界面视图和统一操作方式,内部工具集统一映像则包含统一访问登录、统一监测控制、统一存储空间、统一作业管理、统一文件结构等。另外,用户环境系统好用性除具有统一映像功能外,还应该具有以下特性:①工具集成与扩展灵活且容易实现;②尽可能使应用软件的开发与平台无关;③尽可能多地为用户提供统一标准化的服务接口而用户不需要了解底层是如何实现的。

用户界面好用性指用户利用某一软件来实现特定目标时,用户通过界面所获得服务的有效性、高效性和满意度。一个良好的用户界面应该具有以下特性。①实用性:为实现某项功能任务,用户利用界面可以获取所需要的服务;②高效性:用户不需要复杂操作,通过界面便可以获取各种有用信息;③易学习性:操作简单,用户容易理解和记忆,尽可能多地提供提示信息或选项;④交互性:尽可能多地提供人机交互方式;⑤美观性:用户使用界面可以获得视觉享受并心情愉悦。

5. 性能价格比

性能价格比即峰值速度($R_{N\max}$)与价格比指单位代价(百万美元)所获得的性能(MIPS或 MFLOPS),实现高性能价格比是计算机设计制造者和购买使用者的共同目标,高性能价格比意味成本有效性,但二者不能混淆,它们有差异。成本有效性可以采用利用率(U)来衡量,利用率是可达速度(R_N)与峰值速度的比。

2.5.3　多处理机算法级性能评测

多处理机算法级的性能包括加速比与可扩放性这两个指标。

1. 并行算法加速比

由于影响并行程序运行速度的因素比串行程序多得多,当所有影响因素均发生变化时,多处理机加速比难以计算及其相互比较,所以为简化加速比的计算,只针对某些影响因素来讨论。根据针对影响因素不同,目前有 3 条途径来讨论计算加速比,并延伸出了 3 种加速比性能定律:固定计算负载的阿姆达尔定律、计算可扩放的 Gustafson 定律和存储受限的 Sun-Ni 定律。

1) 阿姆达尔加速定律

阿姆达尔定律计算加速比的基本思想为:若计算负载固定,可通过增加处理机数来提高加速比。对于许多科学计算,其计算负载是固定不变的,但实时性要求很高,即要求程序运行时间短;可通过增加处理机数,使固定不变的计算负载分布到更多的计算资源上,以缩短程序运行时间,提高程序运行速度,使加速比得以提高。由此,1967 年阿姆达尔(Amdahl)推导出在计算负载固定、负载均衡和不考虑并行与通信开销时加速比的计算式,即

$$S_N = \frac{W_S + W_N}{W_S + W_N/N} \tag{2-43}$$

式中:W_S 为程序中串行的工作负载;W_N 为程序中可并行的工作负载,且 $W_S + W_N = W$。

对式(2-43)进行归一化变换,即等号右边分子和分母均除以 W,则有

$$S_N = \frac{N}{1 + h(N-1)} \tag{2-44}$$

式中:h 为程序中串行工作负载所占百分比(称串行分量比)。$(1-h)$ 则是程序中可并行工作负载所占百分比(称并行分量比)。当 $N \rightarrow \infty$ 时,式(2-44)的极限为

$$S_{N\max} = 1/h \tag{2-45}$$

可见,加速比上限($S_{N\max}$)仅受计算任务中串行分量比的限制,而与处理机数无关,这就是阿姆达尔加速定律。

当考虑并行与通信开销时,则有

$$S_N = \frac{W_S + W_N}{W_S + W_N/N + W_O} = \frac{N}{1 + h(N-1) + W_O N/W} \tag{2-46}$$

式中:W_O 为并行与通信负载或额外负载。当 $N \rightarrow \infty$ 时,式(2-46)的极限为

$$S_{N\max} = 1/(h + W_O/W) \tag{2-47}$$

可见,加速比上限($S_{N\max}$)不仅与计算任务中串行分量比有关,还与额外负载有关。

2) Gustafson 加速定律

Gustafson 定律计算加速比的基本思想为:计算时间不变,通过增加处理机数来提高计算精度。对于许多规模性计算,其计算时间是固定不变的,但计算精度要求很高,即需要扩大计算量(负载);为此,便通过增加处理机数,把计算负载分布到更多的计算资源上,使程序运行时间固定不变,以缩短程序运行时间,提高程序运行速度,使加速比得以提高。由此,1987 年 Gustafson 推导出在计算时间固定、负载均衡和不考虑并行与通信开销时加速比的

计算式,即

$$S_N = \frac{W_s + NW_N}{W_s + NW_N/N} = \frac{W_s + NW_N}{W_s + W_N} \qquad (2\text{-}48)$$

对式(2-48)进行归一化变换,即等号右边分子和分母均除以 W,则有

$$S_N = (1-h)N + h \qquad (2\text{-}49)$$

可见,加速比 S_N 与处理机数 N 成线性关系,且斜率为并行分量比 $(1-h)$,即处理机数增加,加速比随之线性提高,串行分量比不再是加速比的瓶颈,这就是 Gustafson 加速定律。

当考虑并行与通信开销时,则有

$$S_N = \frac{W_s + NW_N}{W_s + W_N + W_O} = \frac{h + N(1-h)}{1 + W_O/W} \qquad (2\text{-}50)$$

可见,这时若仍希望加速比随处理机数增加而线性提高,则要求额外负载 W_O 随处理机数增加而减少,但这是极其困难的。

3) Sun-Ni 加速定律

Sun-Ni 定律计算加速比的基本思想为:在存储空间足够时,即使计算时间有所增加,也应该尽量增大计算负载和增加处理机数来提高计算精度。由此,1993 年孙贤和与莱昂内尔推导出在存储容量受限、负载均衡和不考虑并行与通信开销时加速比的计算式。

假设一个受存储容量限制的计算,在存储容量为 M 的单处理机上运行的计算负载为 $W = hW + (1-h)W$;当在多处理机上运行时,由于存储容量为 NM,则计算规模可以增加,且扩大后的计算负载为 $W = hW + g(N)(1-h)W$,这时便有

$$S_N = \frac{hW + (1-h)g(N)W}{hW + (1-h)g(N)W/N} \qquad (2\text{-}51)$$

式中:$g(N)$ 为存储容量增加时并行分量增加的比例因子。对式(2-51)进行归一化变换,即等号右边分子和分母均除以 W,则有

$$S_N = \frac{h + (1-h)g(N)}{h + (1-h)g(N)/N} \qquad (2\text{-}52)$$

由式(2-52)可知:若 $g(N)=1$,$S_N = N/[1+h(N-1)]$ 为阿姆达尔加速定律(式(2-44));若 $g(N)=N$,$S_N = (1-h)N + h$ 为 Gustafson 加速定律(式(2-49));若 $g(N) > N$,计算负载并行分量增加比存储容量增加快,加速比均比阿姆达尔加速和 Gustafson 加速要高。

当考虑并行与通信开销时,则有

$$S_N = \frac{h + (1-h)g(N)}{h + (1-h)g(N)/N + W_O/W} \qquad (2\text{-}53)$$

从上述 3 个加速定律可以得出以下结论。①增加处理机数对提高加速比是受限制的,其原因在于:增加处理机数,额外负载增大、处理机利用率降低,所以对于特定的多处理机、并行算法或并行程序,是否可以有效地利用增加的处理机是受限制的,这由可扩放性来度量;②扩大计算规模可以有效提高加速比,其原因在于:计算规模扩大,程序并行度越高,串行分量比减小,额外负载增速变小(相对于规模增速来说);③限制加速比提高的因素有:计算任务中的串行分量,额外负载(含通信、等待、竞争、同步等),处理机数太多(超过并行任务数)。

2. 并行算法可扩放性

可扩放性指对于特定应用,多处理机或并行算法的性能(可以采用加速比来度量)随处理机数或计算规模增加而按比例提高的能力。可见,可扩放性涉及改变因素(处理机数与计算规模)和改变比例(比例关系可以是线性的或指数的等),比例关系反映因素的扩放程度。

由于可扩放性是算法与结构的组合,即并行算法可扩放性针对的是某体系结构的多处理机,多处理机可扩放性针对的是某并行算法。所以,可扩放性研究的目的在于:①对于某应用问题的求解,选择哪种并行算法与并行体系结构的组合;②对于运行于某并行体系结构的某种并行算法,当运行于更大规模的多处理机时的性能;③对于计算规模一定的并行算法,选择规模最优的多处理机及其运行可获得的最大加速比;④为改进并行算法和并行体系结构提供依据,以使并行算法可以充分地利用可扩放的大量处理机。可见,多处理机的加速比是以可扩放性为基础来建立的,但对于可扩放性,目前既没有公认的严格定义,又没有统一的评价标准,所以在此仅讨论等效率、等速度和平均时延 3 种典型的可扩放性度量方法。

1) 等效率度量方法

多处理机的可扩放性与其加速比和效率密切相关,所以应以加速比和效率为基础来导出等效率的度量计算式。直观地有

$$T_1 = \sum_{i=1}^{N} t_1^i, \quad T_0 = \sum_{i=1}^{N} t_0^i, \quad T_N^i = t_1^i + t_0^i$$

式中:t_1^i 和 t_0^i 分别为第 i 个处理机的计算时间和额外开销(包括通信、同步和空闲等待时间等);T_N^i 为第 i 个处理机的运行时间;T_1 和 T_0 分别为顺序运行时间和额外总开销。

若负载均衡,则有 $T_N^1 = T_N^2 = \cdots = T_N^N = T_N$。显然有

$$T_1 + T_0 = N T_N \tag{2-54}$$

根据并行计算加速比和效率的定义,可得

$$S_N = \frac{T_1}{T_N} = \frac{T_1}{(T_1 + T_0)/N} = \frac{N}{1 + T_0/T_1} \tag{2-55}$$

$$E_N = \frac{S_N}{N} = \frac{1}{1 + T_0/T_1} \tag{2-56}$$

在一般情况下,如果计算规模 W 保持不变,则顺序运行时间 T_1 也不变,但随着处理机数 N 增加,额外开销 T_0 增加,由式(2-56)可知效率 E_N 下降。可见,为保持效率 E_N 不变,应该保持 T_0/T_1 的值不变,由此则需要在处理机数 N 增加的同时,相应地增加计算规模 W 的值(即 T_1 的值),来抵消由于处理机数 N 增加所带来的额外开销 T_0 增大的影响,才可以保持效率 E_N(为 0～1)不变。

1987 年 Kumar 定义 $W = f_E(N)$ 为在效率保持不变的情况下计算规模 W 随处理机数 N 变化的函数,且称该函数为等效率函数。如果 $W = f_E(N)$ 为亚线性的,即处理机数增加,仅需要增加少量工作负载,就可以使效率保持不变,由此表示并行算法具有良好的可扩放性。如果 $W = f_E(N)$ 为线性的,即处理机数增加,需要增加较多工作负载,才可以使效率保持不变,由此表示并行算法具有可扩放性。如果 $W = f_E(N)$ 为指数的,即处理机数增加,需要增加很多工作负载,才可以使效率保持不变,由此表示并行算法是不可扩放的。

对于式(2-56),顺序运行时间 T_1 即计算规模 W,这样额外总开销 T_0 是计算效率的唯

一参数,且根据等效率函数变化关系,可以看出并行算法的可扩放性程度。可见,等效率度量可扩放性方法具有简单、可定量计算的优点,即等效率度量可扩放性可以采用解析法来实现。额外开销 T_0 包含通信、同步、等待等非有效计算时间,对于并行计算机理论上是可以计算出来的,但计算是极其复杂的,如共享存储多处理机,T_0 主要是非局部访问时间、进程调度时间、存储竞争时间和高速缓存一致操作时间等,这些时间均难以计算,从而使等效率度量可扩放性受到限制。由此,孙贤和(Xian He Sun)和张晓东(Xiao Dong Zhang)在解析计算法的基础上,加入测试法,于 1994 年提出了基于等速度和平均时延的度量方法。

2) 等速度度量方法

对于多处理机,可以通过增加处理机数来提高速度,如果速度可以随处理机数的增加而线性增长(平均速度不变),则表示多处理机具有良好的可扩放性。显然,利用速度来度量可扩放性,概念更为直接方便。由此可得

$$R_N = W/T_N \tag{2-57}$$

$$\bar{R}_N = R_N/N = W/(NT_N) \tag{2-58}$$

式中:$\bar{R}_N$ 为多处理机的平均速度。

由式(2-58)可知,对于运行于多处理机上的并行算法,当处理机数增加时,若增加一定的计算规模,可以维持多处理机的平均速度不变,则并行算法具有可扩放性。实际上,若平均速度 $\bar{R}_N$ 不变,则速度 R_N 是随处理机数增加而线性提高的,加速比亦是线性提高的。

当处理机数增加时,为维持多处理机的平均速度不变,需要增加一定的计算规模,则平均速度度量可扩放性的函数计算式为

$$q(N, N') = \frac{W/N}{W'/N'} = \frac{N'W}{NW'} \tag{2-59}$$

式中:W' 为处理机数由 N 增加到 N' 为维持多处理机平均速度不变所需要的计算规模。函数 $q(N, N')$ 的值为 0~1,且值越大,表示可扩放性越好。

由式(2-58)可知,当多处理机平均速度不变时有

$$W/(NT_N) = W'/(N'T'_N) \quad (NW)/(NW') = T_N/T'_N$$

所以式(2-59)可以变为

$$q(N, N') = T_N/T'_N \tag{2-60}$$

式中:T'_N 为处理机数为 N' 时完成计算规模为 W' 的并行运行时间。

若 $N = 1$ 时,T_N 即为串行运行时间 T_1;当处理机数为 N' 时,若并行运行时间记为 T_N,相应的函数 $q(1, N')$ 改记为 $q(N')$。这样式(2-60)可以变为

$$q(N') = T_1/T_N = W/(W'/N') \tag{2-61}$$

由式(2-61)可知:当维持多处理机平均速度不变时,可以采用"计算规模为 W 所需串行运行时间与计算规模为 W' 所需并行运行时间的比"来度量多处理机的可扩放性。这与加速比定义类似,区别在于:加速比定义是保持计算规模不变,表示并行运行相对于串行运行所获得的性能增加;而可扩放性定义是保持平均速度不变,表示大规模处理机相对于小规模处理机的性能减少。

等速度度量可扩放性一般采用测试法来实现,具体测试过程如下所示。

(1) 测量平均速度 $\bar{R}_N$ 和并行运行时间 T_N。对于某特定的应用程序,使其运行于处理

机数为 M_0 的多处理机上,改变计算规模由 W 到 W',测量相应的平均速度和运行时间;使特定应用程序运行于处理机数为 M_1 的多处理机上,改变计算规模由 W 到 W',测量相应的平均速度和运行时间;重复使特定应用程序运行于处理机数为 M_2、M_3、…的多处理机上,则有一组曲线如图 2-21 所示。

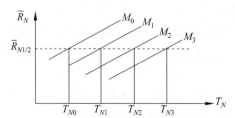

图 2-21 一组平均速度与运行时间的关系曲线

(2) 选择参考平均速度 $\bar{R}_{N1/2}$,求不同处理机数的并行运行时间 T_{Ni}。$\bar{R}_{N\infty}$ 是在单处理机上计算规模 $W \to \infty$ 时的渐近平均速度,取其一半作为参考平均速度;在图 2-21 所示的关系曲线中,通过参考平均速度点作一条水平直线,通过该水平直线与诸曲线的交点分别作垂直直线,各垂直直线与横坐标的交点的对应值即是各处理机数时的并行运行时间 T_{N0}、T_{N1}、…。如某特定应用程序的 $\bar{R}_{N1/2} = 0.85\,\text{MFLOPS}$,其处理机数及其相应运行时间如表 2-6 所示。

表 2-6 处理机数及其相应运行时间

N	1	2	4	8	16	32	64	128
T_{Ni}	0.004 029	0.009 13	0.013 62	0.017 44	0.021 44	0.025 61	0.029 6	0.033 38

(3) 根据式(2-60)计算函数 $q(N, N')$ 值。当平均速度保持不变时,由表 2-6 和式(2-60)则可以计算出系列 $q(N, N')$ 的值,如 $q(1, 8) = 0.004\,029/0.017\,44 = 0.231$、$q(4, 8) = 0.013\,62/0.017\,44 = 0.781$,且可以构成如表 2-7 所示的上三角阵,这些值即为等速度度量可扩放性的值。

表 2-7 等速度度量可扩放性的系列值 $q(N, N')$

处理机数	1	2	4	8	16	32	64	128
1	1.000	0.441	0.296	0.231	0.188	0.157	0.136	0.121
2		1.000	0.670	0.524	0.426	0.357	0.308	0.274
4			1.000	0.781	0.635	0.532	0.460	0.408
8				1.000	0.813	0.681	0.589	0.522
16					1.000	0.837	0.724	0.642
32						1.000	0.865	0.767
64							1.000	0.887
128								1.000

（4）做 $q(N')$ 与 N' 的关系曲线族。由表 2-7 中的每一行可以作一条 $q(N')$ 与 N' 的关系曲线，由此构成曲线族，如图 2-22 所示；曲线越平坦，随处理机数增加平均速度变化越小，可扩放性越好。由图 2-22 可以看出，增加处理机数，可以改善多处理机的可扩放性。

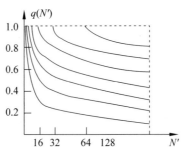

图 2-22　固定初始处理机数 N 平均速度与处理机数 N' 的关系曲线

等速度度量可扩放性很直观，且具有以下优点：①速度由计算规模 W 和并行运行时间 T_N 决定，而计算规模体现应用程序的特性，并行运行时间体现多处理机的结构特性；②并行运行时间较容易测量，速度对于不同体系结构的多处理机又具有可比性。但它仍存在不足之处：①计算规模 W 通常采用 MFLOPS 或 MIPS 来度量，这两者均存在不足；②并行运行时间包含计算时间和额外开销，但额外开销并未明确地定义为 W 的函数。

3）平均时延度量方法

由于额外开销是影响性能的关键因素，它与体系结构和并行算法密切相关，所以采用平均时延度量可扩放性比速度更为准确。在实际中，负载是不可能完全平衡的，所以多处理机运行某应用程序时各处理机的时间分配如图 2-23 所示。由图 2-23 可以看出：第 i 个处理机总时延为"启动前空闲时间＋结束后空闲时间＋额外开销"，即" i 处理机总时延 $= T_N - T_N^i + L_i$ "（L_i 为并行通信开销总和）。所以，计算规模为 W 的应用程序在包含 N 个处理机的多处理机上运行的平均时延定义为

$$\bar{L}(W,N) = \sum_{i=1}^{N}(T_N - T_N^i + L_i)/N \tag{2-62}$$

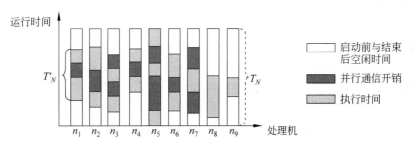

图 2-23　多处理机运行某应用程序时各处理机的时间分配

由 $T_1 + T_0 = NT_N$ 和 $T_0 = N\bar{L}(W,N)$，则有" $N\bar{L}(W,N) = NT_N - T_1$ "，所以可得

$$\bar{L}(W,N) = T_N(W,N) - T_1(W)/N \tag{2-63}$$

对于一个并行算法与体系结构的组合，在维持效率不变时，由平均时延来度量可扩放性可以定义为

$$p(E,N,N') = \bar{L}(W,N)/\bar{L}(W',N') \tag{2-64}$$

式中：$\bar{L}(W,N)$ 为在包含 N 个处理机的多处理机上运行计算规模为 W 的应用程序时的平均时延；$\bar{L}(W',N')$ 为在包含 N' 个处理机的多处理机上运行计算规模为 W' 的应用程序时的平均时延；$p(E,N,N')$ 的函数值为 $0\sim1$，且值越大，表示可扩放性越好。

平均时延度量可扩放性一般也是采用测试法来实现，具体测试过程如下所示。

（1）测试并计算平均时延。给定一个效率 E，在包含 N 个处理机的多处理机上运行计算规模为 W 的应用程序，测量并计算其效率：$E'=T_1(W)/NT_N(W,N)$。若 E' 不等于 E，则调整计算规模 W，重复测量并计算其效率 E'，直到 E' 与 E 近似。根据式(2-62)计算平均时延。

（2）测试并画出平均时延与处理机数曲线。对于(1)中给定效率 E，使处理机数为 N'，重复(1)中测量计算，则可以画出对于某一效率 E 的平均时延与处理机数曲线。

（3）测试并画出一组平均时延与处理机数曲线。改变效率 E，重复(1)、(2)则可以画出一组平均时延与处理机数曲线。

（4）建构 $p(E,N,N')$ 与处理机数的上三角阵。根据一组平均时延与处理机数曲线，可以建立平均时延与处理机数的变化关系表；由此根据式(2-64)可以计算出 $p(E,N,N')$ 的系列值，这些系列值则可以建构 $p(E,N,N')$ 与处理机数的上三角阵，某并行算法的上三角阵如表 2-8 所示。

表 2-8　某并行算法的 $p(E,N,N')$ 与处理机数的上三角阵

处理机数	2	4	8	16	24	32
2	1.0000	0.9419	0.6957	0.2204	0.0329	0.0090
4		1.0000	0.6677	0.2116	0.0316	0.0086
8			1.0000	0.3169	0.0473	0.0129
16				1.0000	0.1493	0.0408
24					1.0000	0.2732
32						1.0000

3. 加速比的程度范围与可扩放性度量的比较

1）加速比的程度范围

由现有经验可知，加速比范围一般为 $N/\log N \leqslant S_N \leqslant N$。加速比随处理机数增加可以达到线性的应用有矩阵相加、内积等，这些应用程序几乎没有通信开销。而对于分治类的应用如二叉树，树的同级可以并行执行，但向根推进时，并行度减小，这类应用的加速比可以达到 $N/\log N$。但对于通信密集的应用，加速比的经验公式为 $S_N=1/C(N)$，其中 $C(N)$ 为处理机数线性或对数的通信函数。通常达到线性加速是很难的，但有些并行算法或程序还可以达到超线性。例如，某些并行搜索算法允许不同的处理机在不同分支上同时搜索，当某处理机搜索到目标，则发出终止信号，避免串行算法中的无效分支搜索，从而达到超线性加速。还有高速缓冲存储器。

特别地，加速比有绝对加速比和相对加速比之分，且相对加速比较为宽松和实际。绝对加速比指对于某应用，最佳串行算法运行时间与并行算法运行时间之比，相对加速比指对于某应用，同一算法单处理机上运行时间与多处理机上运行时间之比。

2）可扩放性度量的比较

可扩放性度量包含等效率、等速度和平均时延 3 种方法,它们的度量途径是不同的。等效率是保持效率 E 不变,分析计算规模 W 与处理机数 N 的变化关系,进而讨论可扩放性。等速度是保持平均速度 $\bar{V}$ 不变,分析计算规模增加量与处理机增加数的变化关系,进而讨论可扩放性。平均时延是保持效率 E 不变,采用平均时延的比值来分析计算规模增加量与处理机增加数的变化关系,分析平均时延比值的变化来讨论可扩放性。但等效率、等速度和平均时延这 3 种方法,却均以影响并行算法可扩放性的关键参数——额外开销 T_0 为核心。等效率度量方法采用解析法得到 T_0,直接利用 T_0 来评价可扩放性;等速度度量方法将 T_0 隐含在运行时间之中;平均时延度量方法则直接由平均时延来反映 T_0。它们通过测试来得到有关性能参数如速度或时间等,利用性能参数来评价可扩放性。所以,等效率、等速度和平均时延这 3 种可扩放性度量方法是等效的。

若某应用程序的计算规模为 W,则有

$$T_1 = Wt_c \tag{2-65}$$

式中: t_c 为计算规模与串行运行时间之间的变换常数。由此,该应用程序算法的效率为 $E = Wt_c/(NT_N)$、平均速度为 $\bar{V} = W/(NT_N)$,且有 $E = \bar{V}t_c$,从而表明等效率与等速度度量可扩放性的物理含义一致,是等效的。

由于已知 $\bar{V} = W/(NT_N)$、$NT_N = T_0 + T_1$、$T_0 = N\bar{L}(W,N)$、$T_1 = Wt_c$,所以有

$$\bar{V} = \frac{W}{T_0 + T_1} = \frac{W}{N\bar{L}(W,N) + Wt_c}, \quad \bar{L}(W,N) = \frac{W}{N}\left(\frac{1}{\bar{V}} - t_c\right)$$

当平均速度不变时,$(1/\bar{V} - t_c)$ 为常数,所以有

$$\frac{\bar{L}(W,N)}{\bar{L}(W',N')} = \frac{W/N}{W'/N'} = \frac{N'W}{NW'} \tag{2-66}$$

式(2-59)、式(2-64)、式(2-66)表明等速度与平均时延度量可扩放性也是一致等效的。特别地,平均速度与平均时延保持不变,均意味着 T_0 随 N 变化很小。

2.5.4　多处理机程序级性能评测

1. 基准测试程序及其分类

程序运行时间(常特指响应时间)是衡量计算机系统(软硬件整体)性能的主要参数,而程序与计算机系统之间具有很强的适应性。即若程序适应于计算机系统,则程序运行时间比其他计算机系统要短;程序不适应于计算机系统,则程序运行时间比其他计算机系统要长。为此,人们对一些程序进行了规范,这些程序在不同计算机系统的程序运行时间具有可比性,可以用来衡量计算机系统性能,这些程序被称为基准测试程序。所谓基准测试程序指用于测试与预测计算机系统性能,揭示不同体系结构计算机优势与缺陷,为用户选择哪种体系结构计算机来适应应用需求提供决策依据。常用的基准测试程序分为 4 类,按测试可靠性由高至低顺序分别为实际应用测试程序、核心测试程序、小测试程序和综合测试程序。

(1)实际应用测试程序。实际应用测试程序与用户真实程序相近,通过实际应用测试程序运行及其程序运行时间,即使用户对计算机系统一窍不通,也可以对其性能有较深入的了解。对不同应用的真实程序,可以选择不同的实际应用测试程序来测定程序执行时间,如

C 编译程序、Tex 正文处理软件和 AutoCAD 工具 Spice 等。

（2）核心测试程序。核心测试程序是从真实程序中抽取少量关键循环程序段,其在真实程序中直接影响真实程序的响应时间。当然,任何用户都不可能为真实程序建立一个核心测试程序,同实际应用测试程序一样,其也可以选择不同的核心测试程序来测定程序运行时间,如 livermore Loops 和 Linpack 等。

（3）小测试程序。这类程序指程序代码 100 行以下,运行结果可以预知的针对特定要求的测试程序。小测试程序具有短小、易输入、通用等特点,适用于最基本的性能测试,如 Sieve of Erastosthenes、puzzle 和 Quicksort 等程序,用户也可以自己编写。

（4）综合测试程序。综合测试程序类似核心测试程序,在统计基础上,考虑各种操作与程序的比例,由专门机构编写的测试程序,如 Whetstone 和 Dhrystone 程序。

2. 程序运行时间的统计

由于每种测试程序都存在一定的局限性,目前逐渐普及的测试程序构建方法是从各种测试程序选择一组各方面均具有代表性的测试程序,组成一个通用测试程序集,称之为测试程序组件。当采用含有 N 个测试程序的组件来测定程序执行时间时,需要运用相关统计方法,对 N 个程序运行时间进行处理之后,才能用来衡量计算机系统性能。

（1）算术平均法。算术平均法的程序运行时间是各测试程序运行时间的算术平均值,称为算术平均程序运行时间 T_Z,即

$$T_Z = \left(\sum_{i=1}^{N} T_i \right) / N \tag{2-67}$$

式中：T_i 为第 i 个测试程序的运行时间。

（2）加权算术平均法。加权算术平均法的程序运行时间是各测试程序运行时间的加权算术平均值,称为加权算术平均程序运行时间 T_Z,即

$$T_Z = \left(\sum_{i=1}^{N} W_i \times T_i \right) / N \tag{2-68}$$

式中：W_i 为第 i 个测试程序在 N 个测试程序中所占的比重,且 $\sum_{i=1}^{N} W_i = 1$。

（3）调和平均法。调和平均法的程序运行时间是各测试程序运行时间的调和平均值,称为调和平均程序运行时间 T_Z,即

$$T_Z = N / \left(\sum_{i=1}^{N} T_i \right) \tag{2-69}$$

3. 并行基准测试程序组件

当前,用于多处理机性能测试的并行基准测试程序组件很多,比较典型的有 NPB、PARKBENCH 和 STAP 等。

1）NPB 并行基准测试程序组件

NPB 并行基准测试程序组件是 1991 年由美国通过数值空气动力学模拟（Numerical Aerodynamic Simulation,NAS）项目来开发的,测试结果以单处理机 Cray Y-MP/1 为单位（Class A）或以单处理机 Cray C-90/1 为单位（Class B）,测试范围从整数排序到复杂数值计算,目的是比较各种多处理机的性能。NPB 并行基准测试程序组件包含 5 个核心程序和 3 个流体力学的模拟计算程序。

5 个核心程序具体为：①EP(embarrassingly parallel)，用于计算 Gauss 伪随机数，由于其几乎不需要处理机之间的相互通信，所以很适合并行计算，其测试结果往往作为浮点计算性能的上限；②MG(multi grid)，用于由 4 个 V 循环多重网络算法求解三维泊松方程的离散周期近似解；③CG(conjugant gradient)，用于求解大型稀疏对称正定矩阵最小特征的近似值，以表示非结构计算与非规整远程通信计算；④FFT(fast fourier transformation)，用于求解基于 FFT 谱分析法的三维偏微分方程，并要求远程通信；⑤IS(integer sort)，用于基于桶排序的二维大整数排序，并要求大量全交换通信。

3 个流体力学的模拟计算程序具体为：①LU(lower upper triangular)，用于基于对称超松弛法求解块稀疏方程组；②SP(scalar penta-diagonal)，用于求解五对角线性方程组；③BT(block tri-diagonal)，用于求解三对角线性方程组。

2）PARKBENCH 并行基准测试程序组件

PARallel Kernels and BENCHmarks（PARKBENCH）并行基准测试程序组件是在 1992 年超级计算会议上选定的项目，其测试重点在于可扩放、分别存储、消息传递的体系结构。PARKBENCH 并行基准测试程序组件的基准程序目前还未完全定型，主要包含 4 类基准测试程序。①底层基准程序：用于测试基本结构参数，如算术运算速度、高速缓存与存储器速度、通信启动时间和带宽及其同步开销等；②核心基准程序：用于科学计算的常用子程序，如矩阵运算（稠密矩阵乘法、矩阵转置、矩阵对角化、LU 与 QR 矩阵分解等）、FFT 运算（离散傅里叶变换快速算法）等；③密集应用基准程序：目前包含谱变换（卷积的一种形式）、浅水方程（水力学中的数学模型）、3 个 NPB 模拟（发光二极管的光学模拟）；④HPF（支持数据并行程序设计的语言）编译基准程序：用于测试 HPF 编译器的性能。

3）STAP 并行基准测试程序组件

Space-Time Adaptive Processing（STAP）并行基准测试程序组件是最初由 MIT Lincoln 实验室开发，用于实时雷达信号处理的一组串行基准测试程序，后由美国加州大学改为并行。STAP 并行基准测试程序组件包含 APT、HO-PD、BM-STAG、EL-STAG、GEN 等 5 个程序，其中 GEN 是雷达信号处理应用的核心程序。

练 习 题

1. 多处理机按组织形式分，可以分为哪几种？它们各采用什么技术途径来实现并行性？各采用什么策略来进行分工？各采用什么方式来完成作业？

2. 多处理机操作系统有哪几种？各适用于哪种多处理机？哪种操作系统的可靠性最高？哪种操作系统的实现简单？

3. 多处理机有哪些特点？在其结构模型中，需要哪几种互连网络？多处理机与阵列处理机在结构、并行性、同步、资源分配调度等方面有什么差异？

4. 多处理机有哪几种组织结构？其组织结构为什么具有合一化趋势？它们各是单地址空间还是多地址空间？各采用哪种存储访问模型？

5. 多处理机的存储访问模型有哪几种？I/O 设备可以共享的是哪几种？多处理机的数据通信模型有哪几种？每种存储访问模型各对应哪种数据通信模型？

6. 并行计算机的性能评测包括哪几个层次级别？为什么要分级别来对并行计算机的

性能进行评测？

7. 并行计算机算法级性能评测的标准有哪几个？其中加速比性能定律有哪几个？各有什么结论？为什么要用这几个定律来讨论加速比？

8. 并行计算机可扩放性有哪 3 个度量标准？简要描述三个度量标准的含义，并解释这 3 个度量标准的等效性。

9. 某含有 32 台处理机的多处理机，对远程存储器的访问时间是 2000ns，除通信外，计算中的存储访问均命中局部存储器，且当发出远程请求时，本处理机挂起。处理机的时钟周期是 10ns，指令平均 CPI 为 1（所有访存均命中 Cache），求无远程访问比 0.5% 的指令需远程访问快多少？

10. 若由含 4 台处理机带共享存储器的多处理机来运行一混合程序，该多处理机有 1、2、3、4 台处理机处于活动状态 4 种运行方式。设每台处理机的速度峰值为 5MIPS，φ_i 为第 i 台处理机用于运行上述程序的百分数，μ_i 为第 i 台处理机的运行速度，且 $\varphi_1 + \varphi_2 + \varphi_3 + \varphi_4 = 1$。

（1）试用 ϕ_i 和 μ_i 推导出多处理机的调和均值运行速度 μ 的表达式，并用 μ 给出调和均值运行时间 ξ 的表达式。

（2）已知 $\varphi_1 = 0.4$、$\varphi_2 = 0.3$、$\varphi_3 = 0.2$、$\varphi_4 = 0.1$，$\mu_1 = 4\text{MIPS}$、$\mu_2 = 3\text{MIPS}$、$\mu_3 = 11\text{MIPS}$、$\mu_4 = 15\text{MIPS}$，请问上述混合程序的调和均值运行时间为多少？

11. 对于表达式 $E = a\{b + c[d + e(f + gh)]\}$，请利用减少树高的方法来加速运算，要求：① 画出树状流程图；② 计算运算级数（树高）、加速所需最少的处理机数、加速比和效率。

12. 求累加和 $A1, A2, \cdots, A8$ 的算法如下所示，其中每次加即为一个进程。采用派生汇合语句对(Fork，Join)，画出其控制的并行程序流程，编写适用于多处理机上运行的并行程序，分别画出程序在 3 台或 2 台处理机上运行时计算资源分配的时序图。

S1　$A1 = A1 + A2$

S2　$A3 = A3 + A4$

S3　$A5 = A5 + A6$

S4　$A7 = A7 + A8$

S5　$A1 = A1 + A3$

S6　$A5 = A5 + A7$

S7　$A1 = A1 + A5$

13. 对于下列程序，采用派生汇合语句对(Fork，Join)编写适用于多处理机上运行的并行程序；当该程序在 2 台处理机上运行时，除运算时间最长，加减运算时间短，请画出程序所包含进程的数据相关图和计算资源分配的时序图。

$U = A + B$

$V = U / B$

$W = A \times U$

$X = W - V$

$Y = W \times U$

$Z = X / Y$

14. 有 5 个程序段 P_1、P_2、P_3、P_4、P_5，它们分别为 5 个矩阵运算的表达式：

P_1：$\boldsymbol{X} = (\boldsymbol{A} - \boldsymbol{B}) \times (\boldsymbol{A} + \boldsymbol{B})$

P_2：$\boldsymbol{Y} = (\boldsymbol{C} + 1) \times (\boldsymbol{C} + \boldsymbol{D})$

P_3：$\boldsymbol{Z} = (\boldsymbol{E} - 1) \times (\boldsymbol{E} - \boldsymbol{F})$

P_4：$\boldsymbol{G} = \boldsymbol{X} + \boldsymbol{Y}$

P_5：$\boldsymbol{H} = \boldsymbol{X} + \boldsymbol{Z}$

其中：$\boldsymbol{A}$、$\boldsymbol{B}$、$\boldsymbol{C}$、$\boldsymbol{D}$、$\boldsymbol{E}$、$\boldsymbol{F}$、$\boldsymbol{G}$、$\boldsymbol{H}$、$\boldsymbol{X}$、$\boldsymbol{Y}$、$\boldsymbol{Z}$ 均为 $N \times N$ 的矩阵，请判断 P_1、P_2、P_3、P_4、P_5 5 个程序段的并行性。

15. 请分别计算在下列计算机中，$s = \sum_{i=1}^{s}(a_i + b_i)$ 所需要的时间（尽可能画出时序图），假设访存时间不计，加与乘分别需要 2 拍和 4 拍。另设在 SIMD 和 MIMD 计算机中，PE 或处理机之间传送一次数据所需时间为 1 拍，在 SISD 计算机中不计。在 SIMD 计算机中，PE 之间采用线性双向环状（每个 PE 与其左右两个相邻 PE 直接双向）互连，而在 MIMD 计算机中，每台处理机同其他处理机均有直接通路。

(1) 具有一个通用 PE 的 SISD 计算机。

(2) 具有一个加流水线和一个乘流水线的 SISD 计算机。

(3) 具有 8 个 PE 的 SIMD 计算机。

(4) 具有 8 台处理机的 MIMD 计算机。

16. 请分别计算在下列计算机中，$s = \prod_{i=1}^{s}(a_i + b_i)$ 所需要的时间（尽可能画出时序图），假设访存时间不计，加与乘分别需要 30ns 和 50ns。另设在 SIMD 和 MIMD 计算机中，PE 或处理机之间传送一次数据所需时间为 10ns，在 SISD 计算机中不计。在 SIMD 计算机中，PE 之间采用线性单向环状（每个 PE 与其左右两个相邻 PE 直接单向）互连，而在 MIMD 计算机中，处理机之间是全互连的。

(1) 具有一个通用 PE 的 SISD 计算机。

(2) 具有一个加流水线和一个乘流水线的 SISD 计算机。

(3) 具有 8 个 PE 的 SIMD 计算机。

(4) 具有 8 台处理机的 MIMD 计算机。

17. 设程序有 M 个任务，在含有 A 和 B 两台处理机的多处理机上运行，每个任务在 A 处理机的有效计算时间为 T_R，在 B 处理机的有效计算时间为 $2T_R$，不考虑数据通信开销，应如何分配任务，可以使程序运行时间最短？最短时间为多少？

18. 设 α 为某多处理机中 N 台处理机可以同时执行的程序代码的百分比，其余代码必须由单台处理机顺序执行，N 台处理机的计算速度相等且为 d MIPS。

(1) 推导出该多处理机执行该程序时的有效 MIPS 的表达式。

(2) 设 $N = 16$，$d = 4$，若要求计算速度为 40MIPS，α 应为多少？

19. 若某多处理机可采用常规和提高两种方式执行一个程序，使用常规方式的概率为 α，使用提高方式的概率为 $1 - \alpha$。

(1) 设 $0 < \alpha < 1$，推导出调和均值加速比的表达式。

(2) 设 $\alpha \rightarrow 0$ 或 $\alpha \rightarrow 1$，计算调和均值加速比。

20. 对于两台处理机基本性能模型,若一台处理机的速度是另一台处理机的 2 倍,这时应如何分配任务可以达到最优性能?

21. 对于 N 台处理机基本性能模型,通信开销等于一次通信时延与通信次数的乘积。而在一个令牌环内,传送时间与处理机数成正比,设计一个可以体现令牌环特性的模型,并为模型设计一个任务优化分配调度算法。

22. 若使用含有 100 台处理机的多处理机可以获得加速比为 80,求原程序中串行部分所占的比例。

23. 某并行计算机的通信开销计算式为 $C(m)=46+0.035m$,其渐近带宽和半峰值长度各为多少?

24. 采用 STAP 测试程序组件,测得在含有 256 个节点的 SP_2 并行计算机上运行 APT 程序的时间为 0.16s、速度为 9GFLOPS、加速比为 90,设单节点峰值速度为 266MFLOPS、小时费用为 \$10,试计算其利用率。与单节点相比,哪个成本更有效?

25. 两个 $M \times M$ 的矩阵相乘,串行计算时间为 $T_1 = CM^3$(s),C 为常数;在 N 个节点的多处理机上的并行计算时间为 $T_N = (CM^3/N) + bM^2/\sqrt{M}$(s),其中前一项为计算时间,后一项为通信开销,$N$ 为常数。试计算:①固定负载时的加速比,并讨论其结果;②固定时间时的加速比,并讨论其结果;③存储受限时的加速比,并讨论其结果。

26. 试采用等效率函数法分析:对于 $\sqrt{M} \times \sqrt{M}$ 网格状网络,n 点快速傅里叶变换(fast fourier transform,FFT)算法的可扩放性(对照 FFT 算法与网格状网络连接关系,处理机之间的通信仅发生在同一行或同一列,且对大通信跨步为 $\sqrt{M}/2$)。设通信建立时间、跨步时延时间、单位信包传送时间、单位计算时间分别为 a、b、c、d,试计算:①处理机 P_i 的通信跨步数;②总通信时延时间;③等效率函数 $f_E(N)$。

27. 某程序单位工作负载为 $W=1$,且串行分量比为 $h=0$,当考虑并行与通信开销时,按 Gustafson 加速定律计算下列固定时间的加速比:①并行通信开销 $T_0 = O(N^{-05})$;②并行通信开销 $T_0 = O(1)$;③并行通信开销 $T_0 = O(\log N)$。

第3章
特殊多处理机与多处理机实例

多处理机体系结构虽然复杂多样,但经过二十多年的研究与发展,也逐步形成了应用范围广、体系结构相对稳定的多处理机。本章讨论了:多核处理器、机群多处理机、大规模并行多处理机的组织结构与性能特点及其分类,多核处理器的发展缘由及其多线程超线程技术,机群多处理机软件的组织结构及其单一系统映像,大规模并行多处理机软件的组织策略。介绍了机群多处理机的关键技术、MPP 的支持技术、各种典型多处理机的体系结构及其节点与互连网络的组成结构。

3.1 高性能微处理器及其多线程

3.1.1 多核与多核处理器

1. 多核处理器及其与多处理机的差异

多核处理器指在一个处理器中集成多个(两个或两个以上)运算核心或计算引擎,通过任务划分来充分利用多个运算核心,并行处理多个任务。可见,核心可以认为是增强型运算单元,核心与核心之间联系非常紧密。另外,也可以认为处理器核心是一个相对简单的单线程微处理器或比较简单的多线程微处理器,多个微处理器就可以并行地执行程序代码,实现线程级并行。所以,多核处理器又可以称为单芯片多处理器(chip multiprocessors,CMP)。最早的多核是双核,由 IBM、HP、SUN 等支持 RISC 架构的高端服务器厂商提出。多核处理器性能发挥的基础是多线程技术,如果运行单程序、处理单任务,在同频率时,多核处理器与单核处理器的实际性能是一样的。

多核处理器与多处理机是不同的概念,多核处理器是一个处理器中包含多个共享多级 Cache 的运算核心,一枚处理器芯片内部通过高速总线连接,使多个运算核心协同工作;多处理机是一台处理机中包含多个处理机,处理机通过主板线路连接,使多个处理机交互作用。

2. 多核处理器的性能特点

由于多核处理器采用相对简单的微处理器作为处理器核心,使得多核处理器主要具有以下几个显著的特点。

(1) 控制简单容易实现。相对超标量结构与超长指令字结构,多核结构控制逻辑的复杂性明显低得多,相应的多核处理器的硬件实现必然简单得多。

(2) 高主频。由于多核结构的控制逻辑相对简单,包含极少的全局信号,因此线时延对其影响比较小;在同等工艺条件下,多核处理器的硬件实现能够获得比超标量微处理器和超长指令字微处理器更高的工作频率。

（3）低通信时延。由于多个简单处理器集成在一枚芯片上，且共享多级 Cache 或主存，多线程之间的通信时延会明显降低，当然这也对存储层次提出了更高要求。

（4）低功耗。通过动态调节电压/频率、负载优化分布等，可有效降低多核处理器功耗。

（5）设计与验证周期短。微处理器厂商一般采用现有的成熟单核处理器作为处理器核心，从而可缩短设计和验证周期，节省研发成本，也便于扩展。

3. 多核处理器的分类

多核处理器可以按共享存储层次和处理器核是否相同来分类。

按共享存储层次来分，可以把多核处理器分为 3 种：共享一级 Cache、共享二级 Cache、共享主存，这种分类侧重于存储层次的组织和处理器核的连接。在共享一级 Cache 的多核处理器结构中，一级 Cache 由多个处理器核所共享，也就是处理器核在一级 Cache 这个层次上相连接。在共享二级 Cache 的多核处理器结构中，每个处理器核拥有独立的一级 Cache，二级 Cache 由多个处理器核所共享，即处理器核在二级 Cache 这个层次上相连。在共享主存的多核处理器结构中，每个处理器核不仅拥有独立的一级 Cache，还拥有独立的二级 Cache，或存储系统中不设 Cache，主存由多个处理器核所共享，即处理器核在主存这个层次上相连接。若应用程序的通信量大时，共享一级 Cache 多核处理器结构的性能优于另两种多核处理器结构；若应用程序的通信量小时，共享一级 Cache 多核处理器结构的性能与另两种差不多。但共享一级 Cache 多核处理器结构的设计较为复杂，处理器核之间的耦合度比较高，在处理器数目增加时可扩展性较差。

按处理器核是否相同来分，可以把多核处理器分为两种：同构的和异构的，这种分类侧重于处理器核的结构与功能。同构多核处理器一般由通用处理器核组成，多个处理器核执行相同或类似的任务，如 Intel 公司、AMD 公司推出的面向 PC 的双核、4 核、8 核处理器都属于同构多核处理器。异构多核处理器除含有通用处理器核作为控制、通用计算之外，还集成 DSP、ASIC、媒体处理器、VLIW 处理器等针对特定的应用来提高计算的性能。

3.1.2 多核处理器产生的原因

1. 单核处理器的局限性

从 2008 年开始，单核处理器基本停产，取而代之的是多核处理器。单核处理器的局限性主要体现在以下几个方面。

（1）实现指令级的并行度有限。理想处理器指消除了所有指令级的并行约束，具有无限发射指令的能力的处理器。当然，这种处理器是不可能出现的，也是难以实现的。指令级并行约束是指令之间的相关性，相关性分析单靠静态编译分析是远远不够的，更多需要硬件动态分析。用于存储被检测指令集合的窗口大小受限于存储容量、能够承受的比较次数、寄存器的数目和有限的发射速率等，而窗口大小又直接限制了在给定时钟周期内处理指令的数量。另外，一个时钟周期发射指令数量、功能单元及其时延时间与队列长度、寄存器文件端口、对转移发射的限制、对存储器并行访问的限制和对指令提交的限制等都是影响指令级并行的因素。

（2）处理器主频与主存、I/O 访问速度的发展极不平衡。2007 年以前，处理器的主频每

2 年翻一番,而主存的访问速度每 6 年提高一倍、I/O 的访问速度每 8 年提高一倍,这种不平衡已经成为单核处理器性能提高的瓶颈。单纯依靠提高处理器主频来提升整机的性能已经不可行,反而会造成效率降低,因为大部分时间 CPU 都在等待主存或 I/O 访问的返回才能继续下一步的工作。

(3) 频率已近极限、功耗大。单核处理器功耗有静态功耗与动态功耗之分,静态功耗随晶体管的数量成比例增大,动态功耗与晶体管的切换次数与切换速率的积成正比。处理器的频率越高,晶体管的切换次数与速率越大,动态功耗的比例越大。对于多发射处理器,相关分析的逻辑开销增长比发射率的增长要快,发射速率峰值的增大同晶体管的切换次数成正比。为了得到更高的性能,必然持续维持高逻辑开销和高发射速率,从而带来高动态功耗。一般认为,当处理器主频提高到 4 GHz 时,几乎接近目前集成电路制造工艺的极限,也限制了超标量的宽度和超流水的深度。

(4) 性价比变低。高频处理器使得设计和验证所花费的时间变得更长,设计对工艺要求非常高、成品率较低、生产难度大,由此导致成本高,往往性价比较低。

2. 多核处理器产生的基础

单核处理器的局限性是多核处理器产生的前提条件,技术发展和应用需求则是多核处理器产生的基础和必然要求。

(1) 门时延逐渐缩短,线时延不断增长。随着 VLSI 工艺技术的发展,晶体管特征尺寸不断缩小,使得晶体管门时延不断减少,但互连线时延却不断变大。当芯片的制造工艺达到 $0.18\mu m$ 甚至更小时,全局连线时延已经超过门时延,成为限制电路性能提高的主要因素。在这种情况下,由于多核处理器是分布式结构,全局信号较少,与集中式结构的超标量处理器结构相比,克服线时延影响更具优势。

(2) 符合 Pollack 规则。按照 Pollack 规则,处理器性能的提高与其复杂性的平方根成正比。如果一个处理器的硬件逻辑提高一倍,至多能提高性能 40%;而如果采用两个简单的处理器构成一个相同硬件规模的双核处理器,则可以获得 70%~80% 的性能提升,同时面积也同比缩小。

(3) 有效降低功耗。随着工艺技术的发展和芯片复杂性的增加,芯片的发热现象日益突出。多核处理器中单个核的速度较慢,处理器消耗的能量较少,产生的热量也较少。同时,原来单核处理器中增加的晶体管可用于增加多核处理器的核。在满足性能要求的基础上,多核处理器通过关闭(或降频)一些处理器核等低功耗技术,可以有效地降低功耗。

(4) 有效降低设计成本。随着处理器结构复杂性的不断提高和人力成本的不断攀升,处理器设计成本随时间呈线性甚至超线性地增长。多核处理器通过处理器的复用,可以极大降低设计的成本,同时模块的验证成本也显著下降。

(5) 体系结构发展的必然。超标量结构和超长指令字结构已广泛应用于高性能微处理器,但它们都遇到了难以逾越的障碍。超标量结构使用多个功能部件并行处理多条指令,实现指令级并行,但控制逻辑复杂、实现困难,研究表明:超标量结构的并行度一般不超过 4。超长指令字 VLIW 结构使用多个相同功能部件执行一条超长的指令,但也有两大问题:编译技术支持和二进制指令代码的兼容。而多核处理器可以充分利用应用程序的指令级与线程级并行性,从而可显著提高性能。

3.1.3　多线程与超线程

1. 线程及其与进程的区别

在一些应用程序中,蕴藏大量任务或作业等高级别并行,而开发指令级并行的方法对任务或作业的并行无能为力。例如,在联机事务处理系统中,查询操作和更新操作常常互不相关,可以并行处理。因此,便在指令并行与任务或作业并行之间,提出线程并行(thread level parallelism,TLP)。线程指可以独立执行的顺序控制的程序段,它拥有自己的指令与数据,且具备执行的所有条件(指令、数据、状态等)及其资源(PC、寄存器组、堆栈等)。一个线程可以是并行程序的一部分,也可以是一个独立的程序。

线程与进程不同,进程是整个程序或部分程序的动态执行实例,线程是进程内部的一个执行单元,线程比进程"轻巧"得多。一个进程包含一个到多个线程,不同进程有不同数据空间,而多个线程可以共享数据空间。线程切换时仅需要保存和设置少数寄存器内容,开销很小,仅需要几个时钟周期甚至仅需要一个时钟周期;而进程切换一般需要成百上千个时钟周期。

2. 多线程及其分类

多线程指同一程序中的多个线程并行运行,以处理不同的任务,在单核处理器中实现多线程的技术称为多线程技术。在指令级并行过程中,由于存在相关或停顿,在数据路径上经常会有一些空闲的功能单元。如果通过巧妙安排,使多个线程以重叠方式共享处理器中的功能单元,从而利用由指令级并行造成空闲的功能单元。为了支持多个线程共享功能单元,处理器必须为每个线程保持指令状态。例如,每条指令都需要有一个独立的寄存器文件副本、一个独立的 PC 值及一个独立的页表;主存储器则可以通过虚拟存储机制实现共享。此外,硬件还必须对不同线程之间的快速切换提供支持。

按线程粒度大小,多线程可分为两种:细粒度多线程和粗粒度多线程。

细粒度多线程指可以在指令之间进行线程切换,使多个线程交替处理。在某线程停顿时,切换到其他线程去处理其中的指令,从而可以在任一时刻跳过所有停顿的线程,也就要求处理器必须具有在任意时钟周期切换线程的能力。细粒度多线程的优点是可以隐藏由停顿引起的吞吐量损失,缺点是降低了每个线程的处理速度(其他线程指令的插入执行使线程不能连续执行)。

粗粒度多线程指仅遇到代价较高的停顿时(如第二级 Cache 不命中)才发生线程切换,从而在很大程度上避免处理器速度的降低。由于粗粒度多线程的处理器从单独线程发射指令,因此当停顿发生时,流水线必须被清空或暂停,停顿后开始处理新线程,新线程指令必须填满流水线后,才开始有指令结束。这就使得粗粒度多线程的流水线启动开销(建立时间)较大,克服吞吐量损失的能力有限。不过,对于较长的停顿而言,这种启动开销通常可以忽略不计。

3. 超线程技术及其实现

超线程指将一个物理处理器在逻辑上当作两个处理器使用,以使处理器可以并行处理多个线程,提高处理器的效率。超线程技术是利用特殊的硬件指令,把两个逻辑核模拟成两个物理芯片,使单处理器都能实现线程级并行,减少处理器的空闲时间。通常把可以实现超线程技术的处理器称为超线程处理器,其他的称为单线程处理器。

当采用超线程技术使操作系统或应用程序的多个线程运行于一个超线程处理器上时,两个逻辑核共享物理处理器的功能单元,这样可以使得物理处理器的处理能力提高 30%。

单线程处理器虽然可以每秒处理成千上万条指令,但在许多时刻,仅对某个线程的一条指令进行处理,从而导致处理器许多功能单元空闲。而超线程处理器通过并行执行多个线程,使得处理器在任何时刻都可以并行处理多条指令,避免功能单元的空闲。超线程处理器的两个逻辑核均可以单独进行中断响应,当第一个逻辑核跟踪处理一个线程时,第二个逻辑核则开始跟踪处理另一个线程,且为了避免功能单元的冲突,第二个逻辑核的线程仅需要使用被第一个逻辑核的线程闲置的功能单元。例如,第一个逻辑核的线程执行的浮点运算,使用浮点运算单元,那么第二个逻辑核的线程可以执行的整数运算,使用整数运算单元。

超线程技术由 Intel 公司提出,最早出现在其 2002 年推出的 Pentium 4 上,但由于当时支持的应用软件缺乏,其优势无法体现,之后 Intel 公司推出的微处理器也未应用该技术。直到 2009 年 Core i 系列处理器的诞生,超线程技术开始全面应用推广,如 4 核 Core i7 可以支持 8 个线程。

4. 超线程与双核的区别

基于超线程技术的单核处理器 Pentium 4 与基于多核技术的双核处理器 Pentium D,在操作系统中均被识别为具有两个处理器,但有本质区别。支持超线程的 Pentium 4 是两个逻辑处理器可以并行处理两个线程,但它们并没有独立的功能单元、寄存器、总线接口和缓冲存储器等,并行处理两个线程共享资源,若两个线程同时需要同一资源,其中一个线程必须暂停,可以认为:超线程技术通过软途径来优化利用处理器中的资源,以提高运行效率。支持双核的 Pentium D 是两个物理处理器核可以并行处理多个线程,每个物理核有独立的功能单元、指令集等,性能比超线程 Pentium 4 高得多,可以认为:双核技术是通过硬途径来提高性能的。

3.1.4　多线程实现途径及其支持技术

多线程实现有软件和硬件两条途径,即按实现途径,多线程实现可分为软件多线程和硬件多线程两种。

1. 软件多线程及其支持技术

软件多线程指在单处理器上实现多线程,使多个线程共享同一个计算资源,由操作系统通过动态改变线程运行优先级来调度线程。当某线程等待某些资源时,可进行线程切换,让另一个线程运行。软件多线程通过多个线程共享 Cache 进行数据交换,通信开销被隐藏。如图 3-1 所示为软件多线程运行状态时空图,图中由不同填充模式的条形表示线程所处的不同状态。

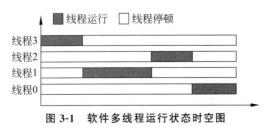

图 3-1　软件多线程运行状态时空图

2. 硬件多线程及其支持技术

硬件多线程指在多核处理器或多个处理器上实现多线程,多个线程使用不同的计算资源,使多个线程真正并行运行,获得比单处理器高得多的性能。硬件多线程通过显式硬件通信实现,线程之间存在通信开销。运行于不同处理器(核)的各个线程分别具有自己的优先级,某个处理器(核)上线程的运行不受其他处理器(核)上的线程优先级的影响,从而使线程之间的同步和互斥较复杂。如图 3-2 所示为硬件多线程运行状态时空图。

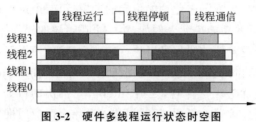

图 3-2　硬件多线程运行状态时空图

对于硬件多线程,处理器任务分配是资源分配的重要内容,它在区分支持多线程的处理器核、单芯多核和多芯多处理器等硬件资源的基础上,既要充分开发程序中的并行性,使各个处理器的负载相对平衡,又要尽量减少线程之间的通信开销。处理器任务分配即是线程和处理器之间的一种映像,它可以由操作系统实现,也可以由应用程序员指定。操作系统的调度算法一般尽可能将线程映像到线程先前所运行的处理器上,这样可以利用可能仍缓存在原处理器 Cache 内的数据,提高 Cache 命中率。但操作系统仅能根据一般规律实现线程映像,不可能根据特殊的硬件分配或特殊的应用特征进行优化。

应用程序的线程映像算法需要相应的优化工具帮助,通过设置线程映像屏蔽向量来指定线程可以运行的处理器,从而实现针对具体应用的优化映像。线程映像屏蔽向量是它所属的进程映像屏蔽向量的一个子集,它的每一位对应一个处理器(核),该位为 1 表示可以在对应的处理器上运行,为 0 则不可以。而多线程并行程序设计面临多线程可伸缩性,它是衡量在性能更加强劲多核处理器上运行时能否有效利用更多线程的指标。例如,一个应用程序是面向 4 核处理器编写的,若该程序运行于 8 核处理器上时,其性能是否能线性增长,可通过该指标衡量。

另外,为了实现负载平衡,不仅需要进行资源分配,还需要进行任务分割,计算任务的分割是资源分配的基础。在任务分割与调度过程中,必须尽量减少分割调度开销、上下文切换开销和线程间的同步开销。

3.1.5　多核同时多线程

1. 同时多线程及其资源利用状态

同时多线程(simultaneous multi threading,SMT)是对多线程的一种改进,它使用多发射和动态调度机制在开发线程级并行的同时开发指令级并行,即将线程级并行转换为指令级并行。由于现代多发射处理器的指令级并行度通常较大,单个线程已无法有效地利用这种并行度。而采用寄存器重命名、保留指令各自的 PC 值、动态调度和为来自多个线程指令的提交提供支持等措施,来自各个独立线程的多条指令可以被同时发射,不必考虑指令间的相关性。相关指令由动态调度来处理,因此线程级并行与指令级并行可同时开发,并且可以在乱序流动处理器的基础上实现。

如图 3-3 所示为不支持多线程超标量处理器的资源利用状态,图中横向表示每个时钟周期的指令发射能力(宽度即为可以并行执行的指令数亦即流水深度)、纵向表示时钟周期序列、空白一行方格表示对应时钟周期没有指令发射、不同填充方格表示不同线程的指令。可见,在不支持多线程的超标量处理器中,由于缺乏足够的指令并行而限制了多发射槽的利用率,特别地在指令高速缓存不命中时还会出现严重的停顿,将导致整个处理器处于空闲。

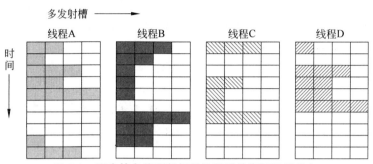

图 3-3 不支持多线程超标量处理器的资源利用状态

如图 3-4 所示为支持粗粒度多线程、支持细粒度多线程、支持同时多线程的超标量处理器的资源利用状态。对于支持粗粒度多线程的超标量处理器,通过线程切换隐藏了长时间停顿带来的开销,提高了资源的利用率,由此减少了完全空闲的时钟周期;但由于指令并行度有限,且仅发生停顿时才进行线程切换,新线程还需要启动时间,所以仍然存在一些完全空闲的时钟周期。对于支持细粒度多线程的超标量处理器,线程交替执行消除了完全空闲的时钟周期;但由于在同一时钟周期内,仅可以发射同一线程的指令,加上指令并行度有限,使得很多时钟周期多发射槽的空闲率仍然较大。对于支持同时多线程的超标量处理器,允许同一时钟周期内发射不同线程的指令,理想情况下,多发射槽的利用率仅受限于多个线程对资源的需求和可用资源的不平衡。当然,实际中还受限于其他因素,如活动线程的个数、缓冲区的大小、从多线程并行取出指令的能力、线程间哪些指令组合可以并行发射等。可见,由于一般情况下动态超标量处理器通常采用深度流水,因此采用粗粒度实现的多线程对性能改进不明显,只有采用细粒度或同时多线程实现才有意义。

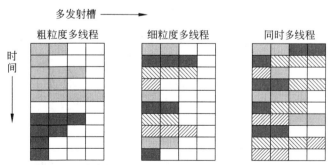

图 3-4 3 种支持多线程超标量处理器的资源利用状态

2. 同时多线程实现的支持技术

当采用细粒度多线程时,为了避免细粒度调度对单个线程性能的影响,可以应用优先线程的方法。优先线程指预取与发射指令具有优先权,只有优先线程停顿或无法发射的情况下,才启动或运行其他线程。但优先线程的数量必须限制,如果有两个优先线程,那么就需要同时预取两个指令流,这会增加取指单元和指令 Cache 的复杂度。另外,采用优先线程方法时,由于多发射的指令不能来自多个线程,所以若优先线程被停顿,处理器将会损失一些吞吐率。只有足够多的线程混合执行,才能隐藏各种情况下的停顿,使吞吐率最大化。所以,多线程处理器必须在单个线程性能与多个线程性能之间进行综合权衡,从而引出了同时多线程。

同时多线程通过将线程级并行转换为指令级并行,以实现多个线程的指令混合同时执行,但这时仍然需要考虑优先线程,只有当优先线程的缓冲区填满之后,才为其他线程预取指令;另外,为提高单个线程性能,还可以限制多线程的并发数。对于同时多线程,需要许多虚拟寄存器用于为各线程配备更多寄存器组(每个线程均有一个独立的重命名表),以保存线程现场。由于寄存器重命名机制为各寄存器提供了唯一标识,使得多个线程的指令可以在数据路径上混合执行,而不会导致线程之间的源操作数和目的操作数混乱。所以,只要为每个线程设置重命名表、程序计数器,并为多个线程提供指令确认能力,多线程就可以乱序执行。

3. 高性能微处理器体系结构

对于指令级并行,既可以利用流水线技术实现指令并发执行,又可以利用超标量、超长指令字或多核等技术实现指令同时执行。对于线程级并行,既可以利用多线程单核处理器支持并发处理,又可以利用单线程多核处理器支持同时处理。目前,高性能微处理器由开发指令级并行逐渐转向开发线程级并行,其体系结构的变化过程为单核单线程、单核多线程、多核单线程和多核多线程,如图 3-5 所示。

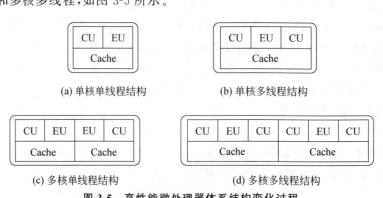

(a) 单核单线程结构   (b) 单核多线程结构

(c) 多核单线程结构   (d) 多核多线程结构

图 3-5   高性能微处理器体系结构变化过程

特别地,在 Pentium 系列微处理器中,Pentium 属于单核单线程,Pentium 4 属于单核多线程,Pentium D 属于多核单线程,Pentium EE 属于多核多线程。另外,目前的微处理器都是 3 核、4 核、6 核和 8 核的,面向服务器和工作站的有 10 核和 12 核的,如 Intel 的 Xeon E5。

3.1.6   典型多核微处理器——T1

1. T1 多核微处理器的组织结构

T1 是 SUN 公司于 2005 年推出的多核微处理器,其建构策略为:重点开发线程级并行性,而不像大多数的处理器是开发指令级并行;主要用于桌面计算或服务器。T1 多处理器同时采用多线程和多核技术的单发射微处理器,以全面提高吞吐率。

T1 微处理器包含 8 个处理器核,每个核为一条 6 个功能段的单发射流水线,最多支持 4 个线程,且单发射流水线中有一个功能段用于线程切换,所以实际类似于 5 个功能段,其体系结构如图 3-6 所示。T1 微处理器采用细粒度多线程,每一个时钟周期均可以切换到新线程,且线程调度时可以跳过因流水线时延或 Cache 不命中而处于等待状态的线程,仅当 4 个线程均处于等待或停顿时,才会出现空闲状态。它的 load 和分支指令的时延为 3 个时钟周期,但它们都可以通过执行其他线程而被隐藏。特别地,由于浮点运算并不是 T1 微处理器的关注点,因此 8 个核共享一个浮点运算部件。

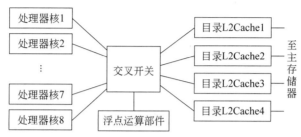

图 3-6 T1 多核微处理器的组织结构

T1 微处理器每个核中均带有第一级高速缓存,高速缓存容量为 16KB 指令高速缓存和 8KB 数据高速缓存,块容量为 64B,在无竞争情况下,L1 不命中开销为 23 个时钟周期。8 个处理器核通过一个交叉开关与 4 个独立的第二级(L2)高速缓存及浮点运算部件相连,每个 L2 高速缓存容量为 750KB 且和主存储器相连,块容量为 64B,在无竞争情况下,L2 不命中的开销为 110 个时钟周期。L2 高速缓存采用目录表法实现高速缓存数据的一致性,且每个 L2 高速缓存块在目录表中都有对应的一项。目录表法类似于目录协议法,目录协议中的目录表用于记录哪些高速缓存中有主存块的副本,而目录表法用于记录哪些 L1 高速缓存中有 L2 高速缓存块的副本。通过把每个 L2 高速缓存与一个具体的主存储器相关联,并强制实现包含性,使得可以把目录表放在 L2 级上,而不是放到主存中,有效地减少访问目录的开销。由于 L1 数据高速缓存采用写直达法,所以实现一致性仅需要写作废消息,且所访问的数据最终都可以从 L2 高速缓存中获得。

2. T1 多核微处理器的性能

利用 3 个面向服务器的基准测试程序:TPC-C、SPECJBB、SPECweb99,对 T1 微处理器进行性能测试,各测试程序对应的每线程 CPI、每核 CPI 及有效 IPC(每个时钟周期完成指令数)等性能指标如表 3-1 所示。特别地,由于 SPECweb99 不能扩展到 8 个处理器核上以利用 32 个线程,所以是在 T1 的 4 核版本上运行的,TPC-C 和 SPECJBB 都是在 8 核 32 个线程的版本上运行的。由于 T1 是一个细粒度多线程处理器,且每核可以支持 4 个线程,所以在并行性足够多时,理想的每线程 CPI 是 4,即每个线程是每 4 个时钟周期完成一条指令,每核 CPI 为 1。这是因为在每 4 个时钟周期中,4 个周期平均分配给 4 个线程,这样每个线程仅能执行一个时钟周期。而有效 IPC=8/每核 CPI。

表 3-1 T1 微处理器的测试性能

基准测试程序	每线程 CPI	每核 CPI	8 核有效 CPI	8 核有效 IPC
TPC-C	7.2	1.80	0.225	4.4
SPECJBB	5.6	1.40	0.175	5.7
SPECweb99	6.6	1.65	0.206	4.8

对于 3 个测试基准程序,T1 微处理器的有效吞吐率仅有理想值的 56%～71%。似乎不太有效,但与超标量处理器相比,已经提升很多。像 Itanium 2(与 T1 相比,晶体管更多、功耗更高、硅面积相当)处理器,若想持续达到每个时钟周期完成 4.5～5.7 条指令,则需要难以置信的指令吞吐率,因为 4.5～5.7 已经是比普遍认可的 IPC 高出一倍多。显然,对于面向整型运算的多线程的服务器,多核处理器比单核多发射超标量处理器要好得多。

3. 多核微处理器的比较

在近期推出的处理器中,与采用多发射双核的 Power 5、Opteron、Pentium D 多核微处理器相比,T1 多核微处理器独具特色,除开发并行性级别(ILP 与 TLP)存在不同之外,还存在许多差异,如表 3-2 所示。

表 3-2　多核微处理器的比较

属性或性能	SUN T1	AMD Opteron	Intel Pentium D	IBM Power 5
核数量	8	2	2	2
每核每时钟发射指令数	1	3	3	4
多线程	细粒度	No	SMT	SMT
Cache L1 I/D KB per core L2 per core/shared L3(off-chip)	16/8 3MB shared	64/64 1MB/core	12k uops/16 1MB/core	64/32 L2：1.9MB Shared L3：36MB
存储器峰值带宽(GB/s)	34.4	8.6	4.3	17.2
峰值 MIPS/MFLOPS	9600/1200	7200/4800	9600/6400	7600/7600
时钟频率/GHz	1.2	2.4	3.2	1.9

(1) 对浮点运算支持的差异。Power 5 重点关注浮点运算及其性能,Opteron 和 Pentium D 也有许多浮点运算资源,但 T1 并不关注,所以其 MFLOPS 仅为 1200,远小于其他 3 种多核处理器。

(2) 多处理器扩展能力的差异。Power 5 扩展能力最强,Opteron 和 Pentium D 具有一定的扩展支持,T1 不支持扩展。

(3) 存储器峰值带宽的差异。T1 存储器的峰值带宽最高,Power 5 其次,Opteron 和 Pentium D 较低。

对于基于线程级并行的 T1 多核处理器,若由足够多的线程使其所有核均处于忙碌状态,且所有线程的性能均可以接受,那么 T1 具有显著的优势。但线程级并行是否具有绝对性还不能确定;因为在桌面计算机和服务器中,单线程性能仍然极其重要。

3.2　机群多处理机

3.2.1　机群多处理机及其性能特点

1. 机群多处理机及其结构模型

由于高性能微处理器的出现和局域网带宽的不断提高,为了极大地降低多处理机的造价,人们基于微处理器技术、网络通信技术和并行编程环境,于 20 世纪 90 年代中期便设想利用高性能微处理器和局域网来建构多处理机,由此出现了机群(Cluster)多处理机。所谓机群多处理机指利用高速商品化网络将若干高性能工作站或高档 PC 连接在一起,并在并行程序设计及可视化人机交互集成开发环境支持下,统一调度、协调处理,实现高效并行处理的多处理机。机群多处理机的结构模型见第 2 章图 2-9。

机群多处理机的节点可以同构,也可以异构;其每个节点一般是一台完整的计算机,拥有本地磁盘和操作系统,可以作为一台单独的计算机资源供用户使用,也可以是对称多处理机。机群中的这些计算节点以松散耦合互连,但对用户是以单一形象呈现的,作为一个单一集中的计算资源来使用。从功能来看,机群中的节点可以分为 3 种类型:①用于完成计算任务的计算节点,它具有很强的计算能力;②用于完成人机信息交换和运行操作系统的管理节点;③用于完成 I/O 操作的 I/O 节点,它即是一台 I/O 设备。

机群多处理机的互连网络可以是普通商品化网络(如以太网、FDDI、ATM 等),也可以是专用定制网络。当采用普通商品化网络时,机群仍不同于局域网。局域网是分布式的多计算机,各台计算机各自独立工作,通过局域网共享资源,对用户不是以单一形象呈现的。机群是分布式的多处理机,节点机之间采用消息传递模型进行数据通信,对用户是一个计算资源,屏蔽了节点和网络的异构性。

2. 机群多处理机的性能特点

新型结构的机群多处理机一经问世就受到广泛关注,其原因在于它同其他多处理机相比,具有许多明显的优势。机群多处理机最核心的优势是:随着微处理器技术、网络通信技术和并行编程环境等的发展,其各方面的性能均可以得到改善和提高。例如,由于松散耦合带来数据通信的瓶颈问题,因为高性能通信协议的出现而得到缓解;随着 PVM、MPI、HPF、OpenMP 等并行编程模型的应用与成熟,使的并行应用程序的开发更加容易方便。机群多处理机还有以下特点。

(1) 开发周期短。由于机群多处理机采用商品化的工作站和局域网来建构,这样既不需要研制计算节点,又不需要研制操作系统和编译软件,开发的重点仅在于数据通信软件和并行编程环境,从而极大地减少了开发研究的时间。

(2) 性价比高。作为巨型或大型计算机的多处理机,生产量不大,价格均比较贵,往往达几百万甚至上千万美元。而机群多处理机采用商品化的节点和互连网,生产量极大,价格很低,机群多处理机的价格比其他多处理机要低 1~2 个数量级。随着 RISC 和通信等技术的发展,微处理器和局域网的性能价格比不断提高,使得机群多处理机的性价比还在不断提高。

(3) 可靠性高。机群多处理机的计算节点一般都是兼容的且相互独立工作,所以某计算节点失效不仅不会影响其他节点的工作,而且其计算任务可以迁移到其他节点继续完成,从而可以有效地避免因单节点失效带来整体运行的停顿。

(4) 扩展性强。机群多处理机结构灵活,可以将不同体系结构、不同性能的工作站连在一起组成一个整体,且还是利用商品化网络松散耦合的,所以规模容易扩充、节点便于配置与替换,使得其还具有资源利用率高的优势。

(5) 用户编程方便。机群多处理机的程序并行化只是在原有 C、C++ 或 FORTRAN 串行程序中插入相应的通信原语,用户仍使用熟悉的编程环境。另外,其可以继承原有的软件资源,只需对原有的串行程序做有限修改便适用于机群多处理机。

但机群多处理机也存在不足之处。由于机群多处理机的节点是一台完整的计算机,其维护是面向每个节点的,所以维护工作量大、费用较高。对此,目前许多机群多处理机都采用 SMP 为节点,这样便可以减少节点数量。

3.2.2　机群多处理机的分类

由于机群多处理机的分类标准很多,所以按照不同标准,机群处理机的分类方法很多。例如,按照机群节点是否相同,机群可以分为同构的与异构的;按照机群节点是 PC 还是工作站,机群可以分为 PC 机群与工作站机群。但常用分类方法是按照应用目的和构建目的来分类。

1. 按照应用目的的分类

按照应用目的,机群多处理机可以分为高可用性机群、负载均衡机群和高性能计算机群等 3 类。

(1) 高可用性机群。高可用性机群的应用目的是在某些节点出现故障时,仍可以继续对外提供服务。该机群采用冗余机制,当某节点由于软硬件故障而失效时,该节点上的任务将在最短的时间内被迁移到另一个具有相同功能与结构的节点上继续执行,这样对于用户来说,机群一直为其提供服务。高可用性机群适用于 Web 服务器、医学监测仪、银行 POS 系统等要求持续提供服务的应用。

(2) 负载均衡机群。负载均衡机群的应用目的是提供与节点数量成正比的负载能力,可以根据各节点的负载状态实时地分配计算任务。为此,该机群专门设置一个监控节点,负责监控每个计算节点的负载和状态,并根据监控结果将任务分派到不同的节点上。负载均衡机群适用于大规模网络应用(如 Web 或 FTP 服务器)、大工作量的串行或批量处理作业(如数据分析)。

(3) 高性能计算机群。高性能计算机群的应用目的是降低高性能计算的成本,实现仅有超级计算机才能完成的计算任务。该机群通过高速的商用互连网络,将成百乃至上千台 PC 或工作站连接在一起,可以提供接近甚至超过许多并行计算机的计算能力,但其价格却仅是许多并行计算机的几十分之一。高性能计算机群适用于计算量巨大的并行应用,如石油矿藏定位、气象变化模拟、基因序列分析等。

当然,负载均衡机群和高性能计算机群均必须具有一定高可用性特点,以使服务提供稳定。负载均衡机群提供的是静态数据服务,如 HTTP 服务;而高可用性机群既提供静态数据服务,又提供动态数据服务,如数据库等。由于高可用性机群各节点共享同一存储介质,每个服务的用户数据仅一份,存放于专门的存储节点上,在任一时刻仅有一个节点可以读写这份数据,所以它还可以进行动态数据服务。

2. 按照构建目的的分类

按照构建目的,机群多处理机可以分为专用机群和企业机群两类。

(1) 专用机群。专用机群为代替传统的大中型机或巨型机而构建,其吞吐率较高,响应时间较短,通信网络频带宽时延小。该机群的特点有:装置比较紧凑,一般都装在比较小的机架内,放在机房中使用;节点是同构的,节点中的硬件和软件配置均相同;采用集中控制,由一个(或一组)管理员统一管理;内部通信对外界是屏蔽的,用户一般通过一台终端机来访问。

（2）企业机群。企业机群是为充分利用各节点的空闲资源而构建的,各节点一般通过标准的 LAN 或 WAN 互连,通信开销较大、时延较长。该机群的特点有:装置比较松散,节点分散安放,可以不在同一个房间或同一幢楼中;节点是异构的,由不同的个人拥有,节点间的互操作极为重要;采用分散控制,机群管理者仅对各节点进行有限的管理,节点拥有者可以随意地进行关机、重新配置或升级,且对某节点而言,其拥有者任务具有最高优先级,比企业的其他用户均要高;内部通信对外界是暴露的,存在一定的安全隐患,需要在通信软件中采用专门措施来避免。

3.2.3　机群多处理机的软件组织

1. 机群操作系统与单系统映像

由于机群多处理机的组织结构松散、节点独立性强、网络通信连接复杂,造成机群多处理机资源管理不便、操作使用困难。为了实现单一形象呈现,在各节点单机操作系统之上再建立一层操作系统,以管理和呈现所有的计算资源,这就是机群操作系统或机群中间件。可见,软件是机群多处理机系统的重要组成部分。

机群操作系统除需要提供硬件管理、资源共享及网络通信等功能外,还必须实现单系统映像(single system image,SSI),使机群多处理机在使用、控制、管理和维护上如同一个单独的计算资源,这也是机群多处理机系统的重要特征。单系统映像包含 4 重含义。

（1）"单一系统"。尽管系统包含多台可以单独使用的计算机,但用户看起来是一台计算机。

（2）"单一控制"。逻辑上用户(含系统用户)使用的服务均来自机群中唯一一个位置,如用户将批量处理作业提交到一个作业集,系统管理员则通过一个唯一的控制点配置管理机群的所有软硬件组件。

（3）"对称性"。用户可以从机群的任何一个节点上获得服务,即对于所有节点和所有用户,除具有特定访问权限的服务与功能外,其他所有服务与功能都是对称的,可以通过任何一个节点提供给用户。

（4）"位置透明"。用户不必了解真正提供服务的节点及其具体位置。

2. 单系统映像的功能服务

一般来说,机群操作系统中的单系统映像除提供单一地址空间、单一虚拟网络和单一用户界面外,还至少应提供以下服务。

（1）单一登录。用户可以通过机群中的任何一个节点登录,且在整个作业处理过程中仅需登录一次,不必因作业被分派到其他节点处理而重新登录。

（2）单一文件系统。对所有节点都相同的软件,即使执行并行作业时,要求每个节点都可以访问到这些软件,也没有必要在每个节点上重复安装,它们在机群中应只有一个备份。

（3）单一作业管理。用户可以透明地从任一节点提交作业,但作业可以以批量处理、交互或并行的方式被调度执行。

（4）单一进程空间。每个进程可以在同一节点或不同的节点声称自进程与任意远程节点的其他进程交换数据信息。

另外,单系统映像至少还应具有两项功能。一是检查点设置,检查点机制使进程状态和中间结果得以定期保存,当节点失效是故障节点的进程时,可以在另一个正在运行的节点上重新开始,而不会丢失计算结果。二是进程迁移,以使机群各节点的负载达到动态平衡。

3. 机群多处理机软件的结构模型

机群多处理机软件主要包含微内核操作系统、网络通信软件、机群中间件和并行编程环境等,其结构模型如图 3-7 所示。微内核操作系统应具有多用户多任务和稳定性的特征,机群中间件则由机群操作系统(含单系统映像)与机群正常工作所必需的软件组成。对于网络通信软件,其传输协议应具有组播服务及其组管理、快速建立与拆除连接、优先级管理、快速突发控制和选择性突发等功能,具有高吞吐率、低通信时延的特征。

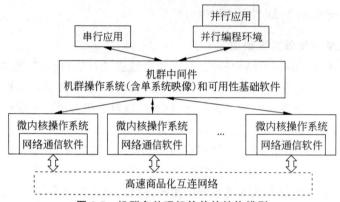

图 3-7 机群多处理机软件的结构模型

并行编程模型与并行编程环境是机群多处理机系统中不可缺少的软件,用户可以通过并行编程环境实现并行应用程序的开发,串行应用则通过机群中间件被调度到任意节点上执行。目前比较流行的并行编程工具包括 MPI、PVM、HPF、OpenMP 等。MPI 是目前最重要的一款基于消息传递的并行编程工具,它具有可移植性好、功能强大、效率高等优点,而且有许多免费、高效、实用的版本,几乎所有的并行计算机厂商都提供对它的支持,使它成为并行编程的事实标准。PVM 也是一款常用的基于消息传递的并行编程环境,它把工作站网络构建成一个虚拟的并行机系统,为并行应用程序提供运行平台。HPF 是一款支持数据并行的并行语言标准。OpenMP 是一款共享存储并行系统上的应用编程接口,规范了一系列的编译制导、运行库例程和环境变量,并为 C、C++ 和 FORTRAN 等高级语言提供了应用编程接口,已经应用于 UNIX、Windows 等多种平台。

3.2.4 机群多处理机的关键技术

对于多处理机,人们期望其节点运算速度高,系统加速比可以随规模扩大而接近线性增长,并行应用程序开发高效、方便。目前,机群多处理机的节点采用高性能工作站或高档PC,节点运算速度基本可以满足期望。因此,机群多处理机研究的主要目的是提高并行效率和操作使用方便,这便需要高效网络通信技术、负载平衡技术、并行程序设计环境、并行程序调试技术、可扩展性技术、可用性技术等的支持。

1. 高效网络通信技术

机群多处理机一般采用 TCP/TP 的通用局域网以松散耦合的方式实现互连,从而使得通信频宽较低、协议处理开销较大、传输时延较长、额外开销较多(如多层协议缓冲复

杂、操作系统的额外开销），因此需要发展高效网络通信技术，以改善提高机群多处理机
通信性能。

（1）发展新型高速局域网络。由于大规模并行计算、实时网络系统和多媒体应用对高
速网络的需求，推动了网络技术的发展，从而出现了多种新型的高速网络，如快速以太网和
光纤分布式数据接口 FDDI（异步传输 ATM、Myrinet），且快速以太网的通信频宽可达
10Gb/s。

（2）设计新通信协议。高速网络的运用，使影响通信性能的瓶颈从网络硬件转移到通
信软件上，过长的通信协议处理开销使高速网络的高性能得不到充分利用。例如，在物理链
路双向频宽为 640Mb/s 的 Myrinet 上，TCP/IP 点-点通信的频宽仅 38Mb/s，说明 TCP/IP
限制了高速网络的链路频宽的利用率。

2. 负载平衡技术

负载平衡性能的好坏会直接影响并行计算的性能，而有效地管理利用所有资源是实现
负载平衡的基本途径，所以负载平衡技术实质是全局资源管理利用技术。对于机群多处理
机，因节点的异构性、特殊的网络结构、交互用户的介入、后台进程的运行等导致节点性能的
动态变化，其负载平衡显得尤其重要。常用的并行编程环境对资源管理利用支持均比较弱，
仅提供统一的虚拟机，而节点操作系统是单机的，并不提供全局服务支持，同时也缺少有效
的全局共享方法。因此，必须在节点操作系统和并行编程环境之间加入中间件——机群操
作系统，以实现所有资源的分配调度和单系统映像。

负载平衡技术的核心是调度算法，即将各个小的计算任务比较均衡地分配到不同的计
算节点进行并行处理，以使各节点的利用率达到最大。但负载平衡技术还需要考虑如决策
时机、调度模式、负载平衡指标及其收集、负载调度策略等要素。负载平衡评价指标一般有
吞吐率、可扩展性和容错性 3 个，容错性指发生故障后任务恢复运行的能力，可扩展性指规
模增大或总负载变化时的适应能力，吞吐率指并行运行应用程序的响应时间。

负载调度策略分为静态调度和动态调度两种。

静态调度是在并行优化编译时，根据用户程序中的各种信息（如各个任务的计算量大
小、依赖关系和通信关系等）和并行资源的配置状况（如网络拓扑结构、计算节点的计算能力
等）对用户程序中的并行任务做出分配方案，在程序运行过程中，按照该分配方案实施任务
分配。理论证明，静态调度的最优分配方案是 NP 完全问题，因此在实际中往往采用次优求
解算法，以降低算法复杂性。静态调度依赖于任务分配所依据的全信息，但在高度并行的多
处理机上，特别是在多用户下，节点的任务负载是动态产生的，不可能作出准确的预测。因
此，静态调度对于动态变化的任务负载的负载平衡是不准确的。

动态调度是在应用程序运行过程中，通过分析实时负载信息，对用户程序中的并行任务
做出分配，以实现负载平衡的。由于各节点上的计算任务是动态产生的，因此在用户程序运
行期间，某节点上负载可能突发性地增加或相对变少，这时重载节点应及时把多余的任务调
整到轻载节点上，或由轻载节点及时向重载节点申请任务。动态调度算法简单，可以实时控
制平衡负载，但增加了额外开销，因此减小额外开销是动态调度特别关注的问题。

3. 并行程序设计环境

开发并行应用程序要比串行程序困难得多，要涉及多个处理器之间的数据交换与同步，
还需要解决数据划分、任务分配、程序调试和性能评测等问题，这些工作需要相应的支持工

具。广义的并行程序设计环境包括硬件平台、操作系统、并行程序设计语言、编程编译软件、调试与性能分析工具等,一般并行程序设计环境至少应该包括并行程序设计语言、并行程序编程编译平台等。机群多处理机的并行性具有两个特点:一是并行进程通常是节点操作系统的进程或线程,所以一般采用调用节点操作系统来创建、消亡及激活进程;二是节点相对独立,通信开销较大,所以批量数据传送一般采用异步通信、进程间协同采用同步通信,适用于中粗粒度任务的并行处理。并行程序设计环境必须与机群多处理机的并行性特点相适应。

并行程序设计语言需要提供数据发送与接收及进程同步的函数,为并行程序的数据传递和进程同步提供支持。例如,PVM 编程平台为用户提供了开发并行程序的 C 语言和FORTRAN 语言的并行函数库,用户开发并行程序时,仅需要在描述并行特性时加入并行函数,在过去开发的程序中嵌入并行函数,就可以使其在机群多处理机上并行运行。

常用并行编程模型有消息传递和共享存储两种。基于消息传递模型的机群多处理机广泛应用的并行程序编程编译平台,目前主要有 PVM、MPI、Express、Linda 等,其中 PVM 和 MPI应用最多,且均提供了统一的虚拟机、定义和描述通信与资源管理的可移植的用户编程接口。PVM 是美国 Oak Ridge 国家实验室和多所大学联合开发的并行计算工具软件,支持 C、C++ 和FORTRAN,MPI 则是一个消息传递标准,PVM 和 MPI 都是免费软件,均可以方便地进行再开发。对于分布共享存储的机群多处理机,应该采用共享变量模型来进行并行编程,相应的并行程序编程编译平台主要有 ThreadMarks DSM、Midway DSM 等。特别地,非共享机群多处理机,也可以采用共享变量的并行编程模型,但需要虚拟共享存储技术的支持。

4. 并行程序调试技术

机群多处理机实现的是线程、进程和作业的并行,高级别的并行处理存在不确定性、死锁、消息错序、全局状态复杂和性能优化等问题。由于并行任务的派生、数据通信、进程同步等的影响,在并行程序不同的运行中,各个进程被执行的时间可能不相同,从而导致并行程序的行为结果(含错误出现)具有不确定性。对于基于消息传递模型的并行程序,即使数据通信可以可靠地实现,死锁和消息错序也是不可能避免的。死锁大多是由于并行程序算法不当造成的,消息错序是由于数据通信的异步性及其时延的随机性造成的。程序运行过程取决于过程状态,而并行程序运行过程非常复杂,其过程的全局状态自然非常复杂,所以只有理解并行程序运行的行为特征、控制其运行程过程,才能确定其所有状态及其相互之间转换关系。影响程序并行性能的因素很多,但通信是最关键的,若进程因通信被阻塞,则程序运行效率将会显著降低;合理地划分数据和安排通信进程,可避免阻塞或使阻塞时间减少,为此必须收集每次数据通信的起止时间和通信量,分析造成通信进程等待的原因。显然,高级别并行处理存在的问题,必须通过反复运行调试并行程序才可能得以解决,这便需要以下并行程序调试技术及其相应的方便用户理解和操作调试工具软件的支持。

(1)记录重放技术。记录重放的目的是解决不确定性问题,保证反复调试的顺利进行,重放方式有历史重放和执行重放。

(2)事件驱动技术。事件驱动可以对并行程序的运行自动地进行复杂性判断,并通过设置断点来检查其行为特征。事件驱动的关键是对并行程序中的事件进行描述、过滤和识别,但并行程序的事件模型是难以准确建立的。

(3)分析技术。分析技术的主要目的是寻找并行程序中数据通信方面存在的问题。根据采用手段,分析技术可分为静态分析和动态分析;根据分析时间,动态分析又可分为在线分析和事后分析。

（4）可视化技术。可视化技术指采用图形、图像、动画等可视化形式描述并行程序的行为、状态、结构等。在机群多处理机中,全局状态和通信行为不仅复杂且可视性差,采用可视化技术直观地将它们呈现出来,有利于并行程序调试。

5. 可扩展性技术

可扩展性是多处理机性能评价的主要指标之一,可以反映规模扩大对多处理机性能的影响程度。为使机群多处理机具有可扩展性,必须遵循以下3个原则来构建其体系结构。

（1）独立性原则。独立性原则要求机群多处理机各节点的软硬件相互独立,即使难以实现该要求,也应使节点间的关联程度尽量小且关联清晰。由此,才可能使独立扩展（增量扩展）得以实现,使异构扩展成为可能。

（2）平衡性原则。平衡性原则要求最小化所有的性能瓶颈,因为机群多处理机任何一个慢速部件都将会导致整体性能下降,其他部件的速度再快也是无用的。此外,应尽量避免单点失效,一个部件的失效将可能引起整体崩溃。

（3）时延隐藏原则。时延隐藏指利用计算过程来隐藏通信时延,以保证即使在长时延不可避免时,机群多处理机也可以达到高性能。时延隐藏基本思想之一是使计算和通信在时间上重叠,具体的技术方法有:预取技术、分布式一致性高速缓存、非严格存储一致性模型、多线程处理器。

6. 可用性技术

由 2.5.2 节可用性定义可知,提高可用性的基本途径为增加 MTTF 和减少 MTTR,如今工作站的 MTTF 可以达到几百甚至几千小时,再进一步提高 MTTF 已非常困难且开销很大。机群多处理机的 MTTF 往往低于节点的 MTTF,减少 MTTR 不仅可以提高机群的可用性,还可以迅速处理故障。适用于机群的可用性技术主要有 3 个。

（1）部件冗余且相对独立。改善设备可用性的基本方法是部件冗余,当某主部件发生故障时,由备用部件继续提供服务。当然,主要部件和备用部件之间必须相互独立,使它们不会因为某一原因而同时发生故障。

（2）故障接管。对于商用机群多处理机,故障接管是最重要的性能需求。某部件发生故障时,故障部件提供的服务允许由正常部件接管继续提供。

（3）恢复。恢复指为接管故障部件的工作负载所需要的操作,且分为后向和前向两种恢复技术。对于后向恢复,为运行进程在稳定的存储设备中周期地保存其一致状态（即检查点）。发生故障后,通过重组来隔离故障部件,恢复前一个检查点,而后继续正常操作,整个过程称为卷回。独立于应用程序的可移植的后向恢复较容易实现,并已被广泛运用。卷回过程的时间开销较大,在强实时性中是不能容忍的,这时便有人提出了前向恢复技术。前向恢复不是卷回到故障前的某个检查点,而是利用故障诊断信息去重构一个有效状态,并继续运行下去。前向恢复依赖于应用程序且可能还需要额外的硬件设备支持。

3.2.5　典型机群多处理机实例

1. IBM SP2 机群多处理机

IBM SP2（简称 SP2）是机群多处理机中的代表性产品,它既可用于科学计算,又可供商业应用。在 1997 年的"人机大战"中,战胜世界国际象棋冠军卡斯帕罗夫(Garry kasparor)的"深蓝",就是一台采用 30 个 RS/6000 工作站(带有专门设计的 480 片国际象棋芯片)的 IBM SP2 机群多处理机。SP2 机群采用异步 MIMD、分布式存储物理结构模型,其体系结构如图 3-8 所示,节点硬件和软件都可以根据不同用户应用和环境需要来进行配置,且节点数可以为 2~512 个不等。由于 SP2 机群采用标准的工作站部件,仅在标准技术不能满足性能要求时才使用专用软件和硬件,所以其开发周期较短。

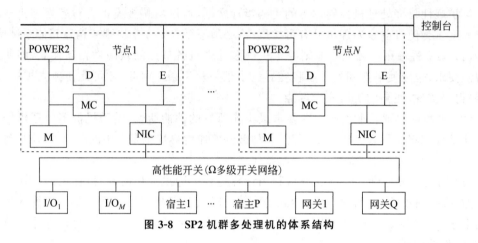

图 3-8　SP2 机群多处理机的体系结构

1) 节点及其微处理器

SP2 机群多处理机的节点可以有 4 种配置,分别是宿主节点、I/O 节点、网关节点和计算节点,它们可以重叠。例如,宿主节点可以作为计算节点,I/O 节点可以作为网关节点。宿主节点(含控制台)用于处理用户注册会话和交互处理,I/O 节点用于实现输入输出如全局文件服务器,网关节点用于连接外部计算机(如外部服务器、附加文件服务器、网络路由器、可视设备等),而计算节点用于计算。其中有一宿主节点为专用的控制台,它配置的是一台 RS/6000 工作站,通过该控制台节点,管理人员可以对机群进行管理。特别地,每个节点、开关和机架上均集成了一个监视板,该监视板用于对硬件部件进行环境检测、控制,管理人员可以用于启动或切断电源和为单点置初始状态。

SP2 机群的计算节点均是一台带私有存储器(M)和本地磁盘(D)的 RS/6000 工作站,RS/6000 采用时钟频率为 66.7MHz 的 POWER2 微处理器,它带有一个 32KB 的指令高速缓存、一个 256KB 的数据高速缓存、两个分支转移控制部件、两个整数运算部件和两个乘加浮点运算部件(乘加运算均可以在一个时钟周期内完成),其峰值速度可达 $4 \times 66.7 = 267$MFLOPS。POWER2 微处理器是 6 发射的超标量处理机,每个时钟周期可以执行 6 条指令,包括 2 条读写数指令、2 条浮点乘或加指令、1 条变址增量指令和 1 条件转移指令,具有动态分支预测技术和寄存器重命名技术。

为了使节点配置更加灵活,SP2 机群可以配置 3 种不同特性的节点:宽节点、细节点和细 2 节点,区别在于存储器容量、数据通路宽度和 I/O 总线插槽数有所不同。主存容量:宽节点可达 64~2048MB,其他两种节点是 64~512MB;高速缓存容量:细节点和细 2 节点可以有 1MB(或 2MB)的二级高速缓存,宽节点的数据高速缓存为 256KB;存储总线宽度:宽节点是 256 位,细 2 节点是 128 位,细节点则是 64 位;I/O 总线插槽数:宽节点的微通道

MC(micro channel)上有 8 个 I/O 插槽,细节点则仅有 4 个 I/O 插槽。在 SP2 的每个节点中,存储器和高速缓存的容量都比较大,处理器性能亦较高,这使得 SP2 的处理能力能够达到相当高的水平。

2) 互连网络

SP2 机群多处理机的节点之间可以通过两种网络松散耦合互连,这两种网络为标准以太网和定制的 128 路高性能开关(HPS,即 Ω 多级开关网络),且是通过节点本身的 I/O 微通道连接到网络上,而不是通过本身的存储总线。以太网用于对数据通信速度要求不高时的并行程序开发,还可以供机群的监视、引导、加载、测试和其他管理软件使用,并行程序正式运行时则使用 HPS。当然,以太网还具有备份的作用,当 HPS 出现故障时,可以通过以太网来维持正常工作。

SP2 机群的节点通过网络接口电路(NIC)连接到 HPS,通过以太网适配器(E)连接到以太网上,且将网络接口电路称为开关适配器或通信适配器。通信适配器中有一个 8MB 的 DRAM 用来存储各种不同协议所需的大量报文,并由一台 i860 微处理器控制。通信适配器经微通道接口连接到微通道上,经存储开关管理部件 MSMU 连接到 HPS 上。特别地,微通道是 IBM 公司的标准 I/O 总线,用于把 I/O 设备连接到 RS/6000 工作站和 IBM PC 上。对于 SP2 机群,除采用高性能开关外,有的还采用光纤分布式数据接口(fiber distributed data interface,FDDI) 环连接各节点。

3) 系统软件

SP2 机群多处理机的系统软件包含标准 AIX 操作系统(IBM 的 UNIX)、高性能服务软件等,其中 AIX 操作系统是核心,每个节点均配置 AIX 操作系统和高性能服务软件,系统软件的层次结构如图 3-9 所示。

图 3-9　SP2 机群多处理机系统软件的层次结构

SP2 机群除可以运行原在 RS/6000 工作站基于分布式开发的软件外,利用高性能服务软件还提供了许多高性能服务,主要有高性能通信软件、高性能文件系统、并行函数库、并行数据库和并行 I/O 软件等。可用性服务软件用于指示哪些节点在活动、将节点和进程标记归属于某特定集、将失效、停机或重启节点通告节点集成员并可随后调用恢复服务等。全局服务软件即实现单系统映像,并提供多种可选类型。AIX 并行环境(parallel operation environment,PE)为用户提供开发和运行并行程序的平台,且包含并行操作环境、消息传输库、可视化工具和并行调试器。

SP2 机群在 RS/6000 工作站原有环境下开发的大部分软件均可以重用,包括 1000 多种串行应用程序、数据库管理系统、联机事务处理监控程序、系统与作业管理软件、

FORTRAN/C++编译程序、数学与工程程序库等。另外,仅添加一些可扩放并行所必需的软件,或对现有软件进行少量修改,便可以适用于 SP2 机群。

2.3 种不同的机群多处理机

1) Berkeley NOW 机群多处理机

Berkeley NOW 机群多处理机是由美国加州大学伯克利分校开发的、颇具影响的多处理机,它采用了许多先进技术,涉及许多机群共性问题。它具有很多优点:采用商用千兆以太网和主动消息通信协议;通过用户级整合机群软件 GLUNIX 来提供单系统映像、资源管理和可用性服务;开发了一种新的无服务器网络文件系统 xFS,以支持可扩放性和单一文件层次的高可用性。

主动消息通信协议。主动消息是实现低开销通信的一种异步通信机制,其基本思想是在消息头部控制信息中携带一个用户级子例程(称为消息处理程序)的地址,当消息头到达目的节点时,调用消息处理程序通过网络获取剩下的数据,并把它们集成到正在进行的计算中。主动消息高效灵活,以至于各种多处理机均逐渐以它作为基本的通信机制。

GLUNIX 机群软件。GLUNIX 是运行于工作站的标准 UNIX 上的一个自包含软件,其主要思想是认为机群操作系统应该由底层和高层组成,其中底层是运行在核模式下的节点商用操作系统,高层则是提供机群所需功能的用户级操作系统。特别地,该软件层可以提供机群内节点的单系统映像,使得所有的处理器、存储器、网络容量和磁盘带宽均可以分配于串行或并行的应用程序,并且以被保护的用户级操作系统库的形式实现。

无服务器文件系统 xFS。xFS 是一个无服务器的分布式文件系统,它将文件服务的功能分布到机群的所有节点上,以提供低时延高带宽的文件系统服务。xFS 主要采用廉价冗余磁盘阵列、协同文件缓存和分布式管理等技术。

2) Beowulf 机群多处理机

1994 年,美国国家航空航天局(national aeronautics and space administration,NASA)的一个科研项目迫切需要一种工作站,要求它既具有 1GFLOPS 的计算处理能力和 10GB 的存储容量,又不能价格过高。为了实现该要求,工作于 CESDIS 的 Thomas Sterling 与 Don Becker 二人便构建了一个具有 16 个节点的机群多处理机,其硬件使用 Intel 的 DX4 处理器及 10Mb/s 的以太网,软件则主要基于刚诞生的 Linux 系统和 GNU 开发环境等软件,并将其命名为 Beowulf 机群,基于 COTS(commodity off the shelf)思想的技术也迅速被传播。

可以认为,Beowulf 机群定义了构建机群的一种策略,即通过有效使用普通硬件加上 Linux 操作系统、GNU 开发环境及 PVM/MPI 共享库来实现。由此,不仅集中了那些能力相对较弱的计算资源,以高性能价格比提供相当于大型机的性能,还可以保证软件环境的稳定性。实际上,Beowulf 并不只是具体的软件包或是一种新的网络拓扑结构,更重要的是 Beowulf 机群提出了构建多处理机的基本原则,即在实现既定目标的前提下,把注意力集中在获取高性能价格比上。虽然目前为了获取更高性能,有些 Beowulf 机群也使用了一些专用或商用的软件和特殊的网络互连系统,但其基本宗旨是不变的。

3) LAMP 机群多处理机

随着硬件技术的不断进步,SMP 多处理机不仅成本不断下降,内部通信能力也在不断加强,由小规模(2~8 个处理器)的 SMP 来构建机群逐渐成为主流,且称之为 CLUMP

(CLU ster of mulitprocessors)。由于 SMP 节点内部与 SMP 节点间通信能力往往不一致，所以 CLUMPs 一般采用专门的通信协议及其算法。

LAMP 机群多处理机是由 NEC 实验室构建的基于 Pentium Pro PC 的 SMP 机群，它包含 16 个节点，每个节点包含两个 Pentium Pro 200MHz 的 CPU 及 256MB 主存容量，操作系统使用支持 SMP 的 Linux 2.0.34 内核版本，提供 MPICH 1.1.0 并行程序开发环境。同一节点内的两个 CPU 之间采用基于共享主存储器的消息传递机制来进行通信，而节点之间通信则通过 Myrinet 实现。从某种角度看，LAMP 同样采用 Beowulf 的基本原则和策略，但它是基于 SMP 机器来构建的，反映了当前机群发展的一个重要趋势。

3.3　大规模并行多处理机

3.3.1　大规模并行多处理机及其组织结构

1. 大规模并行多处理机及其发展

在诸如科学计算、工程模拟、信号处理、数据仓库等领域的应用中，对于计算的并行性要求很高，阵列处理机、SMP 多处理机的并行能力已无法满足，因此需要可扩放性更优的计算平台。另外，由于 VLSI 与高性能微处理器的发展，许多领域应用对计算与通信等方面不断提出更高的要求，如极大的处理数据量、异常复杂的运算、很不规则的数据结构、极高的处理速度（万亿次/s）等，也需要新的计算方法、新的处理手段、新的存储技术和新的组织结构。20 世纪 90 年代初出现的大规模并行多处理机便是其中的一种，并成为当时计算机研究与发展的热点。

早期的大规模并行多处理机如 Cray T3E、曙光 1000 等都是基于分布共享存储的 MIMD，而后基于消息传递得到迅速发展，如 Option Red、曙光 2000 等。由于大规模并行多处理机的研制费用很高，往往体现为政府行为，又由于其他性价比高的多处理机的发展，而逐步被人们冷落并于 20 世纪 90 年代末退出主流市场。

21 世纪初期，为开发高性能超级计算机，美国提出了 Petaflops 项目和 ASCI 计划，以使计算机的速度达每秒千万亿次浮点运算，由此形成了加速平衡的可扩放设计策略。该策略的含义有 3 个：①着重用于科学计算的高端平台，而非批量市场平台和热点应用；②尽可能使用商品化的硬件和软件，着重开发目前还未有效的关键技术；③对于大规模并行体系结构，着重缩放和集成技术，将数千个计算资源纳入有单系统映像的高效平台。由此，使得低成本高可扩放性的大规模并行多处理机得以发展，大规模并行多处理机再次进入人们研究的视野。

大规模并行多处理机的定义随时间而不断发生变化，按现今技术定义，所谓大规模并行多处理机（massively parallel processor，MPP）指利用互连网络将数百乃至数万个高性能、低成本的 RISC 微处理机（micro processor unit，MPU）互连在一起，以实现大规模并行处理。该多处理机可以以 SIMD 和 MIMD 的方式实现并行，并行粒度可以是中粒度，也可以是细粒度。大规模并行多处理机可以是分布共享存储，也可以是分布非共享存储，当分布非共享存储时，则与机群多处理的界限变得模糊，所以 IBM SP2 多处理机有时可以认为是 MPP。

2. 大规模并行多处理机的组织结构

大规模并行多处理机针对阵列处理机仅可以实现同步 SIMD 细粒度并行的缺陷,将阵列处理机处理单元改为处理机,以实现异步 MIMD 中粒度并行,所以其组织结构与阵列处理机相似,如图 3-10 所示。显然,大规模并行多处理机主要由处理机阵列、阵列控制部件、驿站存储器和宿主机等组成,指令系统包含 3 个子集:顺序指令、并行指令和接口指令,接口指令用于实现处理机之间或处理机与其他部件之间的数据传送。MPP 的系统软件同机群多处理机的操作系统一样,必须实现单系统映像,使用户如同使用单机那样地使用 MPP,但性能却远高于单机。

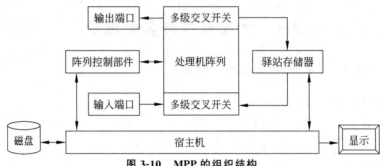

图 3-10 MPP 的组织结构

(1)处理机阵列。处理机阵列是利用专用互连网络,将大量的 RISC 微处理机连接在一起,每个处理机带有一定容量的存储器,处理机之间可以同步地对一组数进行运算,也可以异步地执行不同的指令。

(2)驿站存储器。驿站存储器用于处理机阵列的输入输出缓冲区,它可以对从外部接收的数据进行压缩或重新安排格式,使这些数据可以更有效地在处理机阵列中进行处理。

(3)阵列控制部件。阵列控制部件是一台专用计算机,除用于控制输入输出通路外,还用于运行存储于本身程序存储器的应用程序,进行循环控制、子程序调用和标量运算。

(4)宿主机。宿主机也是一台专用计算机,用于实现单系统映像,运行操作系统以管理资源和控制数据输入输出等。

3.3.2 MPP 的性能特点及其系统软件组织策略

1. MPP 的性能优势及其支持技术

由于系列技术的支持,使得 MPP 具有可扩展性强和性价比高两个突出的性能特点。

(1)可扩展性强。MPP 的处理速度可以方便地通过增减节点数来改变,其节点规模可达数千个处理机,且主存容量、I/O 能力和带宽可以成比例增加。为提高可扩放性,MPP 采用了以下技术:①采用分布存储结构,使主存储器总容量和总带宽随 MPP 规模的增加而增加(同集中存储结构相比),从而具有更强的潜在可扩展性;②均衡发展主存储器和 I/O 与高速微处理机的能力,若主存储器和 I/O 没有足够能力与微处理机相匹配,那么高速微处理机则变得毫无价值;③均衡发展计算能力与并行性,随 MPP 规模的增加计算能力也增加,高速微处理机的并行性也必须增加,否则进程管理和通信同步的开销将是程序运行时间的主体。

(2)性价比高。一个 RISC 微处理器的性能是 100MFLOPS,由 1024 个微处理器构建的 MPP,其性能峰值可达 100GFLOPS,远超过巨型计算机,而其造价仅是它的 1/5。为降低成本,MPP 采用了以下技术:①采用高性能商品化的微处理机,有效地提高了性能和降低了价格;②采用壳体技术,使 MPP 的体系结构稳定,这样不仅有利于降低价格,还支持换代的可扩放性;③分布存储结构和 SMP 节点均可以有效地降低互连网络的复杂性。

2. MPP 性能存在的问题

I/O 性能、通用性和可用性是 MPP 性能存在的主要问题。

(1) I/O 性能。MPP 可以规模化地扩展,虽然 I/O 是物理分布的,但 I/O 性能的提高仍落后于其他功能部件的发展,所以提供可扩放性 I/O 是 MPP 研究的重要领域。

(2) 通用性。MPP 是科学计算的高端平台,这种支持小范围应用的特定体系结构,其发展是极为有限的。所以,要求 MPP 具有以下特性:①支持异步 MIMD 和流行的标准编程模式;②节点被分配到若干"区",以在交互和批处理中支持小的或大的作业;③内部互连拓扑结构对用户透明,在硬件和 OS 层提供单系统映像。

(3) 可用性。MPP 实现的是细粒度和中粒度的并行处理,任务是不可能迁移的;当某节点失效,将导致程序运行停顿。所以微处理机必须具备高可用性。

3. MPP 系统软件的组织策略

MPP 使用的基本要求是和使用单机相同,这便需要通过系统软件来实现单系统映像,按以下策略组织系统软件。

(1) 应该以现代操作系统的基本原理为基础,采用客户机/服务器的模式,实现微内核与大外壳、同构内核与异构服务。

(2) 进程通信分两个层次:通过实用端口由内核提供消息通信和通过通信线路由外壳提供网络通信。

(3) 进程并发调度应该使相互协作的进程同时运行、选择时机进行进程切换、有效控制进程调度引发的进程颠簸现象。

(4) 负载平衡调度应该做到各节点均有平衡调度能力,异步调度不设负载表,小进程不参加平衡调度。

(5) 文件系统应该达到文件透明性、节点文件自主性、没有中央依存,即实现共享文件一致性和共享文件多副本一致性。

(6) 应该支持消息传递、远程过程调用、分布式共享变量等计算模式。

3.3.3　典型 MPP 实例

1. Cray T3E

Cray T3E 是于 1995 年推出的分布共享的 NCC-NUMA MPP,其节点微处理机数为 6~2048 个,节点之间通过三维双向环形网络互连,I/O 设备利用千兆通道连接于各节点上,其体系结构如图 3-11 所示。

1) 节点微处理机

Cray T3E 的节点微处理机采用 DEC Alpha 21164 微处理器,配置有本地主存储器、定制控制芯片和路由芯片等,利用互连网络可以访问任何节点上的主存储器,通过千兆通道可以访问任何 I/O 设备。其微处理器的时钟频率为 300MHz、峰值速度可达 600MFLOPS,片外无高速缓存,但片内带有二级高速缓存:第一级包含 8KB 指令高速缓存和 8KB 数据高速

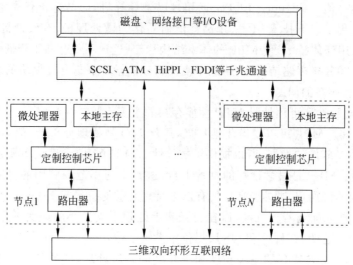

图 3-11　Cray T3E 的组织结构

缓存,第二级为 96KB 三路组相联高速缓存。本地主存储器容量为 64MB~2GB,峰值带宽为 1.2GB/s。路由芯片有 7 个双向端口,其中一个连接本节点,其余连接到三维双向环形互连网络上。控制芯片用于实现分布共享主存储器,同时支持时延隐藏和有效同步。

2) 互连网络及 I/O 系统

Cray T3E 采用三维双向环形互连网络将各微处理机连接在一起,以支持低时延高带宽通信。三维双向环形互连网络采用自适应最短路径选路算法,每个系统时钟(13.3ns)可以向所有 6 个方向传输 64 位,512 个节点时对剖带宽超过 122GB/s。

由若干 SCSI、ATM、HiPPI、FDDI 等千兆通道将 I/O 设备与各微处理机和三维双向环形网络互连,每个千兆环通道是一对循环计数的 32 位环,最多可连接 16 个微处理机节点,且二环数据流向相反,峰值带宽为 1GB/s。

3) 系统软件

Cray T3E 配有一台自主前端计算机 Cray C-90,用于运行 Cray64 位 UNIX 的变体——分布式 UNICOS/mk 操作系统,其核心是实现单系统映像,并提供集成环境(支持共享变量、消息传递和数据并行编程)。UNICOS/mk 操作系统将服务器分为本地的和全局的,将节点微处理机分为用户的和系统的,特定进程请求均由微内核和本地服务器处理如主存分配和数据传输等,全局服务器则提供进程管理、文件空间分配、进程调度、I/O 管理等服务。特别地,UNICOS/mk 操作系统实现了分布式文件管理,由此使 I/O 具有可扩放性。

Cray T3E 并行集成环境包含编程环境和一组环境工具。编程环境提供了 FORTRAN 90、C、C++ 的优化编译器及其系列并行优化的计算库,支持 HPF 数据并行编程、PVM 和 MPI 库的消息传递编程等。环境工具用于帮助有效开发并行程序。

2. 曙光 2000

曙光 2000 是基于分布存储消息传递的通用可扩放 MPP,节点数为 4~128 个,节点之间通过高速以太网和二维网孔网络互连,I/O 设备利用 I/O 接口连接于各节点上,其体系结构如图 3-12 所示。曙光 2000 适用于科学计算和商务服务等领域。

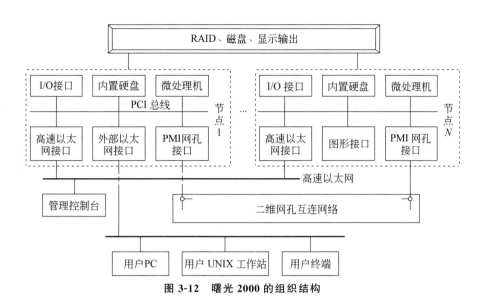

图 3-12　曙光 2000 的组织结构

1）节点及其微处理器

曙光 2000 的节点可以分为 I/O 服务节点和计算节点，I/O 服务节点包含 I/O、管理控制台和用户终端等，用于支持用户管理、交互、访问等操作。计算节点由微处理机、网络接口、I/O 接口和内置硬盘等组成，通过 PCI 总线连接在一起，其中微处理机又由微处理器、高速缓存和主存储器。Power-PC 为高效可靠的 RISC 超标量微处理器，当主频为 300MHz 时速度可以达到 600MFLOPS，同时可以执行 4 条指令。高速缓存有二级，第一级容量为 32KB 的指令和 32KB 的数据，第二级容量为 1MB；主存容量为 128～512MB，硬盘容量为 4.3GB。

PMI 网络接口采用 PCI 的 DMA 引擎控制数据传输，以减少接口与主存之间数据传输的开销，DMA 引擎由 Intel 960 协处理器控制按协议进行数据传输。

2）互连网络及 I/O 系统

曙光 2000 采用二维网孔互连网络将各节点连接在一起，从而具有可扩放性、低时延、高带宽和可靠灵活的特点。二维网孔网络采用基于消息包固定路由、无缓冲的传输机制，且通信带宽为常数而与节点的物理位置无关。每个网孔中的 WRC 路由芯片有 10 个通道（分为 5 对，每对含方向相反的 2 个通道），每个通道的数据宽度为 16 位、频率为 50MHz、数据带宽为 100MB/s，主要由 X、Y 两个路由选择控制器和 4 级 16 位数据缓冲器等组成。另外，节点之间还可以通过高速以太网进行通信。

I/O 服务节点通过外部以太网访问计算节点，实现相互之间的交互作用。I/O 设备则利用 I/O 接口连接到节点上。

3）系统软件

曙光 2000 的每个节点均可运行完整的 IBM AIX 操作系统，支持大量的多用户通信、资源管理、编译等技术，且符合主要的工业标准。面向底层，IBM AIX 提供了用于消息传递的基本通信库 BCL、PVM 和 MPI。面向高层，IBM AIX 提供了并行集成环境、可扩放文件管理、资源管理、作业管理、单一系统映像和可用性、Web 用户界面等服务。

并行集成环境包含并行程序设计集成环境 IPPE、并行可视化工具 ParaVT、并行调试器 DCDB 和 KISS、自动并行化工具 AutoPar 等,使用户可以有效地开发、调试、修改 FORTRAN 和 C 并行程序,并启动、监视、控制程序运行。可扩放文件管理 COSMOS 可以 有效支持超级计算对单个文件可扩展高带宽的需求,提高文件的吞吐量。作业管理 JOSS 使用户可以批处理或交互式使用曙光 2000;批处理是通过作业调度程序提交的,交互式是 通过地址直接访问特定节点。资源管理 RMS 主控服务运行于管理控制台,用户通过函数 或命令向资源管理器申请作业所需的节点,其便以节点表的形式将相应节点分配于并行作 业。Web 用户界面是以 AIX 工作站管理工具界面为基础,基于 SNMP 协议的客户/服务实 现的,运行于管理控制台,界面命令有安装、重启、关机、用户管理、安全管理、作业记账、硬件 监控、输出打印等。

　　对于曙光 2000,提供全局服务(单系统映像)和可用性服务是必不可少的。曙光 2000 通过网络文件系统来提供文件全局访问的服务,利用 TCP/IP 与 UDP/IP 协议、网络路由机 制支持文件全局访问。曙光 2000 的可用性服务由 Web 用户界面中的监控工具和一个高可 用软件包提供,服务包含状态监视、资源作业组配置、故障通知、作业恢复切换等。

3.4　典型共享存储多处理机实例

3.4.1　集中共享多处理机 SGI Challenge

1. SGI Challenge 的组织结构

　　SGI Challenge 是基于总线的集中共享存储多处理机,其体系结构如图 3-13 所示,至多 支持 36 个峰值速度为 2.7GFLOPS 的 MIPS R4400 处理器或 18 个峰值速度为 5.4GFLOPS 的 MIPS R8000 处理器。SGI Challenge 采用 Powerpath-2 总线,其时钟周期为 47MHz、峰 值带宽为 1.2GB/s,最多支持 16GB 的 8 路多体多字并行主存储器和 4 条 PowerChannel-2 I/O 总线。每条 I/O 总线可以提供峰值 320MB/s 的带宽,支持多以太网连接、VME/SCSI 总线、图形卡和其他外围设备。它的磁盘容量可以达到几 TB,采用的操作系统为 SVR4 UNIX 的变体:IRIX。

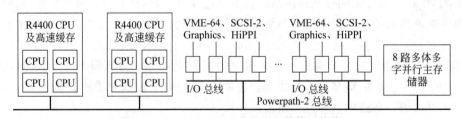

图 3-13　SGI Challenge 多处理机的体系结构

　　SGI Challenge 的 Powerpath-2 总线采用非复用式,包括独立的 256 位宽数据线和 40 位宽地址线,还有控制命令线等,共有 329 根。Powerpath-2 总线是分事务总线,支持同时 存在 8 个未完成的读请求和 16 个插槽,其中 9 个插槽用来插处理器板,每个处理器板含有 4 个处理器,所以处理器数量可以达 36 个配置。

2. 节点处理器板与主存储器

　　SGI Challenge 的节点是一个含 4 个处理器的处理器板,其组成结构如图 3-14 所示。 处理器板利用 3 种类型不同的接口芯片连接到 Powerpath-2 总线,并支持高速缓冲一致性的实现。4 个处理器通过 A-Chip 接口芯片与地址总线连接,它含有分布仲裁逻辑,用于存放未完成事务共 8 个表项的请求表,向总线发射事务与对总线事务响应的判断控制逻辑。4 个处理器通过共享的 4 块 D-Chip 接口芯片与数据总线连接,它提供有限的缓冲区,并控制总线与高速缓存之间进行数据传输。

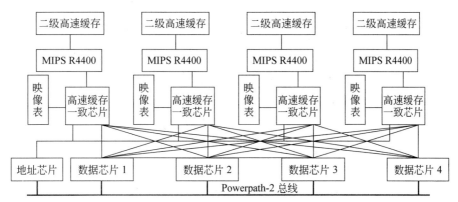

图 3-14　SGI 节点处理器板的组成结构

SGI Challenge 主存储器利用高速缓冲区将地址发送到 576 位宽的内部 DRAM 总线上,其中 512 位是数据、64 位是校验码 ECC。采用快速页存取模式,使其在两个主存存取周期内可以将 128 字节的高速缓存块读出,且数据缓冲区可以流水地对 256 位数据线进行响应。一块主存板容量可达 2GB、峰值带宽 1.2GB/s 且支持两路交叉访问。另外,SGI Challenge 采用 MESI 协议来维护高速缓存一致性,并支持更新事务。

3. SGI Challenge 的 I/O

SGI Challenge 允许在 Powerpath-2 总线上插入多个 I/O 卡,每块卡提供一条局部高速 I/O 总线,通过专用接口芯片 ASIC 与 I/O 设备相连,如 VME、SCSI、HPPI 和 SGI 图形设备等。I/O 总线的地址线/数据线是复用的,宽度 64 位,支持分读事务,允许每台设备最多同时有 4 个未完成事务,时钟周期与 Powerpath-2 总线相同。

I/O 总线接口芯片可以发出多种请求,如中断、DMA、映像资源地址转换等,对处理器 I/O 读请求进行响应。另外,SGI 中的 I/O 还支持部分块的 DMA 写和流量控制等。

3.4.2　分布共享多处理机 Origin 2000

SGI 公司通过将 Cray Research 子公司的开关网络技术应用到 S2MP(可扩展共享存储多处理机)中,推出了系列服务器产品,目前主要有 Origin 2000、Origin 2000 Deskside、Origin 2000 Rack 和 Cary Origin 2000 等机型,支持的处理器数最多分别为 4 个、8 个、16 个、128 个。Origin 服务器综合平衡高性能、可扩展性、可用性和兼容性的要求,尤其以可扩展性最为突出,其处理器数可以由 1 个扩展到 128 个,且性能随规模呈线性增长、性能价格比保持不变。Origin 服务器应用非常广泛,可用于信息管理、Web 服务、数据仓库、可视化服务、科学计算、图像处理和视觉仿真等。

1. Origin 2000 的组织结构

Origin 2000 是采用超节点、基于 NUMA 的分布共享存储多处理机,它主要由节点、路由器(R)、互连网络和 I/O 组成,其体系结构如图 3-15 所示。节点处理器为超标量 MIPS

R10000 微处理器,互连网络为多重交叉开关,采用基于 UNIX 的 64 位 CellularIRIX 操作系统。特别地,由于其节点仅有两个处理器,总线结构 SMP 不存在总线带宽瓶颈;节点之间采用大规模并行处理结构,有利于共享存储的实现。所以,无论是访问存储器的时延还是节点间传送数据的带宽都极其理想。

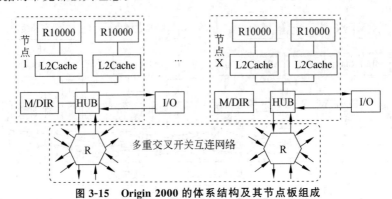

图 3-15　Origin 2000 的体系结构及其节点板组成

2. 节点处理器板及其处理器

Origin 2000 中的节点是对称多处理机 SMP,其包含两个 MIPS R10000 微处理器(含一级高速缓存且指令与数据是分开的)、1MB 或 4MB 的二级高速缓存(SRAM)、本地主存储器、用于维护一致性的目录存储器和多端口集线器(HUBASIC 芯片)等,其组成结构如图 3-15 所示。

R10000 是 RISC 处理器,带 1MB 二级高速缓存的主频为 180MHz,带 4MB 二级高速缓存的主频为 195MHz。主存储器分布于各节点微处理器板上,但为所有处理器共享,即对任何一个处理器来说,主存是由许多存储模块分布构成的单一地址空间,且采用基于目录协议来实现高速缓存一致性。所以 Origin 2000 多处理机有 4 个存储层次:寄存器、第一级高速缓存、第二级高速缓存和本地存储器,前两个层次在微处理器 R10000 芯片上,后两个层次在节点微处理器板上。

集线器包含 4 个接口和交叉开关,用于连接微处理器、存储器、I/O 设备和路由器(R)。HUB 的存储器接口可以双向传输数据,最大传输速率为 780Mb/s;I/O 与路由器接口均有两个半双工的传输端口,最大传输速率为 2×780Mb/s 即 1.56Gb/s,且每个 HUB 接口连接 2 个先进先出(first input first output,FIFO)缓冲器,分别用于输入或输出缓冲。I/O 带宽可达 102Gb/s,传输速率比同类 SMP 快几十倍。

3. 互连网络及其路由器

Origin 2000 组织结构的关键为 CrayLink 多重交叉开关互连技术,通过利用多重交叉开关代替总线作为节点底层网络,使 Origin 2000 结构模块化,规模可以通过增加模块来扩展。CrayLink 为每对节点提供至少两条独立链路进行通信,使节点之间的通信可以绕过故障路由器或链路。每条链路按照链路层协议(link layer protocol,LLP)运行,对传送数据进行 CRC 校验,并可以重试任何失败的传输,使节点之间的通信具有容错能力。节点处理器板内部或节点处理器板之间均以消息传递方式通信。

路由器将节点板上的 HUB 连接到 CrayLink 多重交叉开关上,其核心是实现 6 路无阻塞连接交叉开关的路由 ASIC 芯片,峰值通信带宽可达到 9.36Gb/s。路由器有 6 个端口,且其交叉开关允许 6 个端口全双工同时传送数据,每个端口有两条单向的数据通路。

　　Origin 2000 作为模块化结构的多处理机,通过路由器连接节点板,可以构建满足应用需求的多种不同处理器数配置,如图 3-16 所示的为 4 个和 16 个处理器配置时的网络拓扑结构,如图 3-17 所示的为 32 个处理器配置时的网络拓扑结构。两个节点处理器板通过 HUB 直接连接为 4 个处理器的 Origin 2000 多处理机。由于路由器提供了两条连接节点处理器板的链路,因此可由一个路由器和两个节点处理器板构成一个模块,由此可利用路由器的其他 4 个接口扩展到不同的规模。使用其中的两条链路,可以建立最多 16 个处理器的配置;使用其中的 3 条链路,可以建立一个立方体,达到最多 32 个处理器的配置。若把路由器 HUB 的 4 条链路都利用上,分别同 4 个模块的路由器互连,则可以建立由两个立方体连接的超立方体拓扑结构,达到最多 64 个处理器的配置。

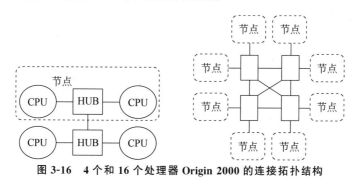

图 3-16　4 个和 16 个处理器 Origin 2000 的连接拓扑结构

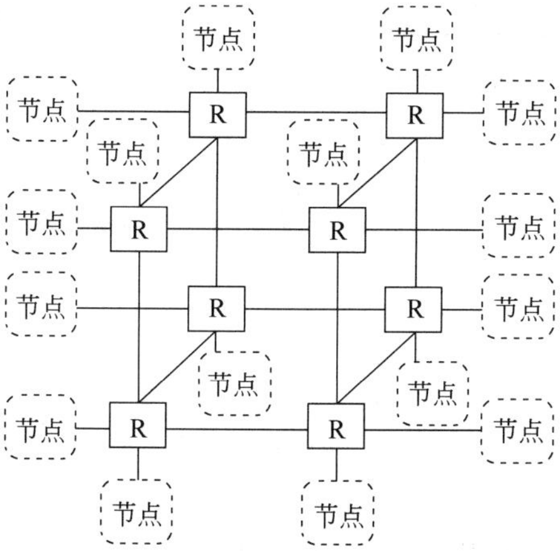

图 3-17　32 个处理器 Origin 2000 的连接拓扑结构

4. IRIX 操作系统与 I/O 系统

Cellular IRIX 是工业界最早投入应用的“蜂窝”(“蜂窝”指操作系统单元)式操作系统,它将操作系统分布到各处理器节点上,可以实现从小到大的无缝有效扩展。Cellular IRIX 把操作系统核心功能分别存放到蜂窝中,每个蜂窝分别管理所有处理器的一个子集。单元蜂窝之间互相通信,为用户提供单一的操作系统接口。操作系统的蜂窝式结构与硬件体系积木式结构相结合,使故障局限于个别操作系统单元中,把故障隔离起来,提高了系统的可用性和可靠性。

　　Origin 2000 多处理机的 I/O 系统由一组被称为 Crosstalk(XTALK)的高速链路构成,

支持许多 SGI 和第三方的 I/O 设备。Crosstalk I/O 系统是分布的,在每个节点处理器板上有一个 I/O 接口,可以被每个处理器访问。I/O 操作通过节点处理器板上的单端口 Crosstalk 协议的链路控制,或通过在 Crossbow(XBOW)ASIC 芯片上的智能交叉开关互连。由 Crossbow 连接的 I/O 设备,可以是 PCI、VME、SCSI、ATM 及其他 I/O 设备。Crossbow 通过对 Crosstalk 消息进行解码,获得控制和目标的信息,动态地将节点板端口连接到指定的 I/O 设备。I/O 设备也在一个共享的地址空间上分布,都是全局寻址的。

3.4.3 全对称共享多处理机曙光 1 号

曙光 1 号是全对称紧密耦合的集中共享存储多处理机。实现了多线程技术,从而支持中细粒度并行计算;采用 RISC 技术和标准总线连接,使得配置灵活;使用 SNIX(Symmetric UNIX)操作系统,并提供大量的 UNIX 实用程序、编程环境、用户图形界面,可以有效支持人工智能、科学计算和信息处理等软件的开发与应用,具有较强的市场竞争力。

1. 曙光 1 号的体系结构及其硬件特性

曙光 1 号多处理机利用 100Mb/s 带宽的高速局部总线,将 4 个处理器(含高速缓存)、主存储器和 I/O 总线、BIT 总线、VME 总线连接在一起,其体系结构如图 3-18 所示。曙光 1 号可以通过符合 VME 总线标准的 9 个插槽,配置 1~4 块主机模块、1~2 块主存模块和其他 I/O 功能模块,以构成更大规模的曙光 1 号。

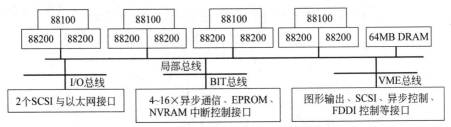

图 3-18 曙光 1 号多处理机的体系结构

1)处理器及其主存储器

曙光 1 号的处理器为一组 4 个 Motorola 88100,通过 VME 总线的插槽可扩展到 4 组 16 个 Motorola 88100,其主频为 25MHz、字长 32 位、指令 51 条,4 个 CPU 的整数运算速度为 168MIPS,浮点运算速度为 30MFLOPS。各处理器的高速缓存为 Motorola 88200(8~32 个),其容量为 16KB,共 128~512KB。曙光 1 号各处理器的主存容量为 64MB,共 256MB;通过 VME 总线的插槽可扩展两块存储板,每块容量为 256MB,所以主存容量为 256~768MB;主存储器为 4 体的多体多字存储器,采用页式管理并按字节奇偶校验。

2)总线及其 I/O 设备

曙光 1 号的总线除用于连接节点的高速局部总线外,还有 3 条用于输入输出和扩展的总线。I/O 总线配有两个 SCSI 接口和一个以太网接口,BIT 总线配有 4~16 个异步通信接口、一个固化监控程序接口、一个时钟与保护接口、一个中断控制接口,VME 总线配有 9 个插槽以扩展处理器和主存储器,接口有 SCSI、图形输出、异步控制、FDDI 控制等,支持 VME Revision D、VME Revision DC.1 和 IEEE1014 协议。曙光 1 号辅助存储器有:5.25in(1in=2.54cm)的硬磁盘(300MB~1GB)、600in 的盒式磁带机等。另外,还可以连接 16~32 个终端服务器。

2. 曙光 1 号软件配置层次结构

曙光 1 号多处理机采用国际标准开放式策略来配置软件体系,其层次结构如图 3-19
所示。

图 3-19　曙光 1 号多处理机软件配置的层次结构

(1)面向硬件的操作系统软件。其面向硬件的操作系统软件包含监控器、引导程序和
SNIX 核,其中监控器和引导程序被固化到 512KB 的 EPROM 中。监控器的功能是硬件配
置的设置、硬件测试,引导程序功能是加载 SNIX 核到主存储器中。操作系统的核是软件运
行的基础,核之上的软件可视为硬件功能的扩展;SNIX 核功能有资源(含处理器)管理、处
理器通信、文件镜像和管理等。

(2)面向用户的操作系统软件。其面向用户的操作系统软件包含核库函数、实用程序、
网络通信软件、窗口及图形用户界面。核库函数包含标准 UNIX 库函数和 SNIX 扩展库函
数,前者有 C 语言标准的、数学运算的、文件格式的和字符终端处理的库函数,后者有并行
线程的和虚处理器底层的库函数。实用程序包含标准 UNIX 实用程序和 SNIX 扩展实用程
序,前者有 Shell 程序、编辑工具、调试程序、用户管理、网络实用程序等,后者为系列的并行
化实用程序。曙光 1 号有 3 条途径与外部相连:通过标准以太网与其他计算机相连、用户
通过电话线采用 uucp 访问、通过文件系统与异构机相连,由此利用网络通信软件来实现软
硬件资源共享。另外,其还可利用网络通信软件中的 Socket 进行分布式程序设计。曙光 1
号的窗口及图形用户界面包括窗口系统 X Windows 和图形用户界面 Motif。

(3)面向应用程序的开发环境。其面向应用程序的开发环境包含程序设计语言开发环
境、数据库管理系统、分布式程序设计环境、智能应用程序开发环境。SNIX 提供了较为丰
富的高级语言编译器,如并行 C++ 、并行 FORTRAN 和并行 Ada 等,其中并行 FORTRAN
还提供了串行程序并行识别器。SNIX 提供 Oracle、Ingres 和 Postgres 等数据库管理系统。
SNIX 还提供了分布式程序设计环境 Express,以支持 2 台或 4 台曙光 1 号通过以太网或
VME 总线构成分布式系统,向用户提供由 8 个或 16 个处理器共同计算的虚拟计算机;另
外,Express 还支持 SIMD 和 MIMD 并行程序设计模型。SNIX 支持的智能应用程序开发
环境包括基于规则推理机、面向对象推理机、知识库管理、意见综合管理等。

练　习　题

1. 超标量处理器的并行处理能力已很强,为什么还会发展出多核处理器? 在并行性实
现上,超标量处理器与多核处理器有什么不同?

2. 多核处理器性能发挥依赖于什么技术？多核处理器与多处理机最关键的不同之处是什么？

3. 什么是多线程？多线程实现的策略有哪些？试从技术方法和资源利用率上比较它们的差异。

4. 目前高性能微处理器体系结构有哪些？各实现了哪些级别的并行？

5. T1 多核微处理器建构策略是什么？它采用了哪些技术？

6. 试解释"单系统映像"的含义。在机群多处理机中必须实现单系统映像，其他多处理机是否需要实现呢？为什么？

7. 什么是机群多处理机？其组织结构的主要特点有哪些？机群多处理机的软件包含哪些层次？各层次软件的功能是什么？

8. 机群多处理机需要哪些关键技术支持？为什么需要这些技术支持？

9. SP2 机群多处理机的节点有哪几类？简述各类节点的用途。SP2 机群多处理机节点之间可以通过哪些网络互连？各在什么时机使用？

10. 试比较 MPP 与阵列处理机的异同点。

11. 从节点处理能力、互连网络带宽、存储访问时延和 I/O 速度 4 方面，指出曙光 2000 号和 Cray T3E 的异同点。

12. "Origin 2000 具有可扩展性，SGI Challenge 不具有可扩展性"这句话对吗？为什么？根据它们的组织结构加以解释。

13. 为了实现高性能（速度快、主存大、I/O 设备多样等），多处理机的体系结构应该具备哪些特性？举例说明。

14. 对于 SP2 机群多处理机：

(1) 指出它具有通用性的 3 个特征；

(2) 解释它是如何支持单入口点、单文件层次、单控制点和单作业管理 4 个 SSI 特征的；

(3) 指出它提高通信带宽的主要技术。

第4章

多处理机共享存储一致性及其实现

对于共享主存储器的多处理机,不仅存在 Cache 层次间一致性的维护,还存在不同节点 Cache 之间一致性的维护,这是共享存储多处理机的共性问题,需要采用专用技术来实现。本章介绍共享存储一致性的概念及其分类、共享存储 Cache 间一致性及其维护的含义和不一致性产生的原因、Cache 一致性维护策略及其实现算法类型、集中共享与分布共享 Cache 一致性协议及其模型,阐述多种基于侦听 Cache 一致性的维护协议(含二态写直达无效、三态写回无效、四态写回无效等)规范及其实现算法、多种基于目录 Cache 一致性的维护协议(含全映射目录、有限目录、链式目录)规范及其实现算法,讨论共享存储异元一致性与存储一致性的含义、顺序与放松存储一致性模型及其实现策略(含弱的和释放的)和目的框架,分析多级 Cache 包含性的含义及其维护策略、分事务总线的含义及其实现策略、分事务总线多级高速缓存的实现模型。

4.1 共享存储 Cache 一致性概述

4.1.1 共享存储及其 Cache 间的一致性

1. 共享存储一致性及其分类

为了满足计算机对存储器性能要求:速度快、容量大、价格低,现代计算机均配置有存储系统,即将不同特性的存储器按层次结构形式有机地连接在一起,且存储层次通常包含三级:高速缓冲存储器(Cache)、主存储器和辅助(磁盘)存储器。在三级基本层次存储器中,高速缓存是私有的、辅助存储器是共享的、主存储器则可以共享也可以非共享(私有)。当主存储器共享时,任何功能节点(在单处理机中指处理机和外围设备,在多处理机中指所有处理机和外围设备)在任何时刻都可以对其进行读/写操作,这时多处理机的通信模型为共享变量。但功能节点对共享主存储器的读/写操作必须满足一定的顺序,否则就会引起错误。所以,共享存储一致性指任何功能节点对主存储器的读/写操作应满足一定的顺序,才能保证读写信息的正确性。

对主存储器的读/写操作,显然可以分为对同一存储单元和对不同存储单元两种情况。对同一存储单元读/写操作的一致性称为 Cache 一致性,它又分为存储层次间一致性和 Cache 间一致性;对不同的存储单元读/写操作的一致性则称为异元一致性。存储层次间的一致性在第 1 章已讨论过,后续仅讨论 Cache 间一致性和异元一致性的概念及产生原因。但由于存储层次间一致性和 Cache 间一致性联系紧密,所以其维护通过 Cache 一致性协议一同实现。

2. 共享存储 Cache 间一致性含义

一个共享的主存储器提供了用于系列存放信息的存储单元,当对一个存储单元进行读操作时,要求能返回"最近"一次对该存储单元进行写操作所写入的信息,为此读/写操作就必须保证一定顺序。在单处理机的串行程序中,程序员利用共享主存储器的这一特性,将程序中某指令计算出来的值,传递到需要使用该值的指令。同样,运行于单处理机上的多个进程或线程,利用共享主存储器来实现通信,实际也是利用共享主存储器的这一特性,使某进程或线程的读操作可以返回最近写操作所写入的值,而无论是哪个进程或线程写的。也就是说,当所有进程或线程运行于同一个处理机上时,由于它们通过相同的高速缓存来访问共享的主存储器,这时仅需要保证存储层次间的一致性,就不会引起错误。

当在共享主存储器的多处理机上,运行一个具有多个进程或线程的程序时,人们希望无论这些进程或线程运行于同一个处理机,还是运行于不同的处理机,程序的运行结果都相同。但当两个运行于不同处理机的进程或线程,由于通过不同的高速缓存来访问共享的主存储器,其中一个进程或线程在 Cache 中读到的是新值,而另一个在 Cache 中读到的是旧值,这样便引起错误。在共享存储的多处理机中,私有 Cache 一般是不可缺少的,其原因在于:处理机对 Cache 的命中率一般都很高,从而可以有效地减少平均访存时间,降低对 PMIN 互连网络和主存储器带宽要求。任何处理机私有的 Cache,存放的信息都是共享主存储器的一个副本,而副本可能在多个处理机私有的 Cache 中存在,由此便存在 Cache 之间的一致性问题,称之为 Cache 间一致性。

4.1.2 共享存储 Cache 间不一致性的原因

共享存储 Cache 间不一致性源由主要有共享可写、进程迁移和 I/O 操作等,从第 1 章存储层次间一致性的讨论中可知,其中共享可写和 I/O 操作还是存储层层次间不一致性的原因。

1. 由共享可写带来不一致性

变量数据对于各功能节点一般均是可读的,但不一定均可写;当某变量数据各功能节点均可写时,则该变量数据为共享可写的。在某一时刻,共享可写变量可能在多个私有 Cache 均存在,当某私有 Cache 中的共享可写变量被处理机改写后,其他私有 Cache 则还是原来的数据,这时若被处理机读取使用,那么使用的旧数据而不是新数据,从而便会产生错误。

如图 4-1 所示为含有 3 台带私有 Cache 处理机的多处理机,其高速缓存通过总线与共享主存储器相连。若主存储器中一个存储单元 u,被三台处理机发出的指令所访问,则可能产生错误。例如,首先 CPU_1 从主存中读 u(操作①),$Cache_1$ 中便建立了一个 u 的备份;然后 CPU_3 从主存中读 u(操作②),$Cache_3$ 中也建立了一个 u 的备份;接着,CPU_3 写 u(操作③),由于 Cache 命中,则使 $Cache_3$ 中的 u 值由 5 改写为 7,这时 Cache 之间的数据是不一致的。①若采用写直达法来维护存储层次一致性,CPU_3 写 $Cache_3$ 时,也将直接更新主存,即主存中的 u 也由 5 改写为 7;这时若 CPU_1 再次读 u(操作④),由于 Cache 命中,将从 $Cache_1$ 中读出旧值 5,并不是主存中的当前新值 7,从而便产生错误。②若采用写回法来维护存储层次一致性,当 CPU_3 写 $Cache_3$ 时,u 所在块被标记为脏(dirty),暂时把修改过的新值存放于私有 $Cache_3$ 中,并不直接更新主存,即主存中的 u 仍是旧值 5;仅当 u 所在块被替换出去时,才将 u 值写回到主存,将主存中的 u 值由 5 改写为 7;这样不仅 CPU_1 再次读 u

将读到的是旧值,会产生错误,CPU₂ 读 u(操作⑤)时,由于 Cache 不命中,也将从主存中读到的是旧值 5,而不是新值 7,也会产生错误。特别地,当采用写回法来维护存储层次一致性时,如果多个处理机对私有 Cache 中的同一变量写了一系列值,最终该变量在主存中的值,取决于该变量所在块被替换出去的次序,而与对变量写操作的发生次序无关。

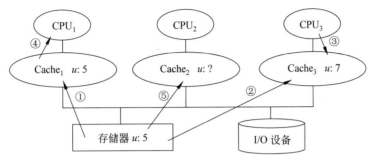

图 4-1　共享可写带来的 Cache 不一致

2. 由进程迁移带来不一致性

为了实现负载平衡、提高效率,许多多处理机均允许进程迁移,进程迁移指将一个尚未执行结束的进程调度到另一个空闲的处理机中去执行。在某一时刻,主存某存储单元数据可能在多个私有 Cache 均存在,当某私有 Cache 中数据被处理机执行的进程改写但尚未结束,其他私有 Cache 则还是原来的数据,这时若改写 Cache 的进程调度到其他处理机上继续执行,那么进程读是命中的,读到的将是旧值,由此便产生错误。同样,即使主存某存储单元数据在私有 Cache 均不存在,由于进程迁移也可能产生错误。

如图 4-2 所示,在 Cache₁ 和 Cache₂ 均有主存 X 存储单元的数据副本,会带来错误的进程迁移,与维护存储层次一致性的方法无关。若 CPU₁ 执行某进程时,对 X 进行了写操作,由于 Cache 命中,则使 Cache₁ 中的 X 变为 X',但 Cache₂ 中的 X 仍为原值,主存中的 X 可能更新为 X',也可能还是原值 X,这样 Cache 之间的数据是不一致的。当进程尚未结束且调度到 CPU₂ 上继续执行时,若又需要读取 X,由于 Cache 命中,则从 Cache₂ 中读到的仍为原值 X,发生错误。

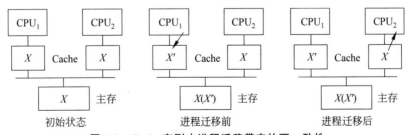

图 4-2　Cache 有副本进程迁移带来的不一致性

如图 4-3 所示,在 Cache₁ 和 Cache₂ 均没有主存 X 存储单元的数据副本,会带来错误的进程迁移,与维护存储层次一致性的方法有关。若 CPU₁ 执行某进程时,对 X 进行写操作,Cache 是不命中的,X 所在块调入到 Cache₁ 中并使 X 变为 X',这样 Cache 之间的数据是不一致的。如果采用写回法维护存储层次一致性,那么主存中的 X 仍为原值。当进程尚未结束且调度到 CPU₂ 上继续执行时,若又需要读取 X,由于 Cache 不命中,X 所在块则调入到

Cache$_2$ 中且 X 没有更新过,则从 Cache$_2$ 中读到的仍为原值 X,发生错误。

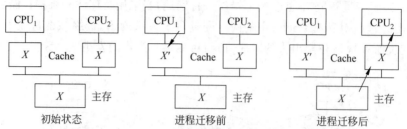

图 4-3　Cache 无副本进程迁移带来的不一致性

3. 由 I/O 操作带来不一致

大多数 I/O 设备数据的输入输出,都是通过直接存取访问(direct memory access, DMA)方式与主存储器直接进行数据传输,而不需要通过处理机和高速缓存。如图 4-4 所示,当 I/O 设备向主存的一个位置进行写操作时,写位置的数据有的 Cache 未装入,有的 Cache 已装入,这样 Cache 之间的数据是不一致的。未装入的处理机读是不命中的,已装入的处理机读是命中的,但读到的将是旧值,由此便产生错误。

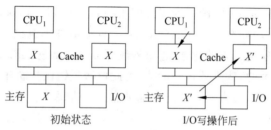

图 4-4　I/O 写操作带来的不一致性

4.1.3　共享存储 Cache 一致性维护

1. Cache 间一致性维护的含义

在 Cache 间一致性含义中,对主存储器操作的定义存在一些问题。首先,即使在单处理机串行程序中,"最近"的写操作不是通过一个物理量来度量的,而是利用在程序中指令出现的次序(program order)来决定的;但在多处理机中,由于存在多个独立进程,没有统一的指令序,因此"最近"很难定义。其次,由于光速极限原理,后发出的读操作有时不可能返回另一个处理器应先写操作写入的值。

从单处理机来看,主存操作指对主存某存储单元执行的读/写操作,其读写数据的路径包括缓冲区、高速缓存、总线和主存储器。对处理器来说,主存操作执行结束指处理器发出了该操作命令,而主存操作执行带来的主存状态变化,仅能通过主存操作来了解。写操作执行结束指其"后续"的读操作将返回该写操作或"后续"的写操作的值,读操作执行结束指"后续"的写操作已不会影响到该操作返回的值。通过主存操作来了解主存状态变化,并不是物理主存读或写的即时实际,"后续"时序也是利用程序中对主存操作的指令序来反映的。

在多处理机中,同样可以定义主存操作执行结束及其状态变化的呈现,不同点仅在于其是多处理器,必须特指某个处理器,但这时由于没有一个对主存操作的全局指令序,使得"后续"和"最近"的读/写操作无法定义。若没有高速缓存等存储层次,每个主存操作的命令均直接作用于实际的物理主存储器,且若不考虑器件与传输线的时延,那么对所有的处理器来说,同一时刻发出的主存操作命令,相应的主存操作是同时执行的。这样,对于主存某存储单元的所有读/写操作,物理主存必须对它们给予一个全局的串行序(serial order),且在读/写操作的全局串行序中,所有由同一个处理器发出的对该存储单元的读/写操作命令,仍遵循其执行程序中的指令序。通过读/写操作的全局串行序,就可以定义"最近"与"后续"。构造读/写操作的全局串行序是一致性维护的必然要求,即按照该串行序对主存储器进行读/写,不会发生错误。

特别地,在多处理机运行程序时,一致性维护并不是要求构造一个物理的全局串行序。实际上,由于高速缓存等存储层次的存在,不同处理器同一时刻发出的主存操作命令,并不一定均到达物理主存,即相应的主存操作往往不是同时执行的,所以无法构造一个物理的全局串行序。为了维护一致性,只有通过各处理机程序的执行行为来分析判断,使各处理机程序的实际执行行为与实现一致性所要求的全局串行序(可以认为是虚拟的)的执行行为相同。

2. Cache 一致性存储系统及其实现模型

Cache 一致性存储系统指多处理机存储层次对程序任何一次访问操作,每个主存位置均可以构造出一个虚拟全局串行序,按照该串行序访问操作,执行结果与实际执行结果相同。该全局串行序满足以下两个条件:①由同一个处理机进程所发出的主存操作命令,在虚拟全局串行序中的次序,与实际执行的主存操作次序是一样的;②每个读操作返回的值,在虚拟全局串行序中是"最近"的向那个位置的写操作所写的值。

在 Cache 一致性存储系统定义中,隐含了两个具体并可以实现的要求。一是写传播(write propagation),即一个处理机对一个主存位置所写入的值,最终对其他处理机是可见的;二是写串行化(write serialization),即同一个主存位置的所有写操作(来自相同的或不同的处理机)应该可以串行化,也就是说所有的处理机以相同的次序看到所有写操作。

Cache 一致性存储系统通过硬件来维护 Cache 一致性,Cache 一致性实现模型或协议的实质就是利用该硬件,把一台处理机写入主存储器的值传送到其他处理机中。而写传播的实现,Cache 一致性协议需要从 4 个方面规范:接收写入值的效果(无效还是更新)、写入值如何生成(共享页面是单写还是多写)、何时传送写入值(即时还是时延)、如何传送写入值(侦听还是目录),这些规范的选择需要在复杂性与性能之间权衡取舍。特别地,为了使传播高效且可靠,后续讨论的 Cache 一致性协议均是单写即时的。

3. Cache 一致性的维护途径

由上述内容可知,处理机运行程序对主存发出的操作命令与相应的主存实际操作不是同步的,这样便要求主存能够为所有处理机提供一个统一的外观(全局串行序)。根据 Cache 不一致性的产生原因,可以采用简单方法构建统一外观,但会极大地降低存储层次的性能。例如:禁止共享可写数据进入 Cache,可以避免共享可写带来的不一致性;使 I/O 通道与处理机共享高速缓存,可以避免 I/O 操作带来的不一致性;禁止进程迁移,可以避免进程迁移带来的不一致性。为保持存储层次的性能,需要进行 Cache 一致性的维护,其维护途径一般分为静态和动态两种。

静态维护 Cache 一致性指在程序编译时,由编译程序分析源程序的逻辑结构和数据相关性,判断可能出现的 Cache 一致性,通过在目标程序中设置维护一致性指令来实现 Cache 一致性,或对共享可写的信息(指令、数据)不准进入 Cache。显然,静态维护途径是以软件为基础,采取"预防"手段来维护 Cache 一致性。

　　动态维护 Cache 一致性指在程序运行时,通过硬件来发现和处理所发生的 Cache 一致性问题。显然,动态途径是以硬件为基础,采取"检查并处理"手段来维护 Cache 一致性。动态维护又分为集中控制和分散控制两种策略,集中控制的典型代表是目录表法,分散控制的典型代表是侦听法。在共享存储器的多处理机中,同一个并行应用的多个进程是通过读/写共享变量来进行通信的,因此对共享变量的读/写操作发生的概率很大。根据大概率事件优先原则,共享存储器的多处理机必须高效地支持共享变量的读/写,这样并行应用才能获得较高的性能。所以,通常采用硬件来实现共享的全局地址空间和 Cache 一致性存储系统。

4.1.4　集中共享 Cache 一致性协议

1. 总线传输数据的过程及其特点

　　在总线结构的单处理机中,总线传输数据的过程分为请求、仲裁、命令/地址和数据传输4 个阶段,也就是说,总线事务包含 4 个操作。在总线仲裁阶段,总线仲裁器根据所有功能部件发出的请求信号,选择一个发出了请求信号的功能部件,将总线使用权授予它。功能部件一旦得到总线使用权,便把读/写命令及地址放到命令和地址总线上。所有其他功能部件将进行侦听,但仅有一个功能部件判断出总线上的地址与其相关,由此便做出响应。对于读事务来说,紧跟命令/地址阶段的是数据传输;对于写事务来说,不同总线有两种不同的处理方法,即数据是在地址阶段开始就传输,还是等到地址阶段结束后才传输。

　　总线是用于连接多个功能节点的一束传输线,连接于总线上的功能节点均可以侦听到总线上出现的事务,如图 4-5 所示。当一台处理机向存储系统发出一个主存读/写请求命令时,本地高速缓存控制器检查自身的状态,并进行相应的操作,读命中则本地高速缓存直接响应,读缺失则向总线发出存取主存的事务请求。当高速缓存控制器侦听到的总线事务与自身相关,则可以采取相应的操作来保证存储系统的正确性,如果本地高速缓存中有该事务请求主存块的一个备份,就执行相应操作来维护 Cache 一致性。所以总线传输数据的特点为:所有总线事务对所有高速缓存控制器均是可见的,且以相同次序可见。另外,为简单起见,假设总线事务是原子的,即不同总线事务的操作不能重叠,一定时间内仅能有一个总线事务出现在总线上。

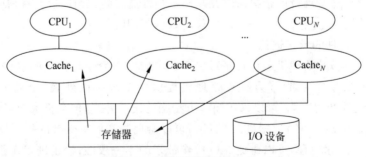

图 4-5　总线传输数据的特点

2. 一致性状态的标识及其转换

　　在单处理机中,为了维护主存与高速缓存之间存储层次间的一致性,通过在映象表中设置一个字段来标识块中数据的状态,以反映高速缓存数据块与主存储器之间的一致性情况。显然,这时数据块状态仅需要无效 I(invalid)和有效 V(valid)两个状态,有效表明是一致且可用,无效表明是不一致且不能用。另外,可以根据处理机和 I/O 设备对该数据块读写操作,来改变状态标识(状态改变规律是一个状态转换图,而状态转换图实际是一个有限状态机)。

对于多处理机,不仅需要维护存储层次间的一致性,还需要维护 Cache 间的一致性,所以高速缓存数据块的状态不仅需要反映高速缓存数据块与主存储器之间的一致性情况,还需要反映高速缓存数据块之间的一致性情况。这时,可以利用反映存储层次一致性的无效和有效两个状态,间接反映 Cache 间一致性。例如,$Cache_A$ 的状态为无效、$Cache_B$ 的状态为有效,那么表明 $Cache_A$ 和 $Cache_B$ 的数据块是不一致的,而且也可以根据对该数据块的读写操作来转换所有高速缓存数据块的状态。但由于一个主存块在所有处理机的私有高速缓存中都有一个有效或无效的状态(尽管只有高速缓存中有主存块副本的才有物理上与其相联系的实际状态,逻辑上可以认为高速缓存中没有主存块副本的均处于无效状态),对于含 N 台处理机的多处理机,所有高速缓存数据块的状态实际构成一个 N 维向量,由 N 个分布的相同有限状态机(高速缓存控制器)控制 N 维状态向量的转换。由于高维状态向量的维护转换频繁、量大且费时,因此综合存储层次间和 Cache 间的一致性,定义若干状态,以直接表示存储层次间和 Cache 间的一致性情况,即 Cache 一致性情况。

某高速缓存数据块状态的转换由处理机对主存操作的请求和侦听到的总线事务决定,所以高速缓存控制器的输入包含处理机发出的主存操作命令和侦听到的总线事务。对输入的响应则是高速缓存控制器可以根据相应高速缓存数据块的当前状态及状态转换逻辑来更新块状态,还可能需要执行一些动作。例如:对处理机发出的主存读命令的响应,高速缓存控制器可能需要产生一个总线事务来获得数据,并返回给处理机;对侦听到的总线事务的响应,将本身最新数据通过总线发送给产生总线事务的请求处理机。

3. Cache 一致性维护的协议模型

由于集中式存储器的多处理机是利用高速共享总线将处理机(含高速缓存)与共享存储器连接起来的,因此,可以利用总线传输数据的特点,通过总线侦听一致性协议模型来维护 Cache 一致性。总线侦听一致性协议模型的策略为:在映象表中,设置数据状态字段来指示数据块在本高速缓存中的状态,各高速缓存控制器根据本地处理机的访问操作和侦听到的总线事务,修改数据块状态,以支持 Cache 一致性。实际上,侦听协议模型是一组互相协作的由高速缓存控制器(有限状态机)实现的分布式算法,它包含两个条件、3 个要素和两种策略,且不同高速缓存控制器对同一个块的操作不是独立的,而是通过总线事务来相互协调。

总线侦听一致性协议模型的两个条件:一是与主存操作相关的所有必要的操作都应出现在总线上,成为总线事务;二是高速缓存控制器具有处理来自总线事务和本地处理机相关请求的功能。而其 3 个要素为状态集、状态转换规则和转换响应。状态集是根据本地高速缓存中数据块的一致性程度,定义的若干个状态。状态转换规则通常采用状态转换图来描述,状态转换图用于指示在处理机请求或总线事务作用下,高速缓存中的数据块由当前状态转换为后继状态,且转换包含输入和输出,输入为引发转换的条件,输出为转换产生的总线事务和转换响应。转换响应指在状态转换时,高速缓存控制器所需进行的相关操作。侦听一致性协议模型的两种策略为存储层次一致性维护策略和 Cache 间一致性维护策略,存储层次一致性维护包含写直达和写回两种策略,在第 1 章已讨论过,在此仅讨论 Cache 间一致性维护策略。

Cache 间一致性维护包含写无效（write invalidate）和写更新（write update）两种策略。写无效指本地高速缓存中数据块在进行写操作后，所有其他高速缓存中的相应数据块变为无效，如图 4-6 所示（存储层次一致性维护采用写回策略）。对于写无效策略，若本地处理机紧接着再对该数据块进行写操作，不会在总线上引起通信，但其他处理机进行读操作时，会在总线上引起通信，且时延时间长。写更新指本地高速缓存中数据块在进行写操作时，广播修改所有其他高速缓存中的相应数据块，如图 4-7 所示（存储层次一致性维护采用写回策略）。特别地，由于一个总线事务就可以更新所有拥有数据块的高速缓存，所以即使该数据块有很多共享者，也不会增加总线带宽。对于写更新策略，若本地处理机紧接着再对该数据块进行写操作，会在总线上引起通信，但拥有该数据块的其他处理机进行读操作时，不会在总线上引起通信，且时延时间短。

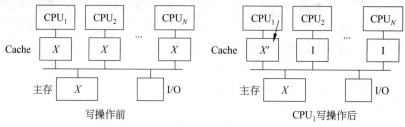

图 4-6　Cache 间一致性维护写无效方法

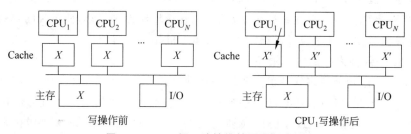

图 4-7　Cache 间一致性维护写更新方法

总线侦听一致性协议虽然实现比较简单，但无论是写无效还是写更新，均需要占用总线时间，所以仅适用于小规模总线结构的多处理机，即处理机一般不超过 10～16 台。目前，几乎所有通用的微处理器芯片都添加了支持总线侦听一致性协议的功能。

4.1.5　分布共享 Cache 一致性协议

1. 集中控制 Cache 一致性维护的局限性

共享存储多处理机一般都设置了高速缓存，以减少由共享引起的冲突和存储访问时延，但同时带来了 Cache 一致性问题。对于集中共享存储多处理机，由于集中式存储器带宽的限制，通常采用总线连接（交叉开关或多级交叉开关的高带宽失去意义），这时可以利用总线侦听一致性协议模型维护 Cache 一致性，但其规模小且可扩放性差。

为了增大规模和提高可扩放性，可以采用分布式存储器。对于分布共享存储多处理机，如果采用总线连接，由于总线带宽的限制，规模和可扩放性仍然难以得到满足。另外，利用总线侦听一致性协议模型维护 Cache 一致性，工作效率较低。如果总线侦听一致性协议模型采用写无效策略，当某处理机进行写操作时，其他处理机需要读所写数据，会发生读缺失，并产生转换响应：处理机将包含该数据的数据块通过总线传输到其他处理机的 Cache 中，导致总线流量增加很多。如果总线侦听一致性协议模型采用写更新策略，处理机的写操作不仅使总线流量增加，且其他处理机更新过的数据可能永远不会被使用。所以，分布共享存储的多处理机通常采用交叉开关或多级交叉开关连接，这时如果仍采用分散控制策略的侦听协议模型来维护 Cache 一致性，写传播（即广播）和读缺失操作均要求同所有处理机进行通信，实现代价很大。

2. Cache 不一致性的局限性

具有私有高缓的分布共享多处理机在硬件上有两种选择：Cache 一致性（CC-NUMA）和 Cache 不一致性（NCC-NUMA），NCC-NUMA 仅关注可扩放性，实现简单，比较典型的有 Cray 公司的 Cray T3D 多处理机。NCC-NUMA 多处理机的主存分布在各节点上，所有节点通过交叉开关或多级交叉开关互连在一起，节点处理机的访问可以是本地的，也可以是远程的；节点内部配有一个控制器，它可以根据访问地址来判断数据是本地的还是远程的；如果是远程访问，处理机会向远程节点的控制器发送一个消息来进行通信。特别地，NCC-NUMA 多处理机为了避免 Cache 一致性，共享数据标识为不可高速缓存，只有私有数据才能高速缓存，即它是通过软件控制，把共享数据从共享地址空间备份到本地私有的高速缓存地址空间，显式地实现共享数据的高速缓存。也就是说，NCC-NUMA 多处理机由软件维护一致性，仅需要很少的硬件支持。但其存在以下 3 个缺点。

（1）支持显式软件 Cache 一致性的编译机制非常有限。现有编译技术主要应用于结构性较好的循环级并行程序，对于那些不规则或涉及动态数据结构及其指针的问题（如操作系统），基于编译支持的软件 Cache 一致性不太现实，其最基本原因在于软件一致性算法必须是保守的，而编译器不可能极其准确地预测实际的共享状态，任何可能被共享的数据块必须保守地认为是共享的数据块。另外，一致性维护所涉及的事务非常复杂，由程序员来维护Cache 一致性不切实际，还需要显式数据备份，从而所产生的额外开销很大。

（2）共享存储所具有的空间局部性优点荡然无存。若 Cache 不一致性每次远程访问主存仅能获得一个单字，在同等开销下，失去了获取并使用高速缓存数据块多个字的优点。当然，利用存储器间的 DMA 机制，或许可以改善多处理机的性能，但 DMA 机制开销过大（常需要操作系统的干预），实现过于困难（需要特殊硬件和缓冲区的支持）。实际上，只有当大块数据块进行复制时，DMA 机制的优势才能明显地表现出来。

（3）同时处理多个字（如一个数据块）时，如预取等时延容忍技术才能更好地发挥效果（时延容忍技术将在第 5 章讨论）。

3. Cache 一致性维护的协议模型

上述 Cache 不一致性的缺点在远程访问时表现尤为突出，如在 Cray T3D 多处理机中，本地高速缓存访问时延为 2 个时钟周期，而远程访存时延为 150 个时钟周期。从概念来看，任何 Cache 一致性协议都需要利用一张集中的数据结构表（即数据块备份状态表），用于记录所有数据块在哪些高速缓存有备份及其主存数据块与备份状态，而侦听协议模型则不需要这张数据结构表，使得其具有无任何访问开销的优点，但带来了不具备可扩放性的缺点。所以，对于较大规模的分布共享多处理机，必须采用可扩放性更为有效的策略来实现 Cache 一致性（CC-NUMA），由此便提出了集中控制策略，建立目录 Cache 一致性协议模型，以使写传播和读缺失操作仅局限于那些存放数据块的处理机。而理论上，数据块备份状态表项数为共享主存储器数据块数与各高速缓存数据块数之和的乘积,即使是小规模的多处理机,表容量也极其庞大,检索时间很长。

为了减少检索时间,采用分层方式来构建数据块备份状态表。在主存储器模块中建立一张目录表,一个数据块对应一行目录项,用于指示哪些高速缓存有备份及其主存数据块的状态;高速缓存中备份的状态则在映像表中增设若干字段来指示。这样便可以利用目录分支来避免大容量检索,这也正是"目录 Cache 一致性"的名称来由。

目录 Cache 一致性协议模型的基本思想为:在分布式共享存储器中设置一个数据块目录表来存放数据块在哪些高速缓存中存在备份,各高速缓存控制器把本地处理机的访问操作仅发给存在相应数据块的高速缓存控制器,以修改映象表中数据块状态位,支持 Cache 一致性。实际上,目录协议模型也是一组互相协作的由高速缓存控制器(有限状态机)实现的分布式算法,且包含 3 个要素(状态集、目录表结构和访问响应)、两种策略,通过发送访问操作来相互协调。目录 Cache 一致性协议模型的状态集与两种策略的含义同侦听 Cache 一致性协议模型,访问响应指某处理机进行访问操作时高速缓存控制器所需要进行的有关操作,目录表结构指目录表的构建策略和目录项的分段格式。

4.2　侦听 Cache 一致性维护协议规范及其实现

根据存储层次一致性与 Cache 间一致性维护策略的选择不同和状态设置不同,总线侦听 Cache 一致性维护的协议规范及其算法通常有 5 种:二态写直达无效、三态写回无效、四态写回无效、四态写回更新、四态写一次直达写回无效。

4.2.1　二态写直达无效协议规范及其算法

1. 二态写直达无效协议规范

二态写直达无效协议规范为:①高速缓存数据块包含无效(I)和有效(V)两个状态,对于不在高速缓存的数据块,认为是无效的;②存储层次一致性维护采用写直达,Cache 间一致性维护采用写无效;③转换响应为写主存,写主存指高速缓存控制器将数据字的主存地址和内容发送到总线上,以将数据字写入主存,使主存数据始终有效,高速缓存中的数据块均来自主存;④状态转换图如图 4-8 所示,其中 PRd 和 PWr 分别为处理机读与写,BuRd 和 BuWr 为总线读与写且分别是由 PRd 与 PWr 带来的总线事务,MWr 为写主存。

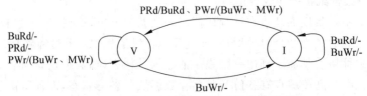

PRd/BuRd、PWr/(BuWr、MWr)

BuRd/-
PRd/-
PWr/(BuWr、MWr)

V　　　　I

BuRd/-
BuWr/-

BuWr/-

图 4-8　二态写直达无效协议规范的状态转换图

从图 4-8 可以看出:①当高速缓存控制器侦听到总线写事务 BuWr,且本地高缓存在该写事务所写的数据块时,就将数据块的状态置为无效 I;②处理机的写操作 PWr 均出现在总线上,产生总线写事务 BuWr;③对于处理机的读操作 PRd,在读命中时不会出现在总线上,在读缺失(不命中)时才会出现在总线上,产生总线读事务 BuRd。

2. 维护 Cache 一致性原理

由 Cache 一致性定义可知,程序任何一次运行,若对主存某位置的所有访问操作,都可以构造出一个全局串行序,且串行序满足程序序和写串行化的条件,则实现了 Cache 一致性。由于处理机对主存访问所带来的总线事务是原子的,即对于带来总线事务的主存访问,处理机必须等待上一次的主存访问结束后,才发出下一次主存访问命令。

从协议规范可知,处理机的写操作均产生总线写事务,且当仅有一级高速缓存时,各处理机产生总线事务的时延相等,这样所有对同一主存位置的写操作,均按照程序序出现在总线上,通过总线写事务序被全局串行化。另外,由于所有高速缓存控制器在侦听到总线写事务时,均执行写无效操作,且当仅有一级高速缓存时,各处理机侦听到总线写事务的时延相等,所以可以认为在写操作结束时,其对于所有处理机来说都结束了,即写无效在总线写事务结束时,已经作用到所有高速缓存上,这样写无效操作也通过总线写事务序被全局串行化。同样,处理机的读缺失也都产生总线读事务,这样与写操作一起,通过总线事务序被全局串行化了,所以从主存读取的数据是最新写入的值(写直达法使主存数据始终有效)。处理机读命中不产生总线读事务,但从协议规范可知,读命中读取的值是同一个处理机最近写操作写入的,或是最近读缺失从主存读取的。由于写操作和读缺失被全局串行化,则可以认为读命中同样按照总线事务序被全局串行化。所以,高速缓存控制器依据状态转换图对数据块状态进行转换控制,处理机根据数据块状态对数据进行读写操作,利用总线事务序和程序序则可以保证 Cache 一致性。

特别地,所有高速缓存控制器相互协作,使得任意时刻仅有一台处理机对某数据块进行写操作,但同时可以有多台处理机进行读操作。

3. 维护 Cache 一致性算法

当处理机进行读/写时,需要主存储器协助,高速缓存控制器才能有效地维护 Cache 一致性。由二态写直达无效的协议规范可知,对于处理机读/写,高速缓存控制器的操作流程如图 4-9 和图 4-10 所示。对于总线事务,高速缓存控制器的操作比较简单。当高速缓存控制器侦听到总线写事务且数据块状态为有效时,则将数据块状态置为无效;当侦听到总线写事务且数据块状态为无效或侦听到总线读事务时,则不进行任何操作。而主存储器,仅当处理机读/写缺失(即不命中)时,才需要操作——把数据块发送到总线上。

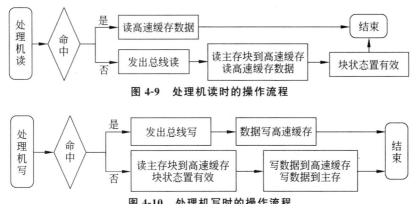

图 4-9　处理机读时的操作流程

图 4-10　处理机写时的操作流程

设数据块状态变量为 Sta、处理机访问操作输入变量为 P、总线事务输入变量为 Bu、总线事务输出变量为 Bv、转换响应输出变量为 Ch,对于二态写直达无效的协议规范,高速缓存控制器维护 Cache 一致性的算法步骤如下所示。

步骤 1:Sta=I;

步骤 2:P=空、Bu=空、Bv=空、Ch=空;

步骤 3:IF (Sta=I AND P=PRd) THEN (Bv=BuRd、Sta=V、转步骤 2);

IF (Sta=I AND P=PWr) THEN (Bv=BuWr、Sta=V、Ch=MWr、转步骤 2);

IF (Sta=V AND P=PWr) THEN (Bv=BuWr、Ch=MWr、转步骤 2);

IF (Sta=V AND Bu=BuWr) THEN (Sta=I、转步骤 2);

步骤 4:END.

4.2.2 三态写回无效协议规范及其算法

1. 三态写回无效协议规范

对于二态写直达无效协议规范,存在 3 方面的局限。一是写直达法在处理机写时,失去了高速缓存的功效;二是处理机访问缺失时,高速缓存的数据块始终来源于主存,时延长且容易带来主存访问冲突;三是处理机写始终需要产生总线写事务,实际上当仅本地高速缓存数据块有效时,若其他高速缓存数据块均是无效的,可以不产生总线写事务。这意味着该块在高速缓存中未被修改过,主存中是最新的,在其他高速缓存中可能没有该块的有效备份。

三态写回无效(modified shared invalid,MSI)协议规范有以下内容。①高速缓存数据块包含无效(I)、共享(S)和修改(M)3 个状态;无效指数据块在高速缓存中是无效的,或还未复制到高速缓存,其他高速缓存可能有也可能没有有效备份;共享指数据块在高速缓存中是最新有效的,主存中的数据块也是最新有效的,其他高速缓存中可能没有有效备份;修改指数据块在高速缓存中且是最新有效的,主存中的数据块是过时无效的,其他高速缓存中没有有效备份;②Cache 间一致性维护采用写无效法,存储层次一致性维护采用写回法;③转换响应为刷新和块写回;块写回(BWh)指高速缓存控制器将数据块的主存地址和内容发送到总线上,以更新主存数据块的内容;刷新(Flus)指高速缓存控制器将高速缓存中的数据块发送到总线上,为请求数据块的高速缓存控制器提供有效数据(为减少时延,即使主存有有效数据,也不让主存提供);④状态转换图如图 4-11 所示,其中 PRd 和 PWr 分别为处理机读与写、BuRd 和 BuWr 为总线读与写且分别是由 PRd 与 PWr 带来的总线事务、Flus 为刷新、BWh 为块写回。特别地,块写回响应操作产生的条件为:读/写缺失、高速缓存中冲突块满、被替换数据块处于 M 状态,由于冲突块满和块处于 M 状态两个条件是大概率事件,为简化仅考虑"读/写缺失"一个条件。

2. 协议规范状态转换的控制

从图 4-11 可以看出,三态写回无效协议规范通过 5 方面的控制操作,以实现状态转换,且维护 Cache 一致性的原理与二态写直达无效协议规范类同。

(1)当高速缓存控制器侦听到总线写事务 BuWr,且本地高缓存在写事务所写的数据块时,就将数据块的状态置为无效 I;如果本地高速缓存中的数据块还处于 M 状态,还要将数据块数据放到总线上(Flus)。

(2)当高速缓存控制器侦听到总线读事务 BuRd,且本地高缓存在读事务所读的、处于 M 状态的数据块时,则将数据块数据放到总线上(Flus),同时将数据块状态置为共享 S。

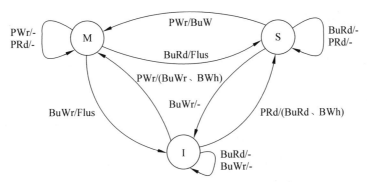

图 4-11　三态写回无效协议规范的状态转换图

（3）处理机写操作 PWr 仅写缺失和写共享出现在总线上，产生总线写事务 BuWr 来得到数据块修改权，并将数据块状态置为修改 M；写修改不产生总线写事务，但写修改是在同一个处理机最近写入值的基础上再写入，可以认为被全局串行化了。

（4）处理机的读操作 PRd 仅读缺失产生总线读事务 BuRd，以得到数据块并将其状态变置为 S；读命中虽然不产生总线写事务，但利用全局串行化，读取的是写缺失或写修改所写入的最新值，使其间接地被全局串行化了。

（5）处理机读写缺失时，高速缓存控制器不仅需要进行替换操作，而且当被替换数据块的状态为修改时，还需要更新主存相应数据块。

3. 维护 Cache 一致性算法

由三态写回无效的协议规范可知，处理机读写时，高速缓存控制器的操作流程如图 4-12和图 4-13 所示。对于总线事务，高速缓存控制器的操作比较简单。当高速缓存控制器侦听到总线写事务时，若数据块状态为共享则将其置无效，若数据块状态为修改则将其置无效且进行刷新操作，若数据块状态为无效则不进行任何操作；而侦听到总线读事务时，若数据块状态为修改则将其置共享且进行刷新操作，若数据块状态为无效或共享则均不进行任何操作。而主存储器，仅当处理机读/写缺失（即不命中）时，需要进行两项操作：若没有刷新操作则需要把数据块发送到总线上，若替换块修改过还需要把替换块写入。

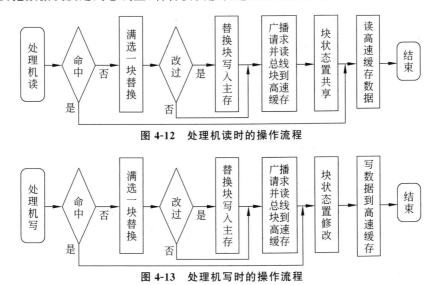

图 4-12　处理机读时的操作流程

图 4-13　处理机写时的操作流程

设数据块状态变量为 Sta、处理机访问操作输入变量为 P、总线事务输入变量为 Bu、总线事务输出变量为 Bv、转换响应输出变量为 Ch,对于三态写回无效的协议规范,高速缓存控制器维护 Cache 一致性的算法如下所示。

步骤 1:Sta=I;

步骤 2:P=空、Bu=空、Bv=空、Ch=空;

步骤 3:IF (Sta=I AND P=PRd) THEN (Bv=BuRd、Sta=S、Ch=BWh、转步骤 2);

IF (Sta=I AND P=PWr) THEN (Bv=BuWr、Sta=M、Ch=BWh、转步骤 2);

IF (Sta=S AND P=PWr) THEN (Bv=BuWr、Sta=M、转步骤 2);

IF (Sta=S AND Bu=BuWr) THEN (Sta=I、转步骤 2);

IF (Sta=M AND Bu=BuRd) THEN (Ch=Flus、Sta=S、转步骤 2);

IF (Sta=M AND Bu=BuWr) THEN (Ch=Flus、Sta=I、转步骤 2);

步骤 4:END.

4.2.3　四态写回无效协议规范及其算法

1. 四态写回无效协议规范

四态写回无效(mjodified exclusive shared invalid,MESI)协议规范是 MSI 的改进,由于该协议最初由伊利诺伊大学厄巴纳-香槟分校(University of Illinois at Urbana-champaign,UIUC)的研究者提出的,所以也称为 Illinois 协议,现代许多微处理器中已经实现了 MESI 协议规范,如 Intel Pentium、i860、PowerPC601 等。同 MSI 协议规范相比,MESI 协议规范为数据块增加了一个互斥干净状态(E)。其原因为:小规模的 SMP 计算机所运行的程序一般是顺序的,假如采用 MSI 协议,当顺序程序先读入一个数据项,接着后修改一个数据项时,会产生两个总线事务。先产生一个总线读事务 BuRd,用于得到数据块,且块状态置为 S;而后产生一个总线写事务 BuWr,且将数据块状态改为 M。而在顺序程序中,对于数据块的首次复制,通常不存在共享,即数据块仅在一个高速缓存中有备份且主存对应数据块是有效的,这样便可以直接修改而不需要产生总线写事务 BuWr。

四态写回无效协议规范有以下内容。①高速缓存数据块包含无效(I)、共享(S)、修改(M)和互斥干净(E)4 个状态;无效和修改的含义与 MSI 协议规范相同;互斥干净指数据块仅在一个高速缓存中且是有效的,数据块数据没有被修改过,主存中的数据块是最新有效的,其他高速缓存没有备份;共享指数据块至少在两个或更多高速缓存中且是有效的(共享在其他高速缓存中有,互斥干净在其他高速缓存中没有),主存中的数据块是最新有效的;②Cache 间一致性维护采用写无效法,存储层次一致性维护采用写回法;③转换响应为刷新和块写回;④状态转换图如图 4-14 所示,其中 PRd 和 PWr 分别为处理机读与写、BuRd 和 BuWr 为总线读与写且分别是由 PRd 与 PWr(除写共享外)带来的总线事务、BuWrU 为总线写升级且是由 PWr 共享带来的总线事务、Flus 为刷新、BWh 为块写回。

2. 协议规范状态转换的特点

协议规范通过状态转换控制可以维护 Cache 一致性,且原理与二态写直达无效协议规范类同。但从图 4-13 可以看出,协议规范同三态写回无效协议规范相比较,状态转换控制类似,但具有两个特点。

(1)当读缺失时,高速缓存控制器需要识别其他高速缓存是否存在数据块的有效备份,

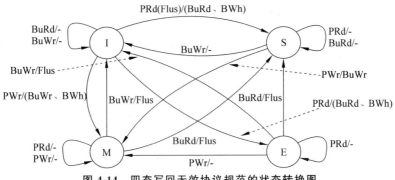

图 4-14　四态写回无效协议规范的状态转换图

以决定将数据块状态置为 S 还是 E；这时可以利用刷新 Flus 信号来识别。若有刷新信号，说明数据块来源于其他高速缓存，数据块状态置为 S，否则数据块来源于主存而数据块状态置为 E。所以在四态写回无效协议规范中，刷新信号既是高速缓存控制器的输出信号，又是输入信号，而在三态写回无效协议规范中，刷新信号仅是输出信号。

（2）写共享时，由于高速缓存中已经存在数据块的最新备份，并不需要从主存或其他高速缓存中获取数据块，仅需要将块状态置为修改，但又必须产生总线写事务，以使存在该数据块的其他高速缓存中的块状态置为无效。为此，便引入一个新的总线写事务——总线写升级(BuWrU)，它与总线写事务 BuWr 不同之处在于：总线写升级不需要转换响应（刷新和主存发送数据块操作），不会导致实际的数据传输。

3. 维护 Cache 一致性算法

由四态写回无效的协议规范可知，处理机读写时，高速缓存控制器的操作流程如图 4-15 和图 4-16 所示。对于总线事务，高速缓存控制器的操作比较简单。当高速缓存控制器侦听到总线写事务时，若数据块状态为共享则将其置无效，若数据块状态为修改或互斥干净则将其置无效且进行刷新操作，若数据块状态为无效则不进行任何操作。

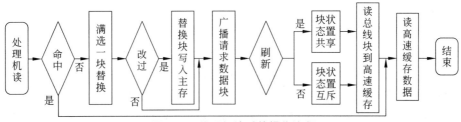

图 4-15　处理机读时的操作流程

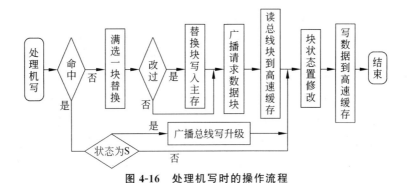

图 4-16　处理机写时的操作流程

而侦听到总线读事务时,若数据块状态为修改或互斥干净则将其置共享且进行刷新操作,若数据块状态为无效或共享则均不进行任何操作。而主存储器,仅当处理机读/写缺失(即不命中)时,需要进行两项操作:若没有刷新操作则需要把数据块发送到总线上,若替换块修改过还需要把替换块写入。

设数据块状态变量为 Sta、处理机访问操作输入变量为 P、总线事务输入变量为 Bu、总线事务输出变量为 Bv、转换响应输出变量为 Ch,对于四态写回无效的协议规范,高速缓存控制器维护 Cache 一致性的算法如下所示。

步骤 1:Sta=I;

步骤 2:P=空、Bu=空、Bv=空、Ch=空;

步骤 3:IF (Sta=I AND P=PRd AND Ch=空) THEN (Bv=BuRd、Sta=E、Ch=BWh、转步骤2);

IF (Sta=I AND P=PRd AND Ch=Flus) THEN (Bv=BuRd、Sta=S、Ch=BWh、转步骤2);

IF (Sta=I AND P=PWr) THEN (Bv=BuWr、Sta=M、Ch=BWh、转步骤2);

IF (Sta=S AND P=PWr) THEN (Bv=BuWrU、Sta=M、转步骤2);

IF (Sta=S AND Bu=BuRd) THEN (Ch=Flus、转步骤2);

IF (Sta=S AND Bu=BuWr) THEN (Ch=Flus、Sta=I、转步骤2);

IF (Sta=E AND P=PWr) THEN (Sta=M、转步骤2);

IF (Sta=E AND Bu=BuRd) THEN (Ch=Flus、Sta=S、转步骤2);

IF (Sta=E AND Bu=BuWr) THEN (Ch=Flus、Sta=I、转步骤2);

IF (Sta=M AND Bu=BuRd) THEN (Ch=Flus、Sta=S、转步骤2);

IF (Sta=M AND Bu=BuWr) THEN (Ch=Flus、Sta=I、转步骤2);

步骤 4:END.

4.2.4　四态写回更新协议规范及其算法

1. 四态写回更新协议规范

四态写回更新协议是由 Xerox PARC 的研究人员提出的,并用于 Dragon 多处理机中,所以又称为 Dragon 协议,目的在于发挥写更新的优势。

四态写回更新协议规范有以下内容。①高速缓存数据块包含修改(M)、共享干净(SC)、共享修改(SM)和互斥干净(EC)4 个状态。修改和互斥干净的含义与 MESI 协议规范相同。共享干净指数据块至少在两个或更多高速缓存中且是有效的(有效数据是由其他处理机改写的,通过更新或读缺失获得),主存中的数据块可能是也可能不是最新有效的(MESI 协议规范中的共享 S 主存数据块是最新有效的)。共享修改指数据块至少在两个或更多高速缓存中且是有效的(有效数据是由本地处理机改写的),主存中的数据块不是最新的;②Cache 间一致性维护采用写更新法,存储层次一致性维护采用写回法;③转换响应为刷新和块写回;④状态转换图如图 4-17 所示,其中 PRd 和 PWr 分别为处理机读与写、PRdMs 和 PWrMs 分别为处理机读缺失与写缺失、BuRd 为总线读且是由 PRdMs 带来的总线事务、BuWr 为总线写且由 PWrMs 带来的总线事务、BuWrG 为总线写更新且是由 PWr 共享干净和共享修改带来的总线事务、Flus 为刷新、BWh 为块写回。

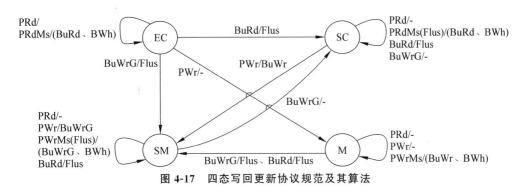

图 4-17　四态写回更新协议规范及其算法

2. 协议规范状态转换的特点

协议规范通过状态转换控制可以维护 Cache 一致性,且原理与二态写直达无效协议规范类同。但从状态转换图可以看出,协议规范同四态写回无效协议规范相比较,状态转换控制类似,但具有 4 个特点。

(1) 由于协议规范 Cache 间一致性维护采用写更新法,使得只要在高速缓存中的数据块,一定是最新有效的,所以数据块状态没有显式的无效状态。对于不在高速缓存中的数据块,可以认为是一种特殊的无效(Ⅱ)状态。

(2) 处于 SM 状态的数据块是由本地处理机改写而来,可以确定主存数据块不是最新有效的;而处于 SC 状态的数据块由其他处理机改写时更新或读缺失得到,主存数据块是否最新有效不清楚,可能是也可能不是。所以,一个数据块在这个高速缓存中处于 SM 状态,在其他高速缓存中处于 SC 状态,但某一时刻,仅在一个高速缓存中处于 SM 状态。

(3) 当处理机读写缺失时,利用刷新 Flus 信号来识别数据块来自于主存还是来自于其他高速缓存。若没有刷新 Flus 信号,则数据块来自于主存,数据块状态读时置为 EC,写时置为 M;若有刷新 Flus 信号,则数据块来自于其他高速缓存,数据块状态读时置为 SC,写时置为 SM。所以四态写回更新协议规范与中四态写回无效一样,刷新信号既是高速缓存控制器的输出信号,又是输入信号。

(4) 当处理机写命中时,当数据块状态为 SC 和 SM 时,需要更新操作;当数据块状态为 EC 和 M 时,不需要更新操作。所以,为区分是否需要带更新操作的总线写事务,引入一个新的总线写事务——总线写更新(BuWrG),它与总线写事务 BuWr 不同之处在于:总线写更新需要高速缓存控制器将处理机所写内容发送到总线上,高速缓存中含有数据块备份的其他高速缓存控制器则需要修改相应内容。

3. 维护 Cache 一致性算法

由四态写回更新的协议规范可知,处理机读写时,高速缓存控制器的操作流程如图 4-18 和图 4-19 所示。对于总线事务,高速缓存控制器的操作比较简单,且数据块处于某些状态时,才需要进行数据块状态修改或加上刷新操作。而主存储器,仅当处理机读/写缺失(即不命中)时,需要进行两项操作:若没有刷新操作则需要把数据块发送到总线上,若替换块修改过还需要把替换块写入。

设数据块状态变量为 Sta、处理机访问操作输入变量为 P、总线事务输入变量为 Bu、总线事务输出变量为 Bv、转换响应输出变量为 Ch,对于四态写回更新的协议规范,高速缓存控制器维护 Cache 一致性的算法如下所示。

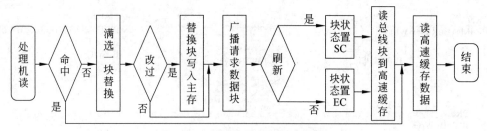

图 4-18　处理机读时的操作流程

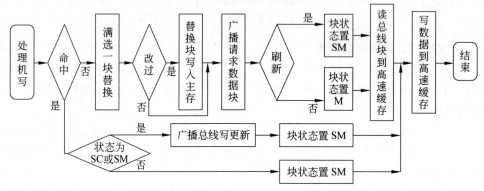

图 4-19　处理机写时的操作流程

步骤 1：Sta＝II；

步骤 2：P＝空、Bu＝空、Bv＝空、Ch＝空；

步骤 3：IF（Sta＝II AND P＝PRd AND Ch＝空）THEN（Bv＝BuRd、Sta＝EC、Ch＝BWh、转步骤 2）；

IF（Sta＝II AND P＝PRd AND Ch＝Flus）THEN（Bv＝BuRd、Sta＝SC、Ch＝BWh、转步骤 2）；

IF（Sta＝II AND P＝PWr AND Ch＝空）THEN（Bv＝BuWr、Sta＝M、Ch＝BWh、转步骤 2）；

IF（Sta＝II AND P＝PWr AND Ch＝Flus）THEN（Bv＝BuWr、Sta＝SM、Ch＝BWh、转步骤 2）；

IF（Sta＝EC AND Bu＝BuRd）THEN（Sta＝SC、Ch＝Flus、转步骤 2）；

IF（Sta＝EC AND Bu＝BuWrG）THEN（Sta＝SM、Ch＝Flus、转步骤 2）；

IF（Sta＝EC AND P＝PWr）THEN（Sta＝M、转步骤 2）；

IF（Sta＝SC AND Bu＝BuRd）THEN（Ch＝Flus、转步骤 2）；

IF（Sta＝SC AND P＝PWr）THEN（Bv＝BuWrG、Sta＝SM、转步骤 2）；

IF（Sta＝SM AND P＝PWr）THEN（Bv＝BuWrG、转步骤 2）；

IF（Sta＝SM AND Bu＝BuRd）THEN（Ch＝Flus、转步骤 2）；

IF（Sta＝SM AND Bu＝BuWrG）THEN（Sta＝SC、转步骤 2）；

IF（Sta＝M AND Bu＝BuRd）THEN（Ch＝Flus、Sta＝SM、转步骤 2）；

IF（Sta＝M AND Bu＝BuWrG）THEN（Ch＝Flus、Sta＝SM、转步骤 2）；

步骤 4：END.

4.2.5　四态写一次直达写回无效协议规范及其算法

1. 四态写一次直达写回无效协议规范

当存储层次一致性维护在 Cache 命中采用写回法时,Cache 不命中采用按写分配法,以充分发挥高速缓存的性能,减少数据传送的数量。这对于复合类型数据来说是极其有效的,但对于原子类型数据反而会增加数据传送的数量,并且还会降低高速缓存的利用率。可见,写回法适用于复合类型数据,同理写直达法适用于原子类型数据,从而可以把写直达法和写回法结合起来维护存储层次一致性,即某数据块的写,第一次采用写直达法,之后则采用写回法。这样为区分数据块是否是第一次写,便把三态写回无效协议规范中的修改状态分为保留和重写。

四态写一次直达写回无效协议规范为内容如下所示。①高速缓存数据块包含无效(I)、共享(S)、保留(R)和重写(D)4 个状态;无效和共享的含义与 MSI 协议规范相同;保留指数据块读入高速缓存后仅被写过一次且是最新有效的,主存中的数据块是最新有效的,其他高速缓存中没有数据块的有效备份;重写指数据块读入高速缓存后被写过不止一次且是最新有效的,主存中的数据块不是最新有效的,其他高速缓存中没有数据块的有效备份;②Cache 间一致性维护采用写无效法,存储层次一致性维护则将写直达法和写回法相结合——第一次写直达之后则写回;③转换响应为刷新和块写回;④状态转换图如图 4-20 所示,其中 PRd 和 PWr 分别为处理机读与写、BuRd 和 BuWr 为总线读与写且分别是由 PRd 与 PWr 带来的总线事务、Flus 为刷新、BWh 为块写回。

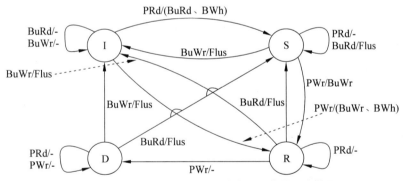

图 4-20　四态写一次直达写回无效协议规范的状态转换图

2. 维护 Cache 一致性算法

由四态写一次直达写回无效的协议规范可知,处理机读时高速缓存控制器的操作流程与 MSI 协议的读相同(图 4-12),处理机写时高速缓存控制器的操作流程如图 4-21 所示。对于总线事务,高速缓存控制器的操作比较简单,且数据块处于某些状态时,才需要进行数据块状态修改或加上刷新操作。而主存储器,仅当处理机读/写缺失(即不命中)时,需要进行两项操作:若没有刷新操作则需要把数据块发送到总线上,若替换块修改过还需要把替换块写入。

设数据块状态变量为 Sta、处理机访问操作输入变量为 P、总线事务输入变量为 Bu、总线事务输出变量为 Bv、转换响应输出变量为 Ch,对于四态写一次直达写回的协议规范,高速缓存控制器维护 Cache 一致性的算法如下所示。

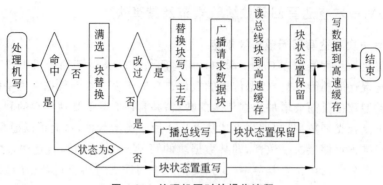

图 4-21　处理机写时的操作流程

步骤 1：Sta=I；

步骤 2：P=空、Bu=空、Bv=空、Ch=空；

步骤 3：IF（Sta=I AND P=PRd）THEN（Bv=BuRd、Sta=S、Ch=BWh、转步骤 2）；

　　　　IF（Sta=I AND P=PWr）THEN（Bv=BuWr、Sta=R、Ch=BWh、转步骤 2）；

　　　　IF（Sta=S AND P=PWr）THEN（Bv=BuWr、Sta=R、转步骤 2）；

　　　　IF（Sta=S AND Bu=BuRd）THEN（Ch=Flus、转步骤 2）；

　　　　IF（Sta=S AND Bu=BuWr）THEN（Sta=I、Ch=Flus、转步骤 2）；

　　　　IF（Sta=R AND P=PWr）THEN（Sta=D、转步骤 2）；

　　　　IF（Sta=R AND Bu=BuRd）THEN（Sta=S、Ch=Flus、转步骤 2）；

　　　　IF（Sta=R AND Bu=BuWr）THEN（Sta=I、Ch=Flus、转步骤 2）；

　　　　IF（Sta=D AND Bu=BuRd）THEN（Sta=S、Ch=Flus、转步骤 2）；

　　　　IF（Sta=D AND Bu=BuWr）THEN（Sta=I、Ch=Flus、转步骤 2）；

步骤 4：END.

4.2.6　高速缓存控制器的组成逻辑

1. 高速缓存控制器的组成结构

从一般概念上来看，用于实现 Cache 一致性的高速缓冲寄存器并不复杂，其主要由状态转换控制逻辑、映像表存储器、数据缓冲器和写回缓冲器等组成，逻辑结构如图 4-22 所示。但实际实现上来看，其存在许多不可避免的细微问题，且这些问题对 Cache 一致性实现的可靠性、高性能等影响很大。①在抽象层次上认为原子的操作，在硬件实现不一定完全原子的，所以存在非原子操作状态转换的实现问题；②为提高主存的访问效率，其通常采用流水执行方式，这使得访问操作间会发生许多交互，所以存在流水访问交互的实现问题；③从 Cache 一致性协议规范可以看出，其实现必然存在许多资源共享如本地映像表存储器被所有处理机共享，资源共享则底层是很容易产生死锁的；④由于状态转换控制逻辑的输入来自于异步工作的处理器和总线，而对数据块标记的修改难以允许同时执行。

2. 状态转换控制逻辑的设计实现

状态转换控制逻辑是高速缓存控制器的核心部件，从上文各种维护 Cache 一致性协议的状态转换图可以看出，它是 Mealy 型同步时序逻辑电路，现以 MSI 协议为例介绍其设计实现。

按 MSI 协议规范，数据块分为 3 个状态，需要二位二进制数表示，所以状态变量两个：

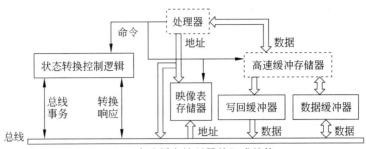

图 4-22　高速缓存控制器的组成结构

Sta_2、Sta_1，$Sta_2Sta_1 = 00$ 表示无效、$Sta_2Sta_1 = 01$ 表示共享、$Sta_2Sta_1 = 10$ 表示修改。另外，处理机访问操作输入变量两个：P_2、P_1，P_2 为 PRd、P_1 为 PWr，且 1 有效、0 无效；总线事务输入变量两个：Bu_2、Bu_1，Bu_2 为 BuRd、Bu_1 为 BuWr，且 1 有效、0 无效；总线事务输出变量两个：Bv_2、Bv_1，Bv_2 为 BuRd、Bv_1 为 BuWr，且 1 有效、0 无效；转换响应输出变量两个：Ch_2、Ch_1，Ch_2 为 Flus、Ch_1 为 BWh，且 1 有效、0 无效。特别地，由于总线事务是原子的，所以在同一时刻，4 个输入变量仅能一个有效，由此便有状态转移表如表 4-1 所示。

表 4-1　MSI 协议状态转换控制逻辑的状态转移表

现态 Sta_2Sta_1	次态 $Sta_2^{n+1}Sta_1^{n+1}$/输出 $Bv_2Bv_1Ch_2Ch_1$			
	输入 $P_2P_1Bu_2Bu_1 = 0001$	输入 $P_2P_1Bu_2Bu_1 = 0010$	输入 $P_2P_1Bu_2Bu_1 = 0100$	输入 $P_2P_1Bu_2Bu_1 = 1000$
无效 00	00/0000	00/0000	10/0101	01/1001
共享 01	00/0000	01/0000	10/0100	01/0000
修改 10	00/0010	01/0010	10/0000	10/0000

由状态转移表可得

次态方程：$Sta_2^{n+1} = P_1 + Sta_2 \cdot \overline{Sta_1} \cdot P_2$

$$Sta_1^{n+1} = \overline{Sta_2} \cdot \overline{Sta_1} \cdot P_2 + \overline{Sta_2} \cdot Sta_1 \cdot (P_2 + Bu_2) + Sta_2 \cdot \overline{Sta_1} \cdot Bu_2$$
$$= \overline{Sta_2} \cdot P_2 + Bu_2 \cdot (\overline{Sta_2} \cdot Sta_1 + Sta_2 \cdot \overline{Sta_1})$$

输出方程：$Bv_2 = \overline{Sta_2} \cdot \overline{Sta_1} \cdot P_2 = \overline{Sta_2 + Sta_1 + \overline{P_2}}$

$$Bv_1 = (\overline{Sta_2} \cdot \overline{Sta_1} + \overline{Sta_2} \cdot Sta_1)P_1 = \overline{Sta_2} \cdot P_1 = \overline{Sta_2 + \overline{P_1}}$$

$$Ch_2 = Sta_2 \cdot \overline{Sta_1} \cdot (Bu_2 + Bu_1) = \overline{\overline{Sta_2} \cdot Sta_1 + \overline{(Bu_2 + Bu_1)}}$$

$$Ch_1 = \overline{Sta_2} \cdot \overline{Sta_1} \cdot (P_2 + P_1) = \overline{Sta_2 + Sta_1 + \overline{(P_2 + P_1)}}$$

若选用 JK 触发器，其状态方程为 $Q^{n+1} = J \cdot \overline{Q} + \overline{K} \cdot Q$，按该式样对次态方程进行变换，则次态方程为

$$Sta_2^{n+1} = P_1 \cdot \overline{Sta_2} + (\overline{Sta_1} \cdot P_2 + P_1) \cdot Sta_2$$
$$Sta_1^{n+1} = (\overline{Sta_2} \cdot P_2 + Bu_2 \cdot Sta_2) \cdot \overline{Sta_1} + \overline{Sta_2} \cdot (P_2 + Bu_2) \cdot Sta_1$$

由此便有激励方程为

$$J_2 = P_1 \quad K_2 = \overline{\overline{Sta_1} \cdot P_2 + P_1} \quad J_1 = \overline{\overline{Sta_2} \cdot P_2 \cdot \overline{Bu_2} \cdot Sta_2} \quad K_1 = \overline{\overline{Sta_2} \cdot (P_2 + Bu_2)}$$

根据激励方程和输出方程,则有状态转换控制逻辑电路如图 4-23 所示。

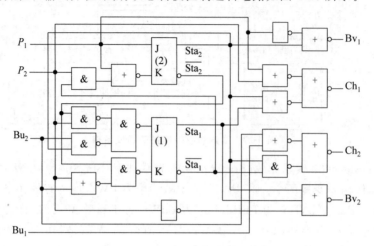

图 4-23　MSI 协议状态转换控制逻辑电路

4.3　目录 Cache 一致性维护协议规范及其算法

4.3.1　目录 Cache 一致性维护协议及其分类

1. 目录 Cache 一致性协议的维护策略

由上所述,对于采用多级交叉开关互连的分布共享多处理机,不可能通过广播的方式来告诉其他的处理机本地进行了写操作,从而便利用数据块备份状态表,来构造出一个满足程序序和写串行化的全局串行序,从而实现 Cache 一致性。针对数据块备份状态表容量极其庞大、检索时间很长的弊端,便通过数据块目录表来分散备份状态表。所以目录 Cache 一致性的维护策略为:利用数据块目录表存放数据块备份驻留在那些高速缓存中及其相关信息,当写操作时,仅把数据块无效的一致性命令发送到存在数据块备份的高速缓存,以支持 Cache 一致性维护。

目录 Cache 一致性的维护策略具体如图 4-24 所示。若某处理机如 CPU$_2$ 读缺失时,将产生读缺失请求(图中虚线)并发送到数据所在的主存储器模块如 M$_1$,接收到读缺失的存储控制器则将该请求再发送到高速缓存有数据块备份且重写过的高速缓存控制器如

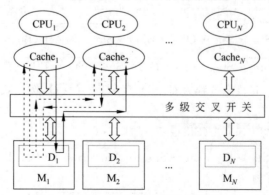

图 4-24　目录 Cache 一致性协议维护策略

Cache$_1$ 中;高速缓存控制器则把重写过的备份写回相应的主存储器模块中,这样存储控制器就可以向读缺失请求的高速缓存提供有效数据块。若某处理机如 CPU$_1$ 写命中时,将发送一个写命中命令(图 4-24 中实线)到数据所在的主存储器模块如 M$_1$,存储控制器根据高速缓存目录表如 D$_1$ 的记录,向有数据块备份的所有高速缓存控制器如 Cache$_2$ 发送无效命令,以使数据块备份无效。

2. 目录 Cache 一致性协议的分类

根据数据块目录是否集中存储,目录 Cache 一致性协议可以分为中心目录的和分布目录的。中心目录一致性协议指采用一张表来存储所有数据块备份目录及其相关数据,为 Cache 一致性维护提供所需要的全部信息。理论上,目录表项数正比于各节点数据块数与节点数的乘积,当多处理机规模不太大时,目录表容量还可以容忍。但对于大规模多处理机,目录表容量极其庞大,使得访问冲突概率高和检索访问时延时间过长。若数据块目录表采用相联存储器实现,当目录表容量太大时,造价也难以接受,因此便有了分布目录一致性协议。分布目录一致性协议指各存储器模块有自己的数据块目录表,用于记录各自数据块备份的有关信息,即把目录表项分布到各节点上,访问不同的目录表则可以寻址到不同的节点。分布目录一致性协议虽然避免了中心目录的缺点,但访问控制较为复杂。

从目录表项目的组成结构来看,目录 Cache 一致性协议可分为全映射目录、有限目录和链式目录 3 种,且均为分布目录。全映射目录指目录表存储共享存储器所有数据块的有关信息,所有高速缓存可以同时存储任何数据块的备份(每个目录项包含 N 个指针,N 为处理机数量)。为了减少各存储器模块的目录表容量,有人提出有限目录和链式目录,以减少数据块信息(如仅保存已高速缓存的数据块而不是全部)和缩短目录表项二进制长度(位数)。有限目录与全映射目录类似,不同之处在于无论多处理机规模大小,每个目录项均含有固定数量的指针,各高速缓存仅可以同时存储部分数据块的备份。链式目录是将目录分布到各高速缓存,其余与全映射目录相同。下面对这 3 种目录 Cache 一致性协议进行讨论。

特别地,全映射目录、有限目录和链式目录 Cache 一致性协议的状态集、访问响应和两种策略均相同。存储层次一致性采用的是写回法,Cache 间一致性采用的是写无效;数据块备份的状态分为有效和无效,访问响应仅有写回。所以,全映射目录、有限目录和链式目录 Cache 一致性协议的唯一区别在于目录表结构,数据块备份仅在一个节点上有效,从而避免了广播。

4.3.2　全映射目录协议规范及其实现算法

1. 全映射目录的协议规范

全映射目录协议规范有以下内容。①共享存储器中的所有数据块在目录表中均有一行目录项,目录项含有一位状态位——重写位和 N 位处理机位;重写位＝1 表示数据块被重写过,重写位＝0 表示数据块未被重写;处理机位表示对应处理机高速缓存中是否有数据块备份,处理机位＝1 表示有数据块备份,处理机位＝0 表示无数据块备份;②高速缓存中的数据块备份有两位状态位——有效位和允许写位。有效位＝1 表示数据块有效,有效位＝0 表示数据块无效;允许写位＝1 表示数据块允许写,允许写位＝0 表示数据块不允许写;③每个处理机位均配置 $\lceil \log_2 N \rceil$ 位指针域,用于存放处理机地址。显然,当有效位＝1 时,数据块备份可以读;当有效位＝1 且允许写位＝1 时,数据块备份可以写。

全映射目录协议的目录项包含 3 种不同的状态。第一种状态表示所有高速缓存均没有数据块(X)备份,如图 4-25(a)所示,目录项中所有处理机位和重写位(C)均为"0",且所有高速缓存中数据块备份的有效位和允许写位也均为"0"。当所有处理机均产生过读缺失请求过数据块后,转为第二种状态,如图 4-25(b)所示,所有目录项中的处理机位被置为"1",重写位被置为"0",且所有高速缓存中数据块备份的有效位和允许写位均被置为"1"。当某处理机如 CPU$_N$ 产生过写命中后,则出现第三种状态,如图 4-25(b)所示,这时发生过写命中处理机如 CPU$_N$ 的处理机位保持为"1",其余处理机的处理机位被置为"0",且重写位被置为"1";产生过写命中的高速缓存 Cache$_N$ 中数据块备份有效位和允许写位均被置为"1",其余高速缓存中数据块备份有效位和允许写位均被置为"0"。

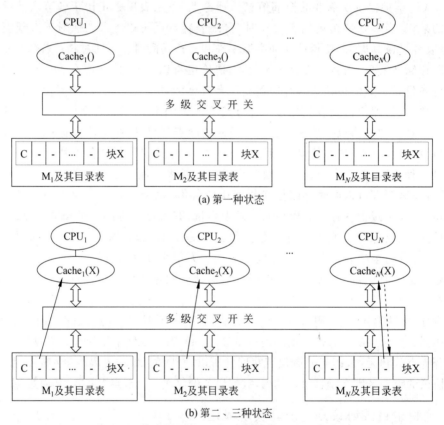

图 4-25 全映射目录 Cache 一致性协议的 3 种状态

由全映射目录协议规范可知,目录项项数及其二进制位数均与处理机数(N)成正比,所以目录表的存储容量与处理机数的二次方成正比,即为 $O(N^2)$。另外,由于全映射目录项中的处理机位及其指针域与处理机是一一对应的,当目录项结构格式确定之后,处理机数便随之确定,所以全映射目录协议不具备可扩展性。

2. 维护 Cache 一致性算法

根据全映射目录的协议规范,多处理机运行程序之前的初始状态为第一种状态。当处理机进行读/写时,主存储器和高速缓存均需要操作,且相互间的操作必须有规则地衔接,才能有效地维护 Cache 一致性。处理机读时,维护 Cache 一致性算法如下所述,且当高速缓存中的数据块备份需要被替换时,需要调用替换预处理算法,其功能是把被替换数据块写回主存储器,并把被替换数据块目录项的处理机位和重写位均置为"0"。

步骤 1:读数据命中且有效位为"1"(读命中),读高速缓存数据,转步骤 6。

步骤 2:读数据命中但有效位为"0"或数据块不命中(读缺失),高速缓存控制器向数据块所在的主存储器模块发送读缺失请求信号。

步骤 3:接收到读缺失请求信号的存储控制器,若数据块目录项的重写位为"1",则将读缺失请求信号发送到处理机位为"1"的高速缓存控制器,数据块备份有效位为"1"的高速缓存把备份写回主存储器模块。

步骤 4:存储控制器将数据块目录项的重写位置为"0",读缺失的处理机位置为"1",数据块发送到读缺失的高速缓存。

步骤 5:读缺失的高速缓存接收数据块,若高速缓存数据块备份满且有效位全为"1",则调用替换预处理算法,将接收数据块写入高速缓存,并将备份的有效位置为"1"、写允许位置为"0",读高速缓存数据。

步骤 6:结束。

处理机写时,维护 Cache 一致性算法如下所述,它根据目录项提供的处理机指针,将所有高速缓存中的数据块备份变为无效,由此来维护 Cache 一致性。另外,处理机写操作之前,主存储器模块一直等候接收应答信号,通过等候应答信号,来保证存储访问的顺序。

步骤 1:写数据命中且有效位为"1"(写命中),写允许位为"1",写数据到高速缓存,转步骤 11。

步骤 2:写数据命中且有效位为"1"(写命中),写允许位为"0",高速缓存控制器向数据块所在的主存储器模块发送写请求信号。

步骤 3:接收到写请求信号的存储控制器,将写请求信号发送到处理机位为"1"的高速缓存控制器。

步骤 4:接收到写请求信号的高速缓存控制器,将相应数据块备份的有效位置为"0",并发送应答信号到相应主存储器模块。

步骤 5:接收到应答信号的存储控制器,将数据块目录项的重写位置为"1",把向其发送写请求信号的处理机位置为"0",并发送写允许信号到高速缓存。

步骤 6:高速缓存控制器接收到写允许信号后,将数据块备份的写允许位置为"1",写数据到高速缓存,转步骤 11。

步骤 7:写数据命中但有效位为"0"或数据块不命中(写缺失),高速缓存控制器向数据块所在的主存储器模块发送写缺失请求信号。

步骤 8:接收到写缺失请求信号的存储控制器,若数据块目录项的重写位为"1",则将写缺失请求信号发送到处理机位为"1"的高速缓存控制器,数据块备份有效位为"1"的高速缓存把备份写回主存储器模块。

步骤 9:存储控制器将数据块目录项的重写位置为"1",写缺失的处理机位置为"1",数据块发送到写缺失的高速缓存。

步骤 10:写缺失的高速缓存接收数据块,若高速缓存数据块备份满且有效位为"1",则调用替换预处理算法,将接收数据块写入高速缓存,并将备份的有效位和写允许位均置为"1",写数据到高速缓存。

步骤 11:结束。

4.3.3　有限目录协议规范及其实现算法

1. 有限目录的协议规范

全映射目录协议规范的目录表存储容量为 $O(N^2)$，容量开销大。实际上，由于程序访问的局部性，在任意时间段内，数据块备份仅在小部分高速缓存中存在，即数据块备份的数目有限，由此便引出有限目录协议。有限目录的协议规范类似于全映射目录协议，高速缓存数据块备份的状态位和目录表项的格式基本相同，区别仅在于目录项中，除一位重写位外有数目固定的若干处理机指针域，每个指针域用于记录高速缓存中有该数据块备份的处理机编号。若有 N 台处理机，则指针的二进制位数为 $\log_2 N$ 位，即目录项的二进制位数正比于 $\log_2 N$，目录表的存储容量与 $N \log_2 N$ 成正比，即为 $O(N \log_2 N)$。当某处理机读/写缺失从主存储器装入数据块到高速缓存时，便将该处理机编号写入该数据块目录项的一个指针域中，含有 M 个指针域的目录项最多仅允许数据块装入 M 个高速缓存中。虽然目录项中指针域的数目是固定有限的，但指针域不是与处理机一一对应，任何一个指针域可为任何装入数据块的处理机建立指针，所以有限目录协议具有可扩展性。

若某数据块目录项的所有指针域均已建立指针，当有其他处理机需要装入该数据块时，这时数据块备份数多于目录项指针数，便发生指针溢出。当指针溢出时，需要对该目录项进行指针替换，通常把指针替换的过程称为驱逐。如图 4-26 所示的是目录项只有两个指针域的驱逐过程，当 CPU_1 和 CPU_2 的高速缓存均有数据块 X 的备份时，这时两个指针域分别指向 $Cache_1$ 和 $Cache_2$（实线）。若 CPU_N 读或写缺失请求数据块 X，则需要由 CPU_N 的指针替换 $Cache_1$ 或 $Cache_2$ 中的一个（图 4-26 中选择 $Cache_2$ 指针来被替换），并使被替换指针对应高速缓存中的数据块备份无效，这时原指向 $Cache_2$ 的指针域变为指向 $Cache_N$（虚线）。

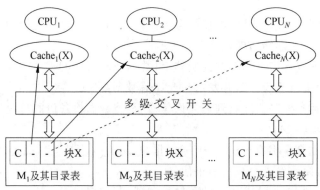

图 4-26　有限目录协议的驱逐

有限目录协议规范的驱逐应该有一个策略，以决定将哪个指针替换，驱逐策略的优劣对多处理机性能的影响有很大。驱逐策略与 Cache 替换策略的目的及过程基本相同，所以 Cache 替换策略可以直接用于驱逐，如先进先出、近期最少使用等 Cache 替换算法均可以用作驱逐算法。

2. 维护 Cache 一致性算法

由有限目录协议规范可知，其维护 Cache 一致性算法和替换预处理算法均与全映射目录协议基本一样，仅在于存储控制器操作由按处理机位展开改为由按指针域展开。例如，处理机读时的步骤 3："将读缺失请求信号发送到处理机位为'1'高速缓存控制器"，改为"将读缺失请求信号发送到所有指针域所指示的高速缓存控制器"；还有处理机读时的步骤 4："读缺失处理机位置为'1'"，改为"读缺失处理机编号写到一指针域"（指针域有空直接写，满时需要驱逐写）。

4.3.4　链式目录协议规范及其实现算法

1. 链式目录的协议规范

有限目录协议的数据块备份是有限的，容易发生指针溢出，为此便有人提出了链式目录协议。链式目录的协议规范也类似于全映射目录协议，高速缓存数据块备份的状态位和目录表项的格式基本相同，但有两处不同。一是在目录项中，除一位重写位外，还有由数目可变的指针域所构成的指针链，指针链中的每个指针域用于记录高速缓存中有该数据块备份的处理机编号。二是在高速缓存数据块备份映像行中，除两位状态位外，还有一位或两位用于指针链的指针域。链式目录协议规范的指针链，可以是单向的，也可以是双向的。单向指针链数据块备份映像行中仅有一个指针域，而双向指针链需要两个指针域，指针链所占用的存储空间较大。但当对指针链指示的数据块备份进行删除替换操作时，单向指针链需要遍历整条链，而双向指针链则不需要遍历整条链。链式目录项中仅需要一个指针域，目录表的存储容量与 $N\log_2 N$ 成正比，即为 $O(N\log_2 N)$。显然，链式目录协议规范的优点在于既不会限制数据块备份的数目，又保持了可扩展性。

采用单向链的链式目录如图 4-27 所示，假设 CPU_1 或 $Cache_1$ 第一个拥有数据块备份 X，那么目录项中的指针域存放 $Cache_1$ 指针而链接到该数据块（实线），并附加一个链结束标志（CT）。之后，当处理机 CPU_2 读/写缺失数据块 X 数据的时，$Cache_2$ 也拥有数据块备份 X，并使目录项中的指针域存放 $Cache_2$ 指针（虚线），$Cache_2$ 映像行中的指针域存放 $Cache_1$ 指针（虚线），从而形成以目录项为链头，以最先拥有数据块备份高速缓存如 $Cache_1$ 为链尾的一条数据块 X 的单向指针链。

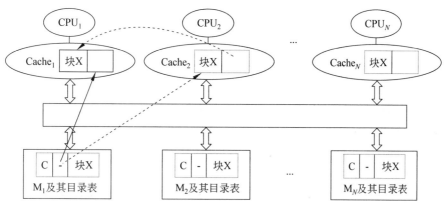

图 4-27　链式目录协议单向指针链的链接

2. 维护 Cache 一致性算法

由链式目录协议规范可知，其维护 Cache 一致性算法与全映射目录协议基本一样，但有两处不同。当处理机写高速缓存时，高速缓存向主存储器发出写请求后，存储控制器将依据数据块备份的指针链发送无效信号，将指针链上的其他备份置为无效，并由带结束标志

(CT)的链尾处理机发送应答信号到存储控制器,存储控制器将数据块目录项的重写位置为"1",并向高速缓存发送写允许信号。另外,对于替换预处理算法,需要把被替换数据块从指针链中删除,这与线性链表数据项删除完全相同。

综上所述,全映射目录、有限目录和链式目录3种协议规范维护 Cache 一致性的逻辑思想是相同的——利用目录。处理机写操作时,存储控制器与高速缓存控制器根据目录表指针来协调操作,把其他数据块备份置为无效,重写位置为"重写"。处理机读操作时,若重写位未置位,则说明该数据块未重写。这时,若读缺失,则从存储器中或拥有正确数据块备份的高速缓存中读取并修改目录;若读命中,则直接读即可。这3种协议规范的不同之处在于存在数据块备份的高速缓存的记录方式。全映射目录采用目录项中的一位处理机位来一对一地记录,有限目录采用目录项中若干数目固定的指针域来多对多地记录,链式目录采用目录项中携带的指针链来实际记录。

特别地,对于 Cache 一致性协议,Agarwal 等人提出符号表示法,即一种协议可以用 DIRxy 表示,其中 x 表示指针数量,y 表示是否广播(NB 为不广播、B 为广播)。这样,总线侦听协议符号表示为 DIR0B($x=0$),全映射目录协议符号表示为 DIRNNB($x=N$),有限目录协议符号表示为 DIRiNB($x=i<N$ 为常数),链式目录协议符号表示为 DIRxNB(x 为变量)。

4.4　共享存储一致性及其实现模型

4.4.1　异元一致性与存储一致性模型

1. 共享存储异元一致性的含义

Cache 一致性关注的是不同处理机对同一主存单元的读/写次序,以保证"对每个位置的读操作,均可以返回最近一个写操作所写的值",但还期望可以保证不同处理机对不同主存单元的读/写次序。如设 A、B、flag 3 个变量的初始值为0,处理机 CPU_1 和 CPU_2 所运行的程序如下:

```
CPU₁                    CPU₂
A=1                     While(flag==0);/* 等待 flag 变为 1 * /
B=1                     Print A
flag=1                  Print B
```

上述代码功能实现过程为:在 CPU_1 对共享变量 flag 赋为 1 值之前,CPU_2 循环等待,一旦 CPU_2 发现 flag 的值变为1,便退出循环等待,打印共享变量 A 和 B 的值,且打印出来的 A 和 B 值均为1。但实际打印出来的 A 和 B 值并不一定为1,具体表现为:CPU_1 对 A、B、flag 的写入值,CPU_2 最终均可以读到,但 CPU_2 读出值的次序并不一定是 CPU_1 写入值的次序,即 CPU_2 读出 flag 为 1 时,读出并打印的 A、B 值仍为 0,这样 CPU_1 写入值的次序为 $A→B→$flag,CPU_2 读出值的次序为 flag$→A→B$ 或 flag$→B→A$,这就是共享存储异元一致性。异元一致性产生的原因在于:flag 和 A、B 存放于不同的存储单元,而 Cache 一致性仅能保证对同一存储单元的读/写次序,仅能保证对同一存储单元的写传播和写串行化,而不能保证对不同存储单元的写传播和写串行化,即不能保证某处理机对不同存储单元的写次序与其他处理机对不同存储单元的读次序完全相同。

2. 存储一致性模型及其分类

实现 Cache 一致性是使不同高速缓存的备份和主存的备份保持一致,它不仅直接决定存储访问的正确性,而且对多处理机的性能有很大影响,是实现共享存储系统的关键。由异元一致性可以看出,单靠 Cache 一致性不可能正确推断程序运行所产生的访问操作行为,因为 Cache 一致性仅可以保证对同一个存储单元访问操作的次序,对不同存储单元的访问操作次序并没有做出规范。人们为保证任何存储访问的正确性,引入了存储一致性的概念,为实现存储一致性,不仅需要由 Cache 一致性协议来保证同一存储单元访问的正确性,还需要异元一致性协议来保证不同存储单元访问的正确性。

如同存储层次间一致性与 Cache 间一致性一样,由 Cache 一致性协议来一同维护,异元一致性与 Cache 一致性也应该一同维护,从而引出了存储一致性模型。存储一致性模型对 Cache 一致性协议提出存储访问之间操作次序限制,即要求 Cache 一致性协议应该实现什么样的"一致性"。例如:在释放一致性模型(release consistency model,RCM)中,一台处理机写入的值,其他处理机只有等待到其释放锁后才能进行再访问;而在顺序一致性模型(sequential consistency model,SCM)中,一台处理机写入的值会立刻传播到其他处理机。可见,SCM 和 RCM 所描述的"一致性"是不一样的,从而使得它们实现 Cache 一致性的协议也不同。所以,存储一致性模型是实现"一致性"的标准,Cache 一致性协议是实现"一致性"的具体方法。存储一致性模型实质如同串行计算模型一样,是编程人员与多处理机体系结构之间的一个约定,程序员可以据此来推断程序的行为,多处理机严格根据这个约定来运行程序,这样程序运行结果与预想的是一致的。所以,存储一致性模型是易于编程与高性能获取之间的折中。

在存储一致性模型中,对存储访问之间操作次序的限制,既可以作用于同一存储单元,又可以作用于不同存储单元;既可以是同一进程发出的,又可以是不同进程发出的。而"操作次序"是处理机可见的操作次序,在实际物理执行中可能不是这样,但效果是一样的。根据对存储访问之间操作次序限制的强弱,存储一致性模型主要有顺序一致性模型和放松一致性模型两种类型,前者适用于侦听 Cache 一致性协议,后者适用于目录 Cache 一致性协议。不同的存储一致性模型对存储访问次序的限制有差异,因而对程序员的要求及所能得到的性能也不一样。存储一致性模型对存储访问次序的限制越弱,越有利于提高性能,但编程却越难。

4.4.2 顺序一致性模型及其实现

1. 顺序一致性模型的含义

程序员希望一个多线程程序在多处理机上和在单处理机上运行结果是一样的,只不过在多处理机上运行时,多个线程可以在多个处理机上同时执行而已。这样,程序员就可以如同推断单处理机上程序的运行行为一样,推断多处理机上程序的运行行为。Lamport 便将程序员的直觉希望定义为顺序一致性模型。顺序一致性模型是指,如果程序任意一次的运行结果均与所有处理机按某一顺序的次序运行程序的结果相同,且在该顺序次序中各处理机的操作都是按程序所指定的次序发生。

图 4-28 所示为顺序一致性模型提供于编程人员的存储访问操作的抽象描述,它类似于 4.2 节中讨论的假想的总线事务,其区别在于假想总线事务面向的是单体对象——总线,存

储访问操作的抽象面向的是多体对象——存储模块集,把它们当成单一的逻辑存储器,且每个存储模块又包含不同的存储单元。这样对每台处理机来说,好像一次发送一个存储访问操作,且是按程序序原子执行的,即一个存储访问操作好像是等到前一个存储访问操作结束之后才发送,且所有存储访问的次序相对于所有处理机都是一致的,主存储器也是按照到达的次序来服务的。

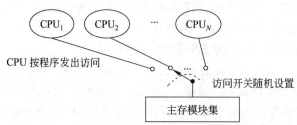

图 4-28　顺序一致性模型存储访问操作的抽象描述

顺序一致性模型包含两个限制。第一个是全局程序序的限制,即同一个进程发送的存储访问必须严格按照程序中的顺序对所有处理机可见;第二个是存储访问操作原子化的限制(写一致条件),即所有进程都必须等到前一个存储访问操作相对于所有处理机均结束后才能发送下一个存储访问,且前一个存储访问是由任意进程发送的。顺序一致性模型的两个限制是共享存储实现正确性访问的充分非必要的条件。

2. 顺序一致性模型的实现

对于顺序一致性模型,写原子化(write atomicity)比较难处理,它要求所有的存储访问必须形成的一个全局序,且对所有处理机均以同样次序可见,即对所有处理机的执行次序均一致。例如,3 台处理机运行的程序如下所示。

```
CPU₁        CPU₂                              CPU₃
A=1         White(A==0);/*等待 A 变 1*/      White(B==0);/*等待 B 变 1*/
            B=1                               Print A
```

该例功能实现过程为:CPU_2 等待 A 变为 1 后对 B 赋 1 值,CPU_3 等待 B 变为 1 后打印输出 A 的值。在程序员看来,输出的值应该为 1。但可能出现以下状态:CPU_1 对 A 的写操作对 CPU_2 可见,但还未对 CPU_3 可见,这时 CPU_2 的读 A 操作而发现 A 变为 1 便跳出循环,随后对 B 赋 1 值;若 CPU_3 可见的是 CPU_2 对 B 的写操作先于 CPU_1 对 A 的写操作,这样 CPU_3 发现 B 变为 1 便跳出循环,并打印出输出 A 的旧值 0(在 $Cache_3$ 中)。之所以出现错误状态,原因在于写操作未原子化。实际上,顺序一致性模型的"写原子化"比 Cache 一致性协议的"写串行化"标准更高也更严格。"写串行化"仅要求所有对同一存储单元的写操作必须以相同次序对所有处理机可见,而写原子化则要求对任意存储单元的写操作必须以相同次序对所有处理机可见。

通常,多处理机仅需要满足 3 个充分条件就可以实现顺序存储一致性:①每个进程均按照程序序来发送存储访问操作;②进程发送写操作后必须等待该写操作相对所有处理机均结束,才能发送下一个存储访问;③进程发送读操作后不仅必须等待该读操作结束,还必须等待提供该读值的写操作对所有处理机均结束,才能发送下一个存储访问。可见,写操作对某处理机结束也不能发送下一个存储访问,必须等待该写操作对所有处理机均结束后,才能发送下一个存储访问。这是一个全局限制,而不是局部限制,从而保证"写原子化"。

在总线侦听协议中,共享总线的总线序则实现了顺序存储一致性。如二态写直达无效协议,它并不仅使对同一存储单元的读/写操作被总线序串行化了,事实上对所有存储单元的读/写均被总线序串行化了。从写原子化的角度来看,当一个读操作读到一个写操作所写值时,该写操作肯定对所有处理机均结束,因为它产生了一个总线事务,保证了写原子化;当一个写操作对所有处理机均结束时,总线序前面的写操作肯定对于所有处理机均已结束。

3. 处理器存储一致性模型

处理器存储一致性模型是由古德曼(Goodman)等提出的,以减少顺序存储一致性模型对存储访问次序的限制。处理器存储一致性模型对存储访问次序的限制为:①在任一LOAD 取数操作允许被执行之前,所有同一处理器的先于该 LOAD 的取数操作均已结束;②在任一 STORE 存数操作允许执行之前,所有同一处理器的先于该 STORE 的存取操作(包括取数操作和存数操作)均已结束。可见,处理器存储一致性模型允许 STORE 之后的LOAD 绕过 STORE 而执行(即同一处理器的"先写后读"的存储访问次序可以颠倒),这样在保证正确性的前提下,可以提高多处理机的性能。目前,许多处理器都支持处理器存储一致性模型,如 IBM370、Intel 的所有微处理器等。

4.4.3　放松存储一致性模型及其实现

1. 目录 Cache 一致性访存正确性的实现策略

在目录 Cache 一致性协议中,高速缓存中有一张映像表,用于表示数据块的映像关系及其备份状态,主存储器中有一张目录表,用于表示数据块在哪些高速缓存中有备份及其数据块状态。而顺序存储一致性模型存储访问正确性的充分条件为写一致和全局程序。

对于写一致条件,要求多处理机中的某处理机对同一存储单元的存数操作应以相同的次序到达所有其他处理机。对此,在目录 Cache 一致性协议中是可以实现的,实现策略为:主存储器接收到一个存储访问请求时,在主存储器对该请求进行服务期间,应锁住目录表中相应的目录项,使其他处理机对同一数据块的存储访问等待。在锁机制保护下,所有对同一数据块的存数操作是串行的,这比写一致条件更严格。同样,如果一个取数操作读取一个存数操作所写的值,那么该取数操作必须等待相应的存数操作到达所有处理机后才能进行。可见,锁机制使得目录项如同总线一样,成为所有存储访问的串行点及其潜在瓶颈。

对于全局程序序,要求多处理机中的所有处理机应根据指令在程序中次序来执行,且在当前存储访问指令结束之前,不能开始执行下一条存储访问指令。对此,在目录 Cache 一致性协议中是可以实现的,实现策略为:①所有处理器根据指令在程序中出现的次序执行指令;②当某处理机发送存数操作"STORE X"后,必须等待该存数操作到达所有其他处理机后,才能继续执行其他指令;即若某处理机拥有 X 所在数据块的独占备份,该存数操作在高速缓存中则可以实现,否则某处理机向主存储器发送 Write(X)请求且等待,接收到应答信号 Wtack(X)之后,才能继续执行后续指令;③当某处理器发送取数操作"LOAD X"后,必须等待该取数操作读取的值已确定且写此值的存数操作到达所有其他处理机后,才能继续执行其他指令,即若某处理机拥有 X 所在数据块的共享或独占备份,该取数操作在高速缓存中则可以实现,否则某处理机向主存储器发送 Read(X)请求且等待,接收到应答信号Rdack(X)之后,才能继续执行后续指令。特别地,锁目录机制可以保证处理机在接收到应答信号 Rdack(X) 时,读取写数的存数操作已到达所有处理机。

2. 放松存储一致性模型的含义

顺序一致性模型对全局程序序的限制过于严格,它要求同一处理机发出的指令不能重叠处理,不利于性能提高,单处理机中提高性能的技术如流水线、超标量等在共享多处理机中都难以有效地应用。尤其是在分布式共享存储中,一旦存储访问不命中,访问时延很长。不允许指令重叠执行的原因是为了防止重叠执行发生错误,但并非所有指令重叠执行都会发生错误。实际是绝大多数情况下,即使对一个程序的存储访问次序不加限制,也可以得到正确的结果。所以,仅对那些容易引起错误的少量存储访问次序加以限制,使绝大多数的存储访问操作重叠执行,并不影响程序运行的正确性。为了放松对存储访问次序的限制,人们提出了系列放松存储一致性模型。目前常见的放松存储一致性模型有:处理器存储一致性模型、弱存储一致性模型、释放存储一致性模型、急切释放存储一致性模型、懒惰释放存储一致性模型等。

在顺序一致性模型中,为了避免程序运行时发生存储访问冲突(如同数据相关)而引起错误,而对存储访问次序施加严格的限制。实际上存储访问冲突发生的概率很小,却会极大地影响程序运行的速度。因此,便把避免存储访问冲突发生的责任由程序员承担,即由程序员在程序中指出可能发生冲突的存储访问,存储一致性仅对程序员指出的存储访问次序加以严格限制,其余存储访问次序不加限制,这就是放松存储一致性模型的基本策略。可见,放松存储一致性模型实质是软硬件功能分配的一种策略,其效果是以增加软件编程负担来降低硬件的复杂性。按顺序存储一致性模型运行程序所形成的存储访问次序是存储访问次序的正确性标准,但程序运行时,存储访问次序仅需要满足某放松存储一致性模型的要求,并不一定严格执行正确性标准,也可以得到与执行正确性标准相同的结果。特别地,按满足某放松存储一致性模型来运行顺序一致性模型下的程序,可能得到与执行正确性标准相同的结果。

3. 弱存储一致性模型及其实现

为了放松对存储访问次序标准的限制,M.Dubois 等提出了弱存储一致性模型(weak consistency model,WCM)。弱存储一致性模型基本策略为:把同步存储访问和普通存储访问加以区分,程序员必须采用硬件可以识别的同步存储访问操作把对可写共享数据的访问保护起来,以保证多个处理机对可写共享数据的访问是互斥的。弱一致性模型对存储访问次序的限制为:①同步操作(含同步存储访问)的执行满足顺序一致性模型;②在任一普通存储访问允许被执行之前,所有同一处理机先于该存储访问的同步操作均结束;③在任一同步操作允许被执行之前,所有同一处理机先于该同步操作的普通存储访问均结束。可见,弱存储一致性模型允许同步操作之间的普通存储访问可以任意次序执行,从而使多个存储访问操作可以重叠流水执行。当然,这时需要程序员在程序中指示出普通存储访问,这样会增加程序员的负担,但可以有效地提高性能。目前,许多处理器均支持弱存储一致性模型,如 DEC 的 Alpha、SPARC V9 等。

4. 释放存储一致性模型及其实现

由 Gharachorloo 等提出的释放存储一致性模型(release consistency model,RCM)把同步操作分为获取操作(Acquire)和释放操作(Release),Acquire 用于获取对某些共享存储单元的独占性访问权,而 Release 则用于释放独占性访问权。释放存储一致性模型对存储访问次序的限制为：①在任一普通存储访问允许被执行之前，所有同一处理机先于该存储访问的获取操作 Acquire 均结束；②在任一释放操作 Release 允许被执行之前，所有同一处理机先于该释放操作 Release 的普通存储访问操作均结束；③同步操作的执行满足顺序一致性模型。可见，释放一致性模型不仅在同步操作之间的普通存储访问可以任意次序执行，而且在获取操作之前的、获取操作之间的、释放操作之后的、同一获取与释放操作对之间的普通存储访问均可以任意次序执行，但不同的获取与释放操作对之间的普通存储访问不可以任意次序执行。释放存储一致性模型最早在斯坦福大学的 DASH 中实现，目前已经被广泛应用，如 DEC 的 Alpha、IBM 的 PowerPC，SUN 的 SPARC V9 等。

　　由于释放操作相当于存数操作，而获取操作相当于取数操作，在处理器存储一致性模型中，"先写后读"是可以颠倒的，所以可进一步放松限制，使不同的获取与释放操作对之间的普通存储访问可以任意次序执行，这便是基于处理器的释放存储一致性模型（RCpcM）。如图 4-29 所示为顺序一致性模型、弱存储一致性模型和释放存储一致性模型在同步操作之间的普通存储访问所允许的执行次序，可以看出，释放存储一致性模型显然比弱存储一致性模型的限制更加放松。

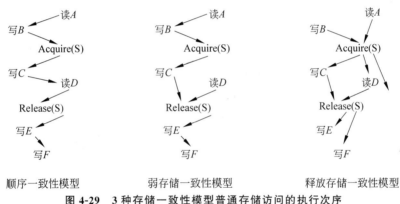

图 4-29　3 种存储一致性模型普通存储访问的执行次序

4.4.4　存储一致性模型的目的及其框架

1. 存储一致性模型实现的目的

　　上述存储一致性模型均是利用对存储访问操作次序的限制来满足其要求，通过某处理机发送的存储访问操作在什么时刻对其他处理机结束来实现，所以它们都是由硬件来实现对存储访问操作次序的限制。这些面向硬件的存储一致性模型的缺陷在于增加程序设计的复杂性。实际上，程序员对一个存储访问操作到达其他处理机的时间并不愿意关注，也没有理由要求程序员考虑存储访问的可分割性。另外，由于硬件优化不可能改变存储一致性模型的真正语义，所以限制存储访问的操作次序也就限制了硬件的进一步优化。因此，作为体系结构设计者和程序设计者界面的存储一致性模型，应该有效地反映出存储访问的具体行为，而不是规定存储访问的操作次序。当然，要求存储访问反映出什么样的具体行为，某种意义上也就规定了允许的最宽松的存储访问的操作次序。

　　对存储访问操作次序的限制仅是实现存储一致性模型的途径，而不是实现存储一致性模型的目的，其目的是建立决定程序运行结果，以及编写正确程序所需界面的机制。

处理机之间的同步机制可以实现存储一致性模型的目的,它不仅直接影响程序员能否编写正确的程序,而且还决定并行程序的运行结果。共享存储多处理机在运行并行程序时,虽然可以通过共享变量进行通信,但必要的同步是不可缺少的,这样才能保证得到正确的结果。放松一致性模型正是利用该特点,使用专用的同步操作并在同步点来维护存储一致性,以放松对存储访问操作次序的限制。当然,通常并不会为了存储一致性而增加专用的同步操作。例如,在顺序存储一致性模型中,可以利用普通存储访问操作来实现进程同步。

2. 面向程序设计的存储一致性模型

存储一致性模型作为程序设计者和体系结构设计者之间的一个界面,应该以双方均可以接受的方式来描述。当程序员编写程序时,根据存储一致性模型便可理解程序中每次存储访问所产生的具体行为,从而清楚如何编写满足存储一致性模型的正确程序。另外,存储一致性模型应该为体系结构设计者进行硬件优化留有余地。因此,存储一致性模型不应该对存储访问的操作次序进行限制,而应该指出体系结构满足存储一致性来运行并行程序时所产生的具体行为,而具体行为可以通过对存储访问的操作次序进行限制来实现。

存储一致性模型是利用一种同步机制,通过进程同步来确定进程间访问冲突的操作次序,规定一台处理机所写的值在何时通过何种方式传播到其他处理机,且不同的存储一致性模型采用的同步机制也不同,这便是面向程序设计的存储一致性模型。显然,新定义的存储一致性模型是面向程序设计者的,因为程序设计者必须关注并行程序中进程间的同步,才能编写出正确的程序。同时,由于没有直接规定存储访问的操作次序,又给体系结构设计者留有提高性能的余地。因此,在一定程度内,同一种同步机制对存储访问操作次序的限制可以不同,即同一种新定义的存储一致性模型可以有不同的实现,相应的多处理机性能及其实现复杂性也不一样。

3. 存储一致性模型的框架

存储一致性模型的框架为:在共享存储多处理机中,并行程序的运行结果由程序中相互冲突的存储访问的操作次序确定,而其操作次序由同步操作的执行次序决定。从实现框架可以看出,正确地实现存储一致性模型应该利用同步机制,为并行程序中所有相互冲突的存储访问确定次序,以保证不发生错误。可见,上述所讨论的各种存储一致性模型是该框架的具体实现,对定义的程序序及其对应的执行序赋以物理序,从而对同步操作的执行次序及同一进程内操作的执行次序进行合理限制,以保证可以正确运行满足该框架的并行程序。

假设处理器 CPU_i 和 CPU_j 分别发送的存在冲突的存储访问为 U_i、V_j,对于处理器 CPU_i 发送的存储访问 U_i,一般通过"$U_i \rightarrow_{程序序} Rel_i(l) \rightarrow_{同步序} Acq_j(l) \rightarrow_{程序序} V_j$"的序列转换(符号"$X \rightarrow_c Y$"表示 X 和 Y 存在偏序关系 c,符号 l 表示锁),才能使处理器 CPU_j 接收到,把存储访问次序确定下来。但不同的存储一致性模型,序列转换过程不同。例如,在 SCM 中,存储访问次序的确定过程比较简单,通过"$U_i \rightarrow_{同步序} V_j$"的序列转换则可以确定次序;在 ScCM(域存储一致性模型)中,存储访问次序的确定过程比较复杂,通过"$Acq_i(l) \rightarrow_{程序序} U_i \rightarrow_{程序序} Rel_i(l) \rightarrow_{同步序} Acq_j(l) \rightarrow_{程序序} V_j$"的序列转换才可以确定次序。

4.5　集中共享多级 Cache 一致性及其实现

4.5.1　多级 Cache 包含性与分事务总线

1. 多级 Cache 及其包含性

上述侦听 Cache 一致性协议面向的是单级高速缓存和原子事务总线,但从 20 世纪 90 年代以来,大多数微处理器都在片内设置容量较小的高速缓存,与同容量较大的片外高速缓存形成了多级高速缓存,如图 4-30 所示。

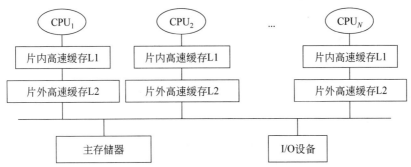

图 4-30　两级高速缓存的基于总线的多处理机结构

在多级高速缓存中,若两级高速缓存同时侦听总线,可以保证正确性,但硬件相当复杂且浪费。由于多级高速缓存通常满足包含性(inclusion property),因此仅需要第二级高速缓存控制器侦听总线即可。所谓包含性指在存储信息上,二级高速缓存与一级高速缓存具有两项关联:①若数据块存在于一级高速缓存中,则必定在二级高速缓存中,即一级高速缓存的内容是二级高速缓存的子集;②若数据块在一级高速缓存中处于修改状态,在二级高速缓存中也必须被标记为修改。第一项关联保证所有与一级高速缓存相关的总线事务,也与二级高速缓存相关,因此仅需要二级高速缓存控制器侦听总线。第二项关联保证假设一个总线事务请求的数据块,在一级高速缓存或二级高速缓存中处于修改状态,那么第二级高速缓存仅需要根据自己的状态就可以进行判断。

2. 分事务总线及其控制处理

一次仅能出现一个总线事务的总线称为原子总线,原子总线极大地限制了所能获得的总线带宽。若将总线事务分为相互独立的请求子事务和响应子事务,这样对于一个总线事务,在其请求发出到得到响应的这段时间内,允许总线上出现其他事务,以提高总线利用率。分事务总线指允许多个总线事务交替地在总线上出现,以尽可能地获得带宽的总线。当多事务同时出现在分事务总线时,必须对请求、流量和响应等操作加以控制,才能有效地获得总线带宽。

(1)请求。一个请求的侦听或服务还未结束,新的请求就出现在总线上,从而可能导致对同一个数据块的冲突请求。对请求控制采用简单保守的方法,即不允许同一数据块的多个请求同时出现在总线上,从而避免冲突请求的发生。

(2)流量。总线上用于存储请求信号和数据响应的缓冲区一般容量均较小且固定,所以为了避免缓冲区溢出,必须对流量进行控制。利用应答(negative acknowledgement,

NACK)信号,控制总线与高速缓存控制器之间的缓冲区是否接收信息,从而实现流量控制。

(3)响应。当请求信号被缓冲,何时以何种方式将侦听结果和数据响应发送到总线上?例如,响应顺序是否应该与对应请求的顺序一致,侦听结果和响应数据是否必须出现在同一个响应事务中等。为了使响应与请求对应匹配,使响应带上标记,这样便允许响应出现在总线上的次序与请求出现的次序不一样,从而有效地获得总线带宽。

4.5.2 多级 Cache 包含性的维护

1. 包含性被破坏的情形

由于第一级高速缓存缺失时,均是从第二级高速缓存获取,一级高速缓存的内容是二级高速缓存的备份,所以粗略地看,包含性似乎可以被自动维护,实际上包含性不可能完全被自动维护。包含性实现较为复杂,特别是第二项关联的包含性,当发生替换操作时,包含性则可能被破坏。当一、二级高速缓存的块容量不相等时,替换操作使包含性被破坏的可能性很大;即使一、二级高速缓存的块容量相等,也有许多状态下的替换操作使包含性被破坏。

(1)第一级高速缓存不是直接映像(关联度为 1)且采用最近最少使用的(Least Recently Used,LRU)替换策略。设一级高速缓存和二级高速缓存都是采用 LRU 替换策略、2 路组相联的高速缓存,且二级高速缓存比一级高速缓存大 K 倍。若 3 个数据块 M1、M2 和 M3 均映像到一级高速缓存和二级高速缓存中的同一个组,在某一时刻,若 M1、M2 在一级高速缓存和二级高速缓存的一个组中,当处理器访问 M3 缺失时,一级高速缓存和二级高速缓存中都需要将 M1、M2 中的一个块替换出去。由于二级高速缓存并不清楚一级高速缓存中数据块的使用情况,所以可能二级高速缓存替换的是 M2,而一级高速缓存替换的是 M1,这样便违反了包含性第一项关联。

(2)指令和数据的一级高速缓存分开,且均是直接映像但共享二级高速缓存。假设一个指令块 M1 和一个数据块 M2 在二级高速缓存中是冲突的,在一级高速缓存中不冲突。如果 M2 既在二级高速缓存中(M1 不在),又在一级高速缓存中,当处理器访问 M1 缺失时,M2 将从二级高速缓存中替换出去,但 M1 不会从一级高速缓存中替换出去,这样也违反了包含性第一项关联。

2. 包含性实现的条件及其途径

许多高速缓存配置不能自动实现包含性,为了自动实现包含性,高速缓存配置必须满足以下 3 个条件。①一级高速缓存为直接映像;②二级高速缓存为直接映像或组相联映像且采用任意替换策略,但保证一级高速缓存的数据块同时也在二级高速缓存中;③块容量相等。高速缓存的包含性是通过扩展高速缓存层次传送一致性机制来实现,且扩展有以下 3 条途径。

(1)扩展总线事务处理功能。第二级高速缓存负责侦听总线,有些总线事务与第一级高速缓存有关,这时必须把该事务的有关信息传送到一级高速缓存,如二级高速缓存侦听到的总线事务使某数据块无效,且该数据块在一级高速缓存中,则必须把该无效信息传送到一级高速缓存。

(2)扩展处理器写事务处理功能。在第一级高速缓存写命中时,其对数据块的修改应该发送到第二级高速缓存,使二级高速缓存在必要时可以及时提供新值,这时一级高速缓存可以采用写直达,也可以采用写回。采用写直达的优点在于容易在单个周期内完成写操作,但一级高速缓存的性能得不到利用,所以通常在一级高速缓存和二级高速缓存之间设置写缓冲。采用写回时,不仅需要在替换时写回,还需要让二级高速缓存知道该数据块被修改,当实际需要向总线提供该数据块的最新备份时,可以从一级高速缓存得到最新的备份,所以在二级高速缓存的映像表中同时置位修改位和无效位。

(3) 扩展替换操作事务处理功能。当二级高速缓存的数据块被替换出去时,该数据块的地址应该传送到一级高速缓存,把对应数据块置为无效。

3. 高速缓存层次一致性的传送

在多级高速缓存中,处理器请求沿高速缓存层次向下(远离处理器方向)传送,直至遇到含有请求数据块且是最新的高速缓存,或直到到达总线。反过来,对处理器请求的响应则沿高速缓存层次向上传送,直至到达处理器。在前进的过程中,写响应更新各层高速缓存(缺失时还需要将数据块装入),并置其状态为修改,这时数据块写入后,最下层内容是最新的。读响应则将数据块装入各层高速缓存,并置其状态为共享。

总线事务请求从外部接口沿高速缓存层次向上(靠近处理器方向)传送,且不断修改前进过程中的数据块状态,直至遇到修改的数据块,便产生响应,向总线传输。把那些需要提供数据块到总线上的请求分为 Flus 请求和 CopyBack 请求,区别在于 Flus 请求同时需要将数据块备份置为无效。

4.5.3　分事务总线的实现

1. 分事务总线的结构

分事务总线由请求线、响应线、总线仲裁器和其他信号线等组成,且请求线、响应线和其他信号线是相互独立的不同线束。请求总线用于传送命令(如 BuRd、BWh)和目的地址,响应总线用于传送数据和标记,其他信号线用于仲裁、流量控制和报告侦听结果,如禁止线、修改线等,总线仲裁器用于争用时的总线分配。当总线仲裁器将总线使用权授予一个请求时,还为该请求分配唯一的标记(3 位标记,最多允许 8 个未结束的请求)。特别地,标记的使用使得响应时不需要使用地址线而可供其他请求使用,地址总线和数据总线也就可以分别进行仲裁分配。

在地址请求阶段结束到数据响应阶段开始,还可能需要若干时钟周期,以确定哪个存储模块响应和准备数据。期间,发生的侦听响应被保存在请求表中,还可能发生新的请求和响应。所以为使侦听响应和对应请求的匹配,所有的高速缓存控制器一旦发现请求的响应在总线上出现(即响应阶段),就将侦听结果放到总线上。特别地块写回(BWh)和总线写升级(BuWrU)无数据响应,不需要侦听响应。

为了跟踪总线上出现的 8 个未完成请求,所有高速缓存控制器需要维护一个含 8 行的请求表,其行结构格式为:标记+目的地址+请求类型+我的响应+高缓状态+其他。当向总线上发送一个新请求,高速缓存控制器便将该请求添加到请求表中相应的位置(由仲裁时赋予请求的 3 位标记决定);当总线上出现响应时,便将与响应相匹配的请求从请求表中清除。对于某数据块,若已有一个未完成的事务,当出现一个新请求该数据块的事务,则称未完成事务与新请求事务冲突。由于在请求表中记录了已经发送到总线上但还未完成的事务,如果某数据块已有一个未完成事务,便阻止发送请求该数据块的事务,等待直到未完成事务的响应出现之后才能发送,由此可以避免冲突请求。但对于某些情况,允许对以前未完成事务的再利用。例如，P_1 中出现一个对块 A 的读缺失，将要发送一个 BuRd 请求事务，这时若请求表中已经有一个对块 A 未完成的 BuRd 请求，显然 P_1 可以直接利用该事务。

2. 分事务总线事务处理过程

完整的请求-响应分事务总线的事务处理，至少包含地址请求（使用地址线）、数据请求（响应子事务使用数据总线仲裁逻辑请求存取数据总线）和数据传输或响应（使用数据总线）3 个阶段，阶段之间采用流水作业，使得不同存储访问操作可以同时在不同阶段执行。由于响应阶段通常需要 4 个总线周期和 1 个周转时间，所以把请求阶段分为 5 个步骤：仲裁、决议、寻址、译码和确认。事务处理过程及其可能引起的竞争如下所述，且通过冲突操作和竞争操作有效地解决了冲突请求。

（1）请求记录。请求一旦出现在总线上，即刻记录于所有高速缓存控制器的请求表中，包括发出请求的高速缓存控制器。

（2）请求表检查。高速缓存控制器对新请求与请求表中的当前未完成请求进行检查比对，判别是否发生事务冲突。

（3）事务冲突操作。如果发生事务冲突，则根据未完成请求的特性进行相应操作：①若未完成请求为 BuRd 事务，不需要产生新的请求，直接获取未完成请求的响应数据；②若未完成请求的响应出现在总线上，等待直至响应结束发送请求。

（4）事务竞争操作。如果没发生事务冲突，则产生请求总线仲裁以获得总线使用权；而从检查请求表到获得总线使用权的时间内，总线上可能出现冲突请求，这时便放弃原来的总线仲裁请求，等到冲突请求的响应出现在总线上之后，重新进行总线仲裁，发送请求。

现以处理器读缺失 PRdMs 请求事务为例，具体讨论事务处理操作。在请求表检查时，主存储器并不清楚该数据块是否在某个高速缓存中修改过，便开始取该数据块；而某高速缓存可能发现其有该数据块并处于已修改状态。如果没发生事务冲突，则根据主存储器响应的快慢可分为以下两种情况，从而有效解决请求与响应之间的匹配。

（1）高速缓存控制器在主存储器响应之前获得总线使用权，产生对该请求的响应；主存储器发现请求的响应出现在总线上，便取消取数据块操作；等待数据块的高速缓存控制器将数据装入高速缓存，并置相应状态；同样，由于主存储器数据块也不是最新的，主存控制器也接收请求的响应数据。

（2）主存储器先取得数据并获得总线使用权，而含有该数据块并修改过的高速缓存控制器还未完成侦听，这时该高速缓存控制器便置位禁止线，直到完成侦听置位修改线后释放禁止线（置位修改线的目的是通知主存控制器某高速缓存中含有最新备份）；主存控制器观察到修改线被置位，则取消响应事务，不把数据块放到总线上；含有该数据块并修改过的高速缓存控制器获得总线使用权，把响应数据块放到总线上。若没有该数据块并修改过的高速缓存，则等待直到主存储器把响应数据块放到总线上。

3. 分事务总线的流量控制

高速缓存控制器除写回缓冲区外，还需要有请求响应的缓冲区，用于存放响应数据块。由于响应缓冲区项包含地址和数据块，容量较大，所以缓冲区项数通常不能太多。若仅允许发送一个请求，即缓冲区项数为 1，可以有效地保证缓冲区不发生溢出，但效率受到限制。因此，一般均会配置一定数量的缓冲区项，这时通过限制发送请求的数目，来实现流量控制，使缓冲区项数不发生溢出。

由于未完成请求可能产生写回,这样主存储器不仅需要接收请求本身,还可能需要接收写回。而写回事务不需要响应,请求本身和写回事务则可能连续出现在总线上,所以主存控制器也需要配置响应缓冲区,并进行流量控制。为此,便为地址总线和数据总线设置独立的NACK 线(仲裁是相互独立的),且允许主存控制器或处理器在请求或响应事务的确认时钟周期(即结束时)发送 NACK 信号。如主存控制器缓冲区满,则发送 NACK 信号,事务就被取消,之后再发送响应。所以通常规定,事务发起者定期重发该事务,直到成功为止,且利用回退和优先级来减少重发所消耗的带宽。

4.5.4　分事务总线多级高速缓存的实现

1. 多级高速缓存的组成结构

采用分事务总线的多级高速缓存组成结构如图 4-31 所示。当请求和响应在多级高速缓存各层次传送时,由于各独立单元(如控制器、高速缓存等)的处理速度不同,为了让独立单元按各自的速度操作,除处理器和一级高速缓存之间没有设置队列外,高速缓存之间或高速缓存与总线之间均设置了由上到下和由下到上的处理队列,用于存放一个操作在相邻层之间产生的请求与响应。

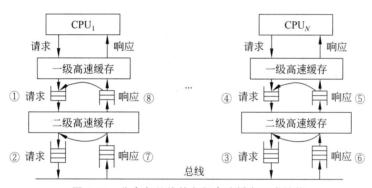

图 4-31　分事务总线的多级高速缓存组成结构

设处理器一次仅能发送一个未完成请求,则以处理器读缺失为例,讨论请求/响应的传送过程。①一个在一级高速缓存中读缺失的请求,传送到二级高速缓存中;②在二级高速缓存中也读缺失,则读缺失请求被传送到总线上;③读请求被另一高速缓存控制器的到来队列侦听捕捉到;④若读缺失数据块在某处理器的一级高速缓存中,并处于 M 状态,读缺失请求被放入队列中等待一级高速缓存服务;⑤一级高速缓存将该数据块的状态变为 S,并将该数据块传送到二级高速缓存中;⑥二级高速缓存将该数据块发送到总线上;⑦该数据块被原来的二级高速缓存侦听捕捉到;⑧二级高速缓存将该数据块传送到一级高速缓存。这样,处理器便可以从一级高速缓存中读取到相应数据字。

2. 多级高速缓存的死锁

由于总线的竞争,在多级高速缓存的组成结构中,在二级高速缓存与总线之间设置容量足够大的处理队列,以存放所有其他处理器发出的未完成请求和本身发出请求的响应。这样,当二级高速缓存在一个未完成请求时,便可以缓冲或响应从总线上来的请求,以释放总线。但处理队列的设置,可能发生经典缓冲区死锁。假设一级高速缓存和二级高速缓存均是写回高速缓存,这两层高速缓存之间设置了两个处理队列:一级高速缓存→二级高速缓存的队列和二级高速缓存→一级高速缓存的队列,且均仅有一个缓冲区。若在二级高速缓存→一级高速缓存的队列中得到一个读请求,且读请求在一级高速缓存中得到满足,便向二级高速缓存发送一个响应。另外,在一级高速缓存→二级高速缓存的队列中,有一个读请求发送出去,该读请求在二级高速缓存中也得到满足,也向一级高速缓存发送一个响应。由此,形成资源循环依赖,便产生了死锁。

避免死锁发生的基本策略是流量控制,即限制处理器发出的未完成请求数目,且在每一层为到来的请求和响应提供足够多的缓冲区。显然死锁避免的代价高,且可扩放性欠佳。而解除死锁的基本策略是打破资源依赖环,即规定:处理请求事务时,可以发送响应事务;处理响应事务时,不允许发送请求或响应事务。这样便可以保证响应事务总可以被传送于对应请求的发送者,只要缓冲区足够多,就不可能产生依赖环。

对于分事务总线多级高速缓存,除经典缓冲区死锁外,还有许多问题需要讨论,如潜在死锁、顺序一致性等。特别地,在上述讨论分事务总线时,均假设一个处理器在任何时刻仅有一个未完成的访问请求,但现代微处理器通常均允许同时有多个未完成的访问请求,以提高性能。

练 习 题

1. 对于含有存储系统的共享存储多处理机,访问命令发出的次序与访问操作的次序是完全一致的吗?为什么?举例说明。

2. Cache 一致性的存储系统通过硬件实现哪两项功能便可以维护 Cache 一致性?为什么?举例说明。

3. 写传播和写串行化是实现 Cache 一致性的基础,试从这两方面比较集中共享与分布共享的 Cache 一致性协议的异同点。

4. 参照四态写回无效和四态写回更新协议规范的状态转换图,描述协议规范状态转换的控制过程,并指出维护一致性的操作。

5. 集中共享 Cache 一致性协议有哪几种?试比较它们的异同点。

6. 分布共享 Cache 一致性协议有哪几种?试比较它们的异同点。

7. 什么是共享存储一致性?它包含哪几种?简述各种存储一致性的含义和维护一致性的策略。

8. 对于分事务总线多级高速缓存,可能发生一个块无效请求紧跟于数据响应之后,使得处理器还没有真正访问该高速缓存块之前就无效了。为什么会发生这种情况?如何解决?

9. 释放一致性模型是在综合吸收处理器一致性模型和弱一致性模型优点的基础上提出的,试回答以下问题。

(1) 比较这 3 种一致性模型的实现要求。

(2) 比较这 3 种一致性模型的优缺点。

10. 对于分布共享一致性实现的目录协议,设某节点将读缺失视为原子操作,即在读缺失完成之前不会响应其他请求。试问:这样处理会不会产生死锁?如果会,请写出产生死锁的事件序列;如果不会,请说明原因。

11. 在基于总线共享存储多处理机中,若分别采用 MESI 协议和 Dragon 协议来维护

Cache 一致性,对于以下存储访问序列,试从访问序列和一致性协议的特点出发,比较在两种协议多处理机上执行的性能差异。假设所有高速缓存初始均为空,高速缓存命中时间为 1 个时钟周期,缺失引起的简单事务如总线写升级(BuWrU)或总线写更新(BuWrG)时间为 60 个时钟周期,缺失引起的数据块传输事务时间为 90 个时钟周期,且所有高速缓存均是按写分配的。存储访问序列:① R1→W1→R1→W1→R2→W2→R2→W2→R3→W3→ R3→W3;② R1→R2→R3→W1→W2→W3→R1→R2→R3→W3→W2→W1;③ R1→R2→ R3→R3→W1→W1→W1→W1→W2→W3(R/W 表示读/写,数字表示发出读/写的处理器编号,且所有读写均为同一存储单元)。

12. 设一级高速缓存和二级高速缓存均采用 2 路(即每组 2 个块)组相联映像,且有二级高速缓存的组数 N_2 大于二级高速缓存的组数 N_1,即 $N_2 > N_1$,当替换策略为 FIFO 和 LRU 时。试分析:包含性是否可以自然满足?如果替换策略为随机策略呢?

13. 对于下列多级高速缓存,试给出使包含性不满足的一个主存访问序列。

(1) 一级高速缓存容量为 32 字节,2 路组相联映像,块容量为 8 字节,采用 LRU 替换策略;二级高速缓存容量为 128 字节,4 路组相联映像,块容量为 8 字节,采用 LRU 替换策略。

(2) 一级高速缓存容量为 32 字节,2 路组相联映像,块容量为 8 字节,采用 LRU 替换策略;二级高速缓存容量为 128 字节,4 路组相联映像,块容量为 16 字节,采用 LRU 替换策略。

14. 在分布共享多处理机的顺序存储一致性模型下,有 3 个并行执行的进程如下所示,试问:001110 是一个合法的输出吗?为什么?

S_1	S_2	S_3
$A=1$	$B=1$	$C=1$
Print(B,C)	Print(A,C)	Print(A,B)

15. 对于下列代码,在顺序存储一致性模型下,可能产生的结果有哪些?假设代码执行开始时,所有变量的值均为 0。

(1)

CPU_1	CPU_2	CPU_3
$A=1$	$U=A$	$V=B$
	$B=1$	$W=A$

(2)

CPU_1	CPU_2	CPU_3	CPU_4
$A=1$	$U=A$	$B=1$	$W=B$
	$V=B$		$X=A$

16. 请为四态写回无效和四态写回更新协议规范设计状态转换控制逻辑。

17. 请采用 C 语言编写三态写回无效协议实现 Cache 一致性的程序。

18. 若由带宽消耗和访问时延来度量共享存储多处理机性能,设基于总线时所有事务需要 50 个时钟周期,高速缓存的块容量为 64 字节,且不考虑竞争影响。

(1) 写出两段代码来说明 Cache 一致性协议在写无效与写更新时的带宽不同。

(2) 写出一段代码来说明写更新比写无效在访问时延上更优越。

(3) 若考虑竞争,写出一段代码来说明写无效比写更新在访问时延上更优越。

19. 请采用 C 语言编写有限目录和链式目录协议实现 Cache 一致性的程序。

第 5 章

多处理机的数据通信与同步操作

由于多处理机并行性高、并行级别多样,并行任务之间必然需要同步;而对于非共享主存储器的多处理,并行任务之间的数据通信量往往很大,所以数据通信时延和同步操作开销成为制约多处理机有效发挥性能效率的重要因素。本章讨论多处理机数据通信的协议结构及其底层实现方法、路径选择及其算法、流量控制及其控制策略、同步操作与同步原语概念、同步原语种类及其实现,介绍多处理机的通信性能指标、商品化高性能通信网络、数据通信(含存储访问)时延处理策略及其容忍技术、各种同步原语的性能。

5.1   数据通信协议结构与高性能通信网络

5.1.1   数据通信的性能指标及其影响因素

1. 数据通信的性能指标

对于消息传递模型的多处理机,数据通信性能直接决定并行计算的性能。两台计算机相连接是最简单的通信网络,从一台计算机向另一台计算机发送数据来看,度量数据通信的基本性能指标可分为时延和带宽两方面。

1) 时延性能指标

时延包含通信时延和网络时延。

通信时延指多处理机中,从源节点向目的节点传送一条消息所需要的全部时间,它由软件开销、通路时延、选路时延和竞争时延 4 部分组成。软件开销是源节点发送消息与目的节点接收消息的软件执行时间;通路时延是消息通过通路传送消息所花费时间且通路时延＝消息长度/通路带宽;选路时延是消息传送过程中所有选路决策所花费时间;竞争时延是消息传送过程中为避免或解决网络资源争用冲突所花费时间。

网络时延指多处理机中,通路时延与选路时延的和。在负载较轻时,网络时延(通常为 $1\mu s$)远小于软件开销与竞争时延(几十到几百微秒)。

软件开销取决于源节点和目的节点收发消息的 OS 内核,通路时延由瓶颈链路或通路决定,选路时延与源节点和目的节点之间的距离有关,影响竞争时延的因素比较复杂,关键在于通道流量。可见,软件开销与竞争时延由软件行为特性(即通路流量)决定,通路时延与选路时延即网络时延由网络硬件特性决定,即通信时延是收发消息的 OS 内核、消息长度、通路带宽、源目节点间距离、通路流量的函数。

2) 带宽性能指标

数据通信依赖于互连网络,互连网络的带宽参数即数据通信的带宽指标,而互连网络的带宽参数主要有端口带宽、聚集带宽、对剖带宽、网络带宽等，单位均为 Mb/s。

端口带宽指互连网络中任一端口到另一端口传输消息的最大速率。对称网络的端口带宽与其位置无关，非对称网络的端口带宽是所有端口带宽中的最小值。

聚集带宽指互连网络中从一半节点到另外一半节点传输消息的最大速率。对于对称网络，聚集带宽＝端口带宽×节点数/2，如端口带宽为 10Mb/s，那么 512 个节点的聚集带宽为(10Mb/s×512)/2≈2.5Gb/s。

对剖带宽指互连网络中最小对剖平面上传输信息的最大速率。对剖平面是一组连接线，它将互连网络分成节点数相等的两部分；一个互连网络有许多个对剖平面，其中连接线数最少的为最小对剖平面。

网络带宽指消息进入互连网络后传输信息的最大速率。网络带宽是数据通信的综合性指标，它与网络拓扑结构、通路宽度、网络规模(端口数量)、通路数量、时钟频率等有关，完全由网络硬件特性决定。

2. 影响数据通信性能的因素

影响数据通信性能的因素包含通信硬件、通信软件和通信服务 3 方面。

通信硬件包含节点及其存储器、缓冲区、I/O 接口和通信网络等，在 I/O 接口中，NIC 是不可缺的。具有 DMA 功能的网络接口电路含有通信处理器(协处理器)、存储器和先进先出缓冲区等，协处理器用于初始化、装配/拆卸、校验编译码等，存储器用于存储 NIC 代码和暂存消息，缓冲区用于缓冲消息包。对于松散耦合多处理机，消息一般从源节点存储器发出，通过 DMA 缓冲区、存储总线、I/O 总线、网络接口电路，送到通信网络上；消息经过通信网络到达目的节点，反方向地传输到存储器接收。在消息传输的路径上，通信带宽受限于路径上窄带宽部件，窄带宽部件往往是存储部件而不是网络部件，因为数据通信时对存储器的访问通常采用 DMA 方式，DMA 缓冲区复制的带宽远小于存储总线的峰值带宽。

对于现代机群多处理机，软件开销在通信时延中占比很大，所以数据通信必须有良好的通信软件支持，否则即使通信网络与通信硬件非常有效，也难以使通信时延明显减少。通信软件包含通信协议组成结构及其算法等，软件开销主要来源于：①消息通过多层协议解释所需时延；②消息传输路径上存储复制所需时延；③消息传输路径上多次跨越保护边界(如从 NIC 进入通信网络等)所需时延。

通信服务对数据通信性能影响也是很大的。所期望的通信服务包括：①可靠传输，使消息准确无误而完整地从源节点传送到目的节点；②流量控制，使消息传输避免死锁、拥堵和缓冲溢出；③失效处理，以实现错误校验、重发等；④有序传输，使接收信息的顺序正确。

5.1.2　数据通信协议结构及其低层实现

1. 数据通信协议的组成结构

多处理机节点之间的数据通信是利用多层次协议来实现的，这些协议的组成结构如图 5-1 所示。在源节点发送端，用户通过通信函数(如在 PVM 和 MPI 等数据通信库中调用)，将消息向下传输到应用编程接口(application programming interface，API)层(套接字层)、TCP/IP 或 UDP/IP 层、OS 内核层、网络接口电路层，直至设备驱动器和通信网络。在目的节点接收端，以相反次序向上传输到通信函数中。特别地，套接字层和通信函数均可以在低级基本通信层(basic communication layer，BCL)上实现，而旁路掉 TCP/IP 或 UDP/IP 层。

低级基本通信层更多反映的是通信硬件性能,数据通信性能更多是由通信库或套接字来反映。

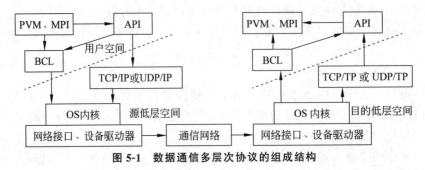
图 5-1 数据通信多层次协议的组成结构

在多处理机节点之间的通信网络可以分为通道和网络两种类型,通道可以认为是一种特殊的网络。通信通道是多处理机节点之间直接的点到点的固定连接,偏向物理性,主要用于处理机与 I/O 设备或 I/O 设备之间的连接。通信通道的数据传输速率高、时间开销小,可以处理任务的范围有限,目前 HiPPI、SCSI 等均定义了通信通道标准。通信网络是多处理机节点之间间接的多到多的可变连接,偏向逻辑性,主要用于处理机之间的连接。通信网络的数据传输速率低、时间开销大,可以处理任务的范围很宽泛,一般都有自己的通信协议。

2. TCP/IP 通信协议族

TCP/IP 通信协议族包含应用层、传输层、网络层和网络接口层等,其组成结构如图 5-2 所示。为了使其与具体的物理介质无关,TCP/IP 通信协议族没有对数据链路层和物理层进行规范而取名为网络接口层,所以可以认为它仅包含应用层、传输层和网络层 3 层。TCP/IP 通信协议族的特点是两端大中间小,即应用层有很多协议,如依赖于 TCP 的有超文本传输协议 HTTP、电子邮件协议 SMTP、文件传输协议 FTP 等,依赖于 UDP 的有内部网关协议 RIP,动态主机配置协议 DHCP 等,依赖于 TCP 和 UDP 的有通信管理信息协议 CMOT 等,而网络接口层无规范,传输层有传输控制协议 TCP 和用户数据报文协议 UDP,网络层仅有网络协议 IP。

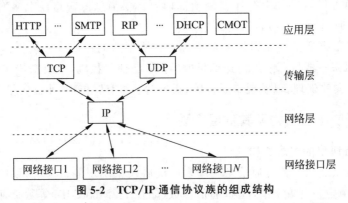
图 5-2 TCP/IP 通信协议族的组成结构

应用层协议是向用户提供常用的应用程序,一般分为 3 类:依赖于 TCP 的、依赖于 UDP 的、依赖于 TCP 与 UDP 的。网络层协议的主要功能有路径选择、数据报文分段与装配、错误通告等,还提供流量控制、拥堵处理等服务。传输层提供端到端(即应用进程之间)的通信服务,其主要功能为格式化数据流、端到端可靠传输、不同应用程序的识别等。UDP

是面向非连接的,发送端仅将消息分割成消息包发送并不建立连接,接收端对消息包接收装配和检查,但将错误数据丢弃而没有重发机制。TCP 是面向连接的,发送端将消息分割成消息包并建立连接后发送,接收端对消息包接收装配和检查,并利用应答和重发机制以确保消息可靠地传输。网络接口层的作用是向特定网络发送或从特定网络接收 IP 数据报文的物理帧。

应用编程接口是应用 TCP/IP 通信协议族的一组数据类型和操作,目前基本成为 UNIX 和 Windows 平台的标准。一个应用编程接口即一个套接字,就是一个通信端口,当两个进程应用套接字通信时,各自生成一个套接字,以指明是采用协议 TCP 还是 UDP,通过读/写相应的套接字来实现通信。

3. 基本通信层的实现方法

低级基本通信层对通信性能影响很大,其实现目前主要有双复制、单复制和零复制 3 种方法。

1) 双复制

双复制即用户空间协议,IBM SP 多处理机的低级基本通信利用了该方法实现,所以此处以 IBM SP 多处理机的低级基本通信过程为例来介绍双复制方法。

IBM SP 多处理机的低级基本通信过程如图 5-3 所示,其中消息层和管道层为基本通信库。消息层是非阻塞的、点到点的简单通信库,如 MPI、PVM 等,高级消息传输的通信函数功能均由其原语实现;管道层维持成对发/收进程之间的具有流量控制的、有序可靠的字节流。当源节点在消息层执行一条数据发送操作时,便将数据从发送缓冲器复制到源管道缓冲器;再在消息层调用管道层代码,将数据从源管道缓冲器复制到输出队列;最后由网络接口采用 DMA 方式将输出队列数据传输到源网络接口(源适配器)。源网络接口通过通信网络传输到目的网络接口(目的适配器),目的网络接口采用 DMA 方式将数据传输到输入队列;之后目的节点在消息层调用管道层代码,将数据从输入队列复制到目的管道缓冲器;最后在消息层执行一条数据接收操作,将数据从目的管道缓冲器复制到接收缓冲器。

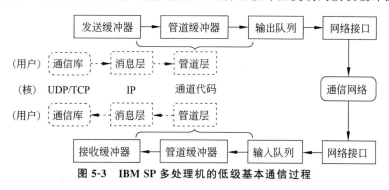

图 5-3 IBM SP 多处理机的低级基本通信过程

2) 单复制

单复制又称快速消息,主要支持机群与大规模并行多处理机,目的在于为消息层提供足够功能,使得高级原语(如 MPI 和 PVM 的套接字)实现的通信性能接近硬件极限。

单复制数据结构和功能均比较简单,仅含几个通信原语,如初始化的、发送存储器长消息的、发送寄存器多字消息的、抽取接收消息的、调用处理程序的等。单复制是一个低级通信层,但初始化后,网络接口和队列对用户可见,随后的发送和接收均不必跨界面保护。当发送节点从缓冲器取出数据并组装成消息包后,则直接将其传输到输出队列中,而后在DMA控制下传输到通信网络。当消息包到达目的节点时,则仍由DMA控制传输到输入队列,而后调用处理程序,将数据存入目的存储空间。

3) 零复制

零复制又称为虚拟存储映射通信。当节点之间进行数据通信时,节点中的守护程序可以为源节点和目的节点建立输入-输出关系,发送节点的进程可以将缓冲器中的数据直接发送到目的缓冲器,而不通过核缓冲器。

5.1.3 商品化高性能通信网络

1. Myrinet 通信网络

Myrinet 是一项高效分包通信与交换技术,可以用于构建适用于机群多处理机的、虫蚀全双工的多级交叉开关商品化通信网络,由其建构的网络拓扑结构如图 5-4 所示。Myrinet 网络拓扑结构不受限,数据链路层消息包可变长且可以实现流量和错误控制,光纤链路长度可达 3m,峰值速率为 $(1.28+1.28)$Gb/s。特别地,其中的节点处理机可以是 PC、工作站、超级计算机、服务器等。

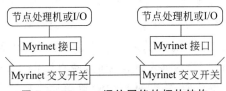

图 5-4 Myrinet 通信网络的拓扑结构

Myrinet 交叉开关通过链路同其他交叉开关或 Myrinet 接口相连,具有输入缓冲功能,采用无死锁选路策略,可以同时流动多个消息包。对于 8 个端口的 Myrinet 交叉开关,对剖带宽可达 10.24Gb/s、通信时延为 300ns,功耗为 6~11W。

Myrinet 接口用于将节点处理机与 Myrinet 交叉开关互连,是一个 32 位的用户定制的 VLSI 处理器,带有 DMA 引擎和快速 SRAM。SRAM 用于存储 Myrinet 控制程序和消息包缓冲,由于控制程序在接口处理器上运行(设备驱动程序仍在节点处理器上运行),从而避免了 OS 开销。特别地,目前还推出了标准 TCP/IP 和 UDP/IP 的 Myrinet 接口及其 API。

2. HiPPI 通信网络

高性能并行接口(high performance parallel interface,HiPPI)技术是单工点到点的、覆盖物理和数据链路层的数据传输接口,主要用于异构超级计算机及其 I/O 设备的组网,由其建构的网络拓扑结构如图 5-5 所示。基本 HiPPI 的线宽 50 位,其中数据线 32 位、控制线 18 位,通信时延 40ns,峰值速率为 800Mb/s。50 对双绞线链路(实现双向通信)长度为 25m,标准多模光纤链路长度可达 300m;使用光纤扩展器时,支持远距离 10km(多模光纤)和 20km(单模光纤)光纤扩展器之间的链路。若位采用 4 根电缆来实现全双工通信,则峰值速率为 1.6Gb/s。特别地,其中的节点处理机可以是 PC、工作站、超级计算机等。

HiPPI 交叉开关与 HiPPI 通道在物理层实现了基于信用的流量控制策略,使得不同速率的节点之间的通信可靠有效;兼容双绞线和光纤链路,且链路长度可长可短;由帧协议将数据格式化,不使用任何高层协议,使得协议具有独立性,同其他网络或节点处理机或 I/O

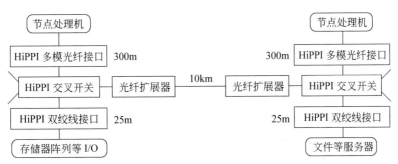

图 5-5 HiPPI 通信网络的拓扑结构

设备组网时,都是自适应的。HiPPI 交叉开关是面向连接的,且连接简单,允许多个消息包同时流动,所以其聚集带宽为 800Mb/s 或 1.6Gb/s 的整数倍。HiPPI 通道不支持组播。

后来,人们成功开发出峰值速率比 HiPPI 高 8 倍达 6.4Gb/s,且通信时延很低的"超级 HiPPI",但在实现上与 HiPPI 完全不同且相互不兼容。

3. FDDI 通信网络

光纤分布式数据接口(fiber distributed data interface,FDDI)技术是采用双向光纤令牌环,利用方向相反的旋转环来提供冗余通路,以使通信网络具有可靠性高、互连能力强、共享介质、容错性优的特点,主要用于需要增加、删除、移动所连节点(含处理机和 I/O 设备)且不会导致网络崩溃的组网,由其建构的网络(环)拓扑结构如图 5-6 所示。FDDI 的数据传输速率为 100～200Mb/s,双绞线链路长度为 100m,多模光纤链路长度可达 2km,单模光纤链路长度可达 60km。特别地,其中的节点处理机可以是 PC、工作站、超级计算机等。

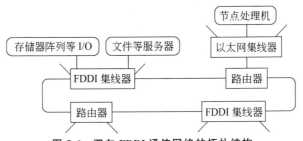

图 5-6 双向 FDDI 通信网络的拓扑结构

光纤通道是通道与网络标准的集成,用以减轻制造商在支持现有的不同通道和网络所带来的负担,满足通道用户和网络用户的需求。光纤通道的数据传输速率为 100～800Mb/s,双绞线光纤通道长度为 50m,多模光纤通道长度可达 2km,单模光纤长度可达 10km。光纤通道除支持集线器环路互连外,还支持点到点、星状互连。星状互连时,采用带缓冲的虫蚀传输方式,在不存在冲突时,8×8 的交叉开关可以使 8 个数据片在 $1/40\mu s$ 内通过。

4. SCI 通信网络

节点处理机特别是基于总线的 SMP 通常是通过 I/O 总线连接到高性能通信网络上,而 I/O 总线不仅时延大,还难以利用由硬件生成的高速缓存一致性的信息。存储总线(局部总线)则不存在 I/O 总线的缺陷,所以为实现通过存储总线连接到高性能通信网络上,有人便开发出了可扩展一致性接口(scalable coherent interface,SCI)。SCI 协议内容极其丰富,它将主板总线扩展为全双工、点到点的互连,该互连独立于高性能通信网络,并提供基于目录分布共享存储一致性协议的实现。

SCI 是利用若干组链路(一组包含 16 位的输入与输出链路各一条),每条链路带宽为 1Gb/s 的节点与外部互连的接口,由其建构的网络拓扑结构如图 5-7 所示。显然,SCI 通信网络是由若干 SCI 环组成的二维网孔,每个方块即为 SCI 节点,且 SCI 将处理器、存储器、I/O 设备、处理机、计算机等均视为节点。每条环即是一条两端相连的局部总线,环中的网孔通过 SCI 连接在一起。SCI 通信网络采用点到点链路,从而不存在 T 形接头,极大地缓解了信号噪声反射,提高了信号传输速率;采用单向环链路,使得驱动电流可以保持一个常数,从而降低信号噪声。另外,SCI 通信网络并行性较高,因为所有节点可以同时发送和接收消息包。特别地,环中的 SCI 逻辑上是同步驱动的(时钟频率为 500MHz),为了处理不同节点的时钟差异,接收节点设置了弹性缓冲器,可以对存入消息包中的空闲字符进行删除。

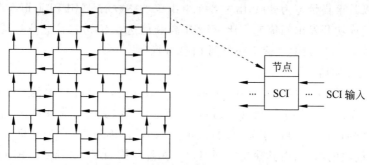

图 5-7　SCI 通信网络的拓扑结构

5. 高速以太通信网络

以太网是一种基带总线局域网,采用无源电缆总线来传输数据,其网络拓扑结构如图 5-8 所示。以数据传输速率为标志,以太网的发展经历了 3 个时代:数据传输速率小于 10Mb/s 的为第一代,称为传统以太网;数据传输速率大于 100Mb/s、小于 1Gb/s 的为第二代;数据传输速率大于 1Gb/s 的为第三代。第二、三代以太网统称为高速以太网,即把数据传输速率达到或超过 100Mb/s 的以太网统称为高速以太网。

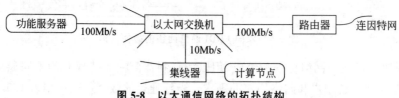

图 5-8　以太通信网络的拓扑结构

(1) 百兆位以太网。百兆位(又称 100BaseT)以太网使用双绞线或光纤为传输介质,采用星状拓扑结构,数据传输速率达 100Mb/s,标准为 IEEE 802.3u。百兆位以太网的主要特点有:①性能价格比高,数据传输速率是传统以太网的 10 倍,价格仅是它的 2 倍;②组网简单容易,利用成型通用的网卡、集线器、传输介质等就可以直接建构局域网。

(2) 吉比特以太网。吉比特以太网的组网与百兆位以太网基本相同,且技术兼容百兆位以太网,但比特发送间隔由 100ns 降低为 1ns,即数据传输速率可达到 1Gb/s,标准有 IEEE 802.3z 和 IEEE 802.3ab 两种。吉比特以太网的主要特点有:①与低速以太网连接简单容易,通过交换机或路由器连接即可;②具有流量控制功能,可以有效避免冲突和拥堵。

(3) 10 吉比特以太网。10 吉比特以太网的组网也没有大的变化,帧格式也仍然采用 IEEE 802.3,但许多技术得到突破,而不仅是数据传输速率提高到 10Gb/s,标准为 IEEE 802.3ae。10 吉比特以太网的主要特点有:①传输介质仅使用光纤,而不再使用双绞线;②通信方式仅采用全双工,而不再采用单双工;③物理层分为局域网物理层和广域网物理层。

5.2 数据通信的路径选择与流量控制

5.2.1 路径选择与虚拟通道

1. 路径选择及其度量参数

对于系统域互连网络,当两个节点之间没有直接的链路相连接时,消息包就需要通过中间节点进行传输。当消息包在源节点或中间节点时,数据通信可能存在多条有效链路。为了充分利用互连网络的带宽,应该选择若干合适的链路来构成数据通信的通路。两个节点之间所谓合适的链路包含两方面的含义:路径最短且传输时延少和避免链路选择冲突。链路选择冲突是指多对节点之间利用互连网络进行数据通信时,在某节点交叉开关上发生输出端口争用的现象。这就是路径选择需要解决的问题。

路径选择即是链路选择或路由选择,有时简称为寻径,是指节点对之间经中间节点进行数据通信时,对中间节点的选择。路径选择的操作就是为源节点或中间节点上的交叉开关有效地建立输入端口与输出端口之间的连接,即对于从任一输入端口输入的消息包,均为其选择一个合适的输出端口输出。使多处理机节点之间高效率地实现数据通信是系统域互连网络路径选择的根本目的,而路径选择效率的常用度量参数为通道流量和传输时延。

通道流量采用数据通信所使用的链路数来表示,它反映网络通信负载。传输时延采用数据通信所需要的时间来表示,它反映网络通信速度。显然,路径选择的基本目标就是使网络以最小流量和最短时延来实现节点之间的连接通信,但通道流量与传输时延是相互关联并相互制约的。要使通道流量小,传输时延就会长;要使传输时延短,通道流量就会大。可见,路径选择的优化类似多目标优化,仅能在最小流量和最短时延两个目标之间进行折中。对于不同的数据通信方式时,优化有所侧重,如存储转发偏重于时延短(因其传输时延长),而虫蚀则偏重于流量小(因其占用链路多)。

2. 虚拟通道

链路是指一段物理通路,但在虫蚀传递方式中,链路被许多节点对所共享,由此,便引出虚拟通道的概念。虚拟通道指多节点对共享一条物理链路而形成的各节点对之间的逻辑链路,所以节点对之间的链路有物理链路与逻辑链路之分,或节点对之间的通路有物理通路与虚拟通路之分。节点对之间的虚拟通路由源节点片缓冲区、节点间的物理链路和目的节点片缓冲区组成,如图 5-9 所示为 4 条虚拟通道共享一条物理链路,源节点和目的节点各有 4 个片缓冲区。当物理链路分配于某缓冲区对时,这对缓冲区和物理链路便构成一条虚拟通道,且赋予其一种状态,即不同虚拟通道是通过状态来表示的。源缓冲区存放等待使用物理链路的数据片,目的缓冲区存放由物理链路刚传送过来的数据片,物理链路是它们之间进行数据通信的媒介。

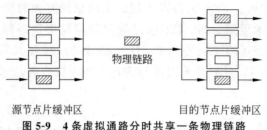

源节点片缓冲区　　　　　　　　　　目的节点片缓冲区

图 5-9　4 条虚拟通路分时共享一条物理链路

当然,虚拟通路会使节点对之间可用的有效带宽降低,一条物理链路配置多少虚拟通路需要综合权衡。虚拟通路有单向与双向之分,两条单向通路组合在一起可以构成一条双向通路。双向通路可以增加物理链路利用率与通路带宽,但双向通路的仲裁复杂,从而增加了时延与成本。

5.2.2　路径选择算法及其分类

路径选择算法指节点对之间经中间节点进行数据通信时,中间节点的选择方法,它可以分为确定性路径选择算法与自适应路径选择算法两种。

1. 确定性路径选择算法

确定性路径选择算法指节点对之间的连接路径在数据通信之前就已确定,在通信过程中不可能改变,节点对之间仅有一条通信路径。显然,由确定性路径选择算法建立的通信通路,路径最短,但不一定最合理,传输时延不一定最少,还可能存在链路选择冲突等问题。确定性路径选择算法实现简单方便,但当发生链路选择冲突或通路存在阻塞有故障时,无法改变连接路径,只会沿着原先选择的路径进行通信。确定性路径选择算法,一方面单个连接失效会使网络断开,导致数据通信失败;另一方面会给网络带来大量竞争,当多对节点对使用相同的链路时,多个通信仅能串行顺序进行。

确定性路径选择算法主要有 3 种:算术选路、源选路和查表选路。

算术选路算法指所有节点对之间的连接路径由源地址和目的地址完全确定,与网络负载及其状态无关。最典型的算术选路算法是维序选路算法,即根据物理链路的坐标维来决定消息包相继流过的链路。特别地,当维序选路算法用于二维网格网络时则称为 X-Y 选路算法,用于超方体网络时则称为 E-立方选路算法。

源选路算法指源节点为消息包建立一个头部,其包含连接路径上经过的所有交叉开关的输出端口,交叉开关从消息包头部可以得到输出端口号。源选路算法的交叉开关简单、通用性强,但消息包头部长且长度不固定。

查表选路算法指网络中每个交叉开关维护一张选路表 R,消息包头部包含一个选路域 I,以 I 为索引查找选路表来得到输出端口号 R[I]。查表选路算法的选路表容量可能很大,且要求节点之间的连接路径相对稳定,对系统域互连网络不太合适。

2. 自适应路径选择算法

自适应路径选择算法指根据网络资源及其状态来选择节点对之间连接所需要的链路,以躲避拥堵或故障节点,提高网络资源利用率。对于自适应路径选择算法,路径上的寻径器可以根据各链路的通道流量,动态地进行链路选择。若交叉开关期望的某输出端口被阻塞或失效,寻径器可以选择另外的链路进行数据通信。自适应路径选择算法的路径选择宽松,允许节点对之间的连接存在多条合法路径。一方面当存在链路失效时,可以绕开故障点进行数据通信,提高容错能力;另一方面可以在可用链路上更广泛地分布通道流量,将网络负载分布到多个链路上,提高网络的利用率。若有 4 个消息包从不同的源节点向不同的目的节点传输,当采用确定性路径选择算法时,可能均被强迫沿同一路径传输,这时该路径则可能形成通信瓶颈,而其他最短路径上的链路却闲置未用。

自适应路径选择算法的交叉开关复杂,从而降低了通信速度;另外,路径选择灵活且具有动态性,但容易产生死锁。对于系统域互连网络,由于每隔几个时钟周期,交叉开关就需要为所有输入的数据进行路径选择。可见,路径选择算法应尽可能简单快速,自适应路径选择算法极其复杂,在系统域互连网络中不常使用。

3. E-立方选路算法

E-立方选路算法主要用于拓扑结构为立方体或超立方体的互连网络。设有一个 $N = 2^N$ 个节点的 N 方体,源节点编号 $S = S_{N-1} \cdots S_1 S_0$,目的节点编号 $D = D_{N-1} \cdots D_1 D_0$,$V = V_{N-1} \cdots V_1 V_0$ 为物理链路中间节点编号。维号 $i = 1, 2, \cdots, N$,其中第 i 维对应于节点编号中的第 $i-1$ 位,选择一条 S 到 D 路径距离最短的 E-立方选路算法为:

(1) 计算方向位:$r_i = S_{i-1} \oplus D_{i-1}$;

(2) $i = 1, V = S$;

(3) 若 $r_i = 1$,则从当前节点 V 选择下一节点 $V = V \oplus 2^{i-1}$;若 $r_i = 0$,则跳过;

(4) $i = i + 1$,若 $i \leqslant N$,则转第(3)步,否则退出。

E-立方选路算法可以在源节点和目的节点之间建立多条距离最短的路径,而最短路径判定依据为:路径所经过的最少链路数与源节点和目的节点间的海明距离相等(源节点与目的节点二进制编号位号相同位值不同的位数)。在如图 5-10 所示的 3-立方网络中,当源节点为(011)、目的节点为(110) 时,其方向位向量为(101);由于 $r_2 = 0$,则 2 维方向上源节点没有距离,所以有两条距离最短的路径。①先沿 1 维将消息由源节点(011)传送至中间节点(011)$\oplus 2^0 = (010)$,再沿 3 维将消息传送至节点(010)$\oplus 2^2 = (110)$。②先沿 3 维将消息传送至节点(011)$\oplus 2^2 = (111)$,再沿 1 维将消息传送至节点(111)$\oplus 2^0 = (110)$。显然,这两条路径的最少链路数均为

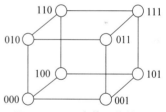

图 5-10　3-立方体网络的 E-立方选路算法

2,源节点与目的节点间的海明距离也为 2,所以两条路径的距离均为最短。

设源节点与目的节点间的海明距离为 h,则最短路径有 $h!$ 条。如节点(000)与节点(111)之间的海明距离为 3,则它们之间共有 $3 \times 2 \times 1 = 6$ 条最短路径,且分别是 $000 \rightarrow 001 \rightarrow 011 \rightarrow 111$、$000 \rightarrow 001 \rightarrow 101 \rightarrow 111$、$000 \rightarrow 010 \rightarrow 011 \rightarrow 111$、$000 \rightarrow 010 \rightarrow 110 \rightarrow 111$、$000 \rightarrow 100 \rightarrow 101 \rightarrow 111$ 和 $000 \rightarrow 100 \rightarrow 110 \rightarrow 111$。除最短路径外,还有多条非最短路径。所以立方体网络的可选路径很多,可靠性比较高;若某个或某些节点出现故障,剩下节点仍可以进行源目节点间的通信。

5.2.3　死锁及其解除避免方法

1. 死锁及其表现形态

死锁指消息包在网络中传送时,等待一个不可能发生的事件,这个事件多数是网络资源

的缺失。当若干消息包在互连网络中传送时,由于消息包传送所需要的网络资源被另外消息包所占用,彼此竞争同一网络资源而形成循环等待,这样使得消息包不可能到达目的节点。所以,死锁表现形态为:多个消息包传送时,竞争所需要的共享网络资源而形成的循环等待。

对于存储转发传送,共享的网络资源是节点缓冲区,死锁则是由于节点缓冲区的循环等待而产生的,如图 5-11 所示。在图 5-11 所示的存储转发互连网络中,4 个消息包分别占用了 4 个节点的缓冲区,每个消息包均在等待另一消息包释放节点缓冲区,如果没有消息包释放节点缓冲区,便会形成循环等待而出现缓冲区死锁。如果没有节点缓冲区释放,死锁将持续下去。

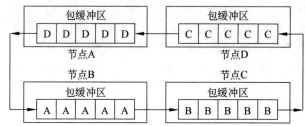

图 5-11　存储转发传送时缓冲区循环等待

对于虫蚀传送,共享的网络资源是链路,死锁则是由于链路的循环等待,如图 5-12 所示。在图 5-12 所示的虫蚀互连网络中,4 个消息包沿 4 条链路同时传送,4 个消息包的 4 个数据片同时占用 4 条链路而产生链路死锁。如果循环中没有一条链路被释放,则死锁状态将持续下去。显然,无论是存储转发还是虫蚀传送,均可能发生死锁,且由于虫蚀传送会将消信包分解为许多数据片序列分布到多个数据片缓冲区中,造成死锁的概率更大一些。

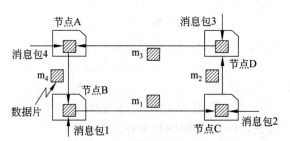

图 5-12　虫蚀传送时链路循环等待

2. 死锁解除方法

从表现来看,死锁是由于网络资源(链路与缓冲区)的循环等待引起的,而循环等待的本质是众多消息包在网络中传送时,由于不同消息包传送所需的网络资源相关共享,导致某些网络资源的需求量大于供给量。所以,当出现死锁时,若能够增加某些网络资源,使其供给量大于需求量,则可以把死锁解除。在物理网络资源无法增加时,利用虚拟通道,可以有效地增加链路与缓冲区数,从而解除死锁。

利用虚拟通道解除死锁的基本策略为:允许节点在无法发送消息包而释放网络资源时,仍可以继续接收消息,使该节点相对应的源节点释放出网络资源,从而打破网络资源的循环等待,解除死锁。如图 5-13(a)所示的链路死锁,A→B 的消息占用链路 C1,且其通过节点 B 后希望使用链路 C2,使消息包实现 B→C,但链路 C2 被 B→C 的消息包占用,使得 A→

B 的消息包无法向目的节点方向继续传送,而停留在链路 C1 上。同样,B→C 的消息包停留在链路 C2 上、C→D 的消息包停留在链路 C3 上、D→A 的消息包停留在链路 C4 上。由此,便形成了链路之间的循环等待,相应的通路相关如图 5-13(b)所示,其中节点表示链路,带方向的箭头表示链路之间的依赖关系。为解除死锁,可以增加两条虚拟通路 V3、V4,如图 5-14(a)所示;使通路相关循环链变成螺旋线,如图 5-14(b)所示。

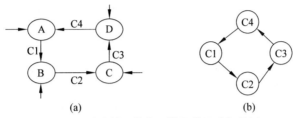

(a)　　　　　　　　　(b)

图 5-13　链路循环等待死锁及其通路相关图

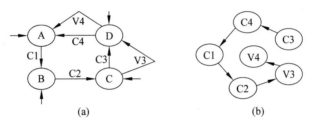

(a)　　　　　　　　　(b)

图 5-14　利用虚拟通路解除死锁及其通路相关图

虚拟通道解除死锁的实现方法是:为每个物理链路提供多个缓冲区,并将缓冲区劈开构成一组虚拟通道。一组虚拟通道并不要求增加物理连接与开关数目,但需要在交叉开关中添加更多的多路选择器输入端和多路分配器输出端,以允许更多虚拟通道共享物理链路。显然,无论死锁是如何产生的,解除的办法就是允许节点在无法发送消息包时仍然可以接收消息。一个可靠的互连网络,要求节点即使无法发送消息包,也应可以将无用的消息包从节点中剔除。

3. 死锁避免方法

对于图 5-11 和图 5-12 所示的死锁,是因为 4 个消息包都选择"左转",若有消息包选择"右转",则死锁不可能发生。所以,死锁是消息包在网络中传送时,由于路径选择的转弯不当所带来的。由于转弯可以合并成环,如果各通路的链路之间互不相关或相关而不存在环,则不可能发生死锁。例如,蝶式置换网络路径选择的链路之间相关但是无环的,树状及其胖树状网络的向上通路的链路与向下通路的链路互不相关,则它们均不可能发生死锁。因此,转弯选路避免死锁的基本策略是:禁止最小数量的转弯来防止环的出现,也就是说,只要禁止足够的转弯就可以避免死锁。

在二维网格网络中,有 8 种可能的转弯和 2 个可能形成链路环的转弯选路,如图 5-15 所示,当采用维序选路(X-Y 选路),可以通过禁止 4 种转弯(虚转弯线是非法的,实转弯线是合法的)来避免死锁。在禁止 4 种转弯后,4 种合法转弯不可能形成链路环,但也不可能实现任何自适应路径选择算法。

对于二维网格网络,实际禁止少于 4 种的转弯也可以避免链路环的形成,如只禁止 2 种转弯,如图 5-16 所示的实线箭头表示采用西向优先(不允许转弯于-X 方向)路径选择算法时允许的 6 种转弯。可以看出,图 5-16 中禁止的 2 种转弯均是向西转弯,说明如果消息包需要向西传送,那么开始就向西传送。西向优先算法由于可以避免链路环的形成,所以它是无死锁的路径选择算法。

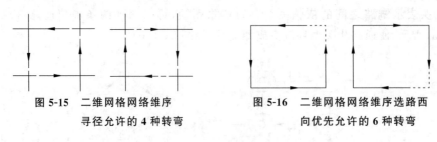

图 5-15 二维网格网络维序
寻径允许的 4 种转弯

图 5-16 二维网格网络维序选路西
向优先允许的 6 种转弯

为了避免链路环的形成,还可以选择其他 6 种转弯,但被禁止的 2 种转弯不能任意选择。如图 5-17(a)所示,3 个左转弯等价于一个右转弯;如图 5-17(b)所示,3 个右转弯等价于一个左转弯。如果允许图 5-17(a)的 3 个左转弯和图 5-17(b)的 3 个右转弯,这 6 种未被禁止的转弯还可以形成链路环,如图 5-17(c)所示。所以,在 8 种可能的转弯中,禁止 2 种转弯的组合有 4×4=16 种(从图 5-15 的 2 个环中各取任一种转弯的组合被禁止),但仅有 12 种转弯组合可以避免死锁(从图 5-17 可以看出,图 5-17(a)环由北往西转弯被禁止,图 5-17(b)由西往北转弯被禁止,这 2 种转弯组合被禁止后,仍然可以形成链路环;类推则是在一个环中取一种转弯被禁止,在另一个环中相反转弯也被禁止,仍然可以形成链路环)。特别地,如果考虑对称性,只有 3 种转弯组合是独立的,它们分别为西向优先、北向最后和负向优先。北向最后是不允许由北往东和由北往西转弯(禁止来自+Y 方向的转弯),负向优先不允许由北往西和由东往南转弯(禁止从正方向转弯到负方向)。

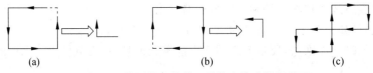

图 5-17 二维网络允许的 6 种转弯构成的通道环

转弯选路除用于二维网络外,还可以用于 N 维方体网络的自适应路径选择算法来避免死锁,其算法为:

(1) 根据消息包在网络内的寻径方向将链路分为若干方向维;

(2) 识别不同方向之间的转弯和可能形成的链路环;

(3) 在每个链路环中禁止一个转弯;

(4) 在不引入新环的前提下,尽可能多地合并转弯和添加 0°与 180°的转弯(如果在一个方向上有多个链路且是非最小寻径,这些转弯是必要的)。

5.2.4 流量控制及其控制策略

1. 流量控制及其控制层次

消息包在互连网络中传送时,产生死锁的根源是所需求网络资源大于现有网络资源。利用虚拟通路来解除死锁,其前提条件是网络中的缓冲区还未完全饱和,若缓冲区资源完全被利用,虚拟通道对于死锁的解除也无能为力。利用转弯选路可以避免死锁,但在网络资源一定时,若流量太大则会产生拥堵,使传输时延很大。而无论是死锁还是拥堵,其产生最基础原因是网络中传输的流量太大,从而需要对互连网络中传输的流量加以控制,即当网络中有多个数据流需要同时使用共享网络资源时,需要有一种流量控制机制来控制这些数据流。流量控制指对互连网络上的消息包的流量进行控制,以避免死锁与拥堵的方法。流量控制机制实际是使用一个调节器,当输入速率与输出速率不匹配时,才需要进行提示与控制。所以,在数据流传输较为平缓的理想情况下,只需要提供足够的网络资源即可,而不需要进行流量控制。

利用互连网络进行数据通信具有层次性,一般说来,在不同层次中都需要进行流量控制,但由于系统域网络的一些特点,使得其流量控制与局域网和广域网中的流量控制有很大区别。例如,在并行计算机中,可能在很短的时间内产生大量的并发数据流,并且对网络传输的可靠性要求很高。因此,系统域网络的流量控制分为网络层和链路层,其中网络层流量控制即包冲突处理。

2. 包冲突及其处理策略

包冲突指当多个消息包在互连网络中传输时,在某节点上发生若干消息包竞争缓冲区或链路资源的现象。对包冲突的处理,一般来说应有利于网络层的流量控制,且主要包括两个问题:资源分配于哪个包和没有得到资源的包如何处置。根据没有得到资源的包处置不同可以把包冲突处理方法分为 4 种,2 个包竞争资源的 4 种处理策略如图 5-18 所示。

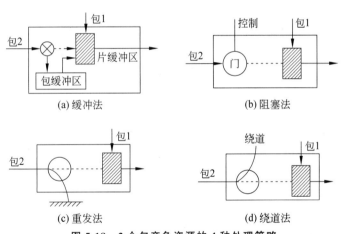

图 5-18　2 个包竞争资源的 4 种处理策略

(1) 缓冲法。若包 1 和包 2 在节点出现冲突时,包 1 继续传输,包 2 暂时存放于包缓冲区,如图 5-18(a)所示。显然,缓冲法适用于存储转发传递。

(2) 阻塞法。若包 1 和包 2 在节点出现冲突时,包 1 继续传输,包 2 被阻塞而停止传输,但并不被抛弃,如图 5-18(b)所示。显然,缓冲法适用于虫蚀传递。

(3) 重发法。若包 1 和包 2 在节点出现冲突时,包 1 继续传输,包 2 被抛弃,并要求源节点重新发送,如图 5-18(c)所示。

(4) 绕道法。若包 1 和包 2 在节点出现冲突时,包 1 继续传输,包 2 选择另一链路绕道传输,如图 5-18(d)所示。

3. 链路层流量控制策略

数据从一个节点的输出端口通过链路传输到另一个节点的输入端口,数据可能存储在一个锁存器、队列或主存中,链路可能是长的或短的、宽的或窄的、同步的或异步的。但影响链路传输数据的根本因素在于目的节点输入端口的存储区,当存储区被填满时,会要求数据保存在源节点的存储区中,直到目的节点的存储区变得有空可用,这样也可能造成源节点的存储区也被填满。以此类推,直至起始源节点无法发送数据。为了实现链路层流量控制,链路应该具备信息反馈功能,即目的节点向源节点提供反馈信息,指示是否可以继续接收链路上传输过来的数据;若目的节点反馈不能接收数据,源节点则保持数据,直到目的节点显示可以继续接收数据。对于不同特性的链路,链路层流量控制的策略有所不同。根据目的节点反馈信息的不同,链路层流量控制策略可以分为两种:应答法和信用量法。

对于长度短的链路,数据传输如同处理机内部寄存器之间的数据传输,仅在于扩展了一组应答信号,这就是应答法,如图 5-19 所示。当源节点存储区域满时,向目的节点发送请求信号;目的节点接收到请求信号后,若目的节点存储区域为空,向源节点发送就绪信号;源节点接收到就绪信号后,向目的节点发送数据,目的节点从输入端口接收数据;目的节点接收到数据后,向源节点发送确认信号。目的节点接收到请求信号后若存储区域满,则不发送就绪信号;源节点没有接收到就绪信号则不会发送数据。当链路长度短时,无论带宽宽还是带宽窄,应答法的操作过程均相似,仅在于带宽宽时应答信号是位,而带宽窄时是位片。

对于长度长的链路,则采用信用量法。当目的节点释放出输入缓冲区时,向源节点发送一个信用量,源节点根据信用量来发送对应容量的数据片,如图 5-20 所示。通常,信用量采用在源节点设置一个计数器来计量,计数器被初始化为输入缓冲区中空项的数目;发送一个数据片,计数器就减1;当计数器为 0 时,就停止发送。当目的节点从输入缓冲区中取出一个数据片时,向源节点发送信用量信号,源节点接收到信用量信号,计数器加1。显然,信用量法可以保证目的节点输入缓冲区不会产生溢出。当链路长度长时,无论带宽宽还是带宽窄,信用量法的操作过程是相似的,但带宽宽时信用量信号采用专线,带宽窄时采用复用线。

图 5-19　链路层流量控制应答法

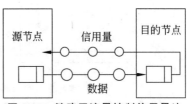

图 5-20　链路层流量控制信用量法

5.3　多处理机的数据通信时延

5.3.1　数据通信(含存储访问)时延处理概述

1. 通信时延释解及其处理策略

微处理器的计算速度每年可以增加 1 倍,而存储器的访问时延每 10 年仅可以减少 1 半,所以对于单处理机,处理器的存储访问时延成为计算机性能提高的瓶颈。对于多处理机,处理器存储访问时延更为严重,Cache 一致性协议处理、网络传输数据、网络接口操作等的时延均会累加到存储访问时延上。另外,随着多处理机规模的扩大,数据通信时延增加,通信量与计算量的比例也增加,同步操作等高时延事件的发生概率也增加,严重制约多处理机规模的扩大和性能提高。

目前,多处理机减少数据访问时延的途径主要有:①通过优化访存路径,以减少存储层次的访问时间,如处理器与高速缓存紧密耦合、网络接口与节点紧密耦合、提高高速缓存访问缺失的速度、降低网络选路与竞争的时延等;②通过结构与算法重建,以减少高时延访问频率,如创建并行算法、应用存储一致性模型、设置高速缓存等。但单从重建和优化来减少数据通信时延还很不充分,还需要从数据通信本身出发,提出处理时延的方法来减少数据通信时延。

在消息传递模型中,数据通信是通过显式的通信函数实现的;而在共享存储模型中,数据通信是通过隐式的读写指令实现的。无论是通信函数的运行过程还是读写指令执行过程,过程时间主要耗费在相互等待上,计算或操作时间所占比例较少。所以,数据通信时延的处理策略有:时延避免、时延隐藏和时延缩短。首先通过时延避免技术,尽可能地避免时延,如放松存储一致性模型、大块数据传输等。当数据通信时延无法避免时,则利用时延隐藏技术,使数据通信之间、数据通信与计算任务之间并行,以实现隐藏时延,即当数据通信高时延等待时,允许处理器执行计算任务或其他另外的数据通信,如预取预通信、多线程等。最后,对于影响范围广的关键通信时延,若既不能避免又无法隐藏,则采用时延缩短技术来减少时延,如用户级通信等。特别地,对于时延避免、时延隐藏和时延减少的实现技术,通常统称为时延容忍技术。

2. 数据通信流水线

在多处理机中,利用互连网络实现节点之间数据通信的组成结构如同一条流水线,如图5-21所示。流水线的功能段包含源节点、网络输入接口、若干路径选择设备、网络输出接口、目的节点等,还可能包含其他通信设备、存储器、高速缓存等,功能段之间通过网络链路连接。这样便可以利用流水线技术,使多个消息并行传输,在同一路径上并发传输多个字,在不同路径上同时传输多个字,且这些字可以是同一消息的,也可以是不同消息的。通常把路径选择设备功能段的时延之和称为传输时延,其他功能段的时延之和称为额外开销。

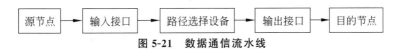

图 5-21　数据通信流水线

3. 时延容忍技术的收益上限

数据通信的时延容忍技术可以降低程序运行时间,但并不能减少通信量,要在更短的时间内实现相同通信量的传输,意味着应增加通信带宽。当通信带宽的要求超过网络通信能力时,就会带来网络资源的竞争,性能可能反而下降。所以,时延容忍技术的应用具有负面效应,即时延容忍技术的收益是有限的,只有通过优化才能获得预期效果。

设没有应用时延容忍技术时,处理器处理消息开销为 T_{ov}、网络通信接口开销为 T_{occ}、传输时延为 T_e、本地计算时间为 T_c,这样程序运行时间为 $T_c + T_{ov} + T_{occ} + T_e$。当应用时延容忍技术后,假设处理器计算与包含通信在内所有操作完全重叠,即网络通信接口开销和传输时延被隐藏,程序运行时间为 $T_c + T_{ov}$。则时延容忍技术应用的加速比为

$$\frac{T_c + T_{ov} + T_{occ} + T_e}{T_c + T_{ov}} = 1 + \frac{T_{occ} + T}{T_c + T_{ov}} \tag{5-1}$$

显然,该加速比是时延容忍技术获得加速比的理想上限,这理想包括:所有各种资源可以完全重叠、时延容忍技术应用没有开销、任何时间程序并行度都大于处理器数(以使所有处理器始终忙)、处理器计算可以越过与计算相关的所有长时延执行后续计算等。所以,时延容忍技术带来的最大加速比往往不可能很高,一般不可能超过 2。

5.3.2 数据通信时延避免技术

时延避免技术主要有放松存储一致性模型、大块数据传输等。

1. 放松存储一致性模型

由 4.4 节可知,放松存储一致性模型分为由硬件实现的和由软件实现的两种,但它们的本质都是对存储一致性进行一定程度的放松,以实现同一控制下的并行存储访问,避免数据通信的时延。在硬件放松存储一致性模型中,主要对处理器内部的存储访问次序限制进行放松,包括同步操作之间的普通访存操作和同步操作与普通访存操作之间的存储访问次序。在放松基础上提出的写缓存、非阻塞读、寄存器优化分配、动态指令调度、指令多发射等技术,目的均是避免存储访问(含本地和远程)时延。例如,利用写缓存机制,当存储访问操作是非阻塞时,处理器可以越过该存储访问操作而执行后续指令。

在多处理机中,由于节点之间的通信开销非常大,减少通信次数和数量是软件放松存储一致性模型的基本任务。另外,软件维护存储一致性的粒度是容量很大的页或段等,由此产生的虚拟共享会导致通信次数大量增加,碎片会导致通信数量增加。所以,有人便提出了软件放松存储一致性模型,对严格的单写模型(单写且不能与多读同时存在)进行放松,目前主要有共享多写和放松单写。共享多写指允许对某一致性单元的不同部分同时写,以有效地减少通信次数;放松单写指单写但可以与多读同时存在,以有效地减少通信数量。实验测试证明,放松存储一致性模型可以有效地利用写缺失带来的空闲时间。

2. 大块数据传输

将多节点共享数据合并为数据集或将多节点共享数据集合并为文件来进行数据通信称为大块数据传输,目的是实现同一控制下的并行数据传输,避免数据通信的时延。大块共享数据可以是发送方本地存储器的,也可以是另一个节点或多个节点远程存储器的。再者,大块数据传输可以由程序显式指示,由发送方或接收方发出数据通信请求;也可以由低层硬件透明自动实现,如写缓存合并、高速缓存块的调入替换等。实现大块数据传输的网络接口电路较为复杂,通常采用专门的 DMA 引擎,数据传输路径如图 5-22 所示。当大块的共享数据在另一个节点或多个节点的远程存储器时,可以采用 3 种策略:①不允许不在本地存储器的数据进行大块数据传输;②由发起大块数据传输的节点,从其他节点存储器获取共享数据后,转发到目的节点;③由发起大块数据传输的节点,向拥有共享数据的节点 DMA 引擎请求,直接发送到目的节点。

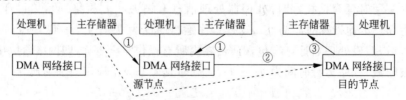

图 5-22 大块数据传输机理及其路径

大块数据传输与消息传递不同,它可以显式地指示数据在目的节点中存放的虚拟地址,所以可以认为不需要接收操作;但两者也有类似之处:都是通过显式发出命令来触发。大块数据传输的应用效果与多处理机的体系结构和程序算法有关。由于随着处理器数的增加,数据通信量与计算操作量的比增大,大块数据传输的性能效果会更佳;但随着处理器数的增加,每次传输的数据量变小,额外开销变大。所以,大块数据传输并不是粒度数据量越大越好,而是有一个最佳粒度且随着处理器数的增加而增加。

5.3.3　数据通信时延隐藏技术

时延隐藏技术主要有预取(预通信)、多线程等。

1. 预取(预通信)

预取(预通信)指数据或指令在实际使用之前就读取到需要使用靠近处理器的缓冲区中,预取技术与大块数据传输技术相结合,可以实现大块预取(由接收方提出请求)和大块预送(由发送方提出请求)。利用预取可以有效地利用通信链路的空闲时间,使该数据通信与其他数据通信或计算操作并行,隐藏数据通信的时延。预取对象必须通过分析程序存储访问规律及其局部性、高速缓存的组织结构及容量来确定,以避免无效预取,如处理器不使用数据的预取、已在高速缓存中数据的预取,无效预取不仅毫无意义,而且还会增加开销。对于必要的预取,还需要通过调度来确定预取时机,预取太迟时延隐藏会无法实现,预取太早则可能数据未使用之前就被替换或被无效。所以,预取分析与预取调度是预取的关键,预取分析目的是尽可能减少无效预取,预取调度目的是尽可能提高预取效率。

根据预取分析与预取调度实现的手段,预取可以分为硬件预取和软件预取。

硬件预取是由专门硬件来观测程序行为和动态检测数据的存储访问规则,预测程序将要访问的数据或指令,即由硬件实现预取分析与预取调度,确定预取对象和预取时机。最典型的硬件预取为 Cache 存储体系,由于其既没有预取分析,又没有预取调度,所以无效预取概率完全取决于存储访问的空间局部性,而预取效率则取决于块缺失时块中第一个字与访问块中另一个字的时间间隔。若处理器以数组元素字为步长访问一个数组,块容量为 4 个数组元素字;这时由于存储访问(数据引用)规则,存储访问空间局部性很高,从而不存在无效预取;而预取效率为 75% 并不高,原因在于预取偏迟。所以,在 Cache 存储体系的硬件预取中,有人提出了恒预取和需恒取等预取调度策略。特别地,当存储访问不规则时,即存储访问空间局部性不是很理想时,可以采用类似"动态分支预测"的方法,进行预取分析与预取调度,在此不展开讨论。

软件预取是由程序员或编译器(期望是编译器)通过分析程序代码,预测程序将要访问的数据或指令,在程序适当位置插入特定的预取指令,即由软件实现预取分析与预取调度,确定预取对象和预取时机。硬件预取主要用于利用存储访问空间局部性的数据访问,而软件预取主要用于利用存储访问时间局部性的指令访问,即面向循环叠代的结构程序。如果循环程序容量不大,缓冲区可以满足存放,仅需要在循环程序前插入预取指令,就可以避免反复多次预取带来的许多额外开销。当缓冲区不能满足循环程序存放,只要循环程序是线性结构的,那么每次循环叠代若干条预取指令,也容易实现,可以有效地避免无效预取。但当循环程序容量大且为非线性结构时,预取指令便难以安排;另外,映射冲突带来缺失也难以预测。对于多处理机,引起数据缺失的因素更多更复杂,数据缺失的预测更加困难。所以,预取指令的插入不可能完全由编译器实现,还需要程序员辅助。

特别地,从变量预取后是否可见改变来看,预取分为绑定预取和非绑定预取。绑定预取指变量预取后无论该变量是否修改,预取处理器使用变量时的值仍然是预取时的值,如高速缓存不一致性时的预取即是绑定预取;非绑定预取指变量预取后仍然可以被无效和被修改,预取处理器使用变量时的值最新值,如高速缓存一致性时的预取即是非绑定预取。

2. 多线程

多线程概念及其技术已经在 3.1 节中讨论过,在此仅讨论其隐藏时延机理及其特点。对于隐藏通信时延,硬件支持的多线程技术是最为通用,相对于其他时延容忍技术具有以下 4 个优点:①多线程不需要特殊软件的支持配合;②由于多线程调度是动态的,从而可以处理一些不可预测的情形,如高速缓存缺失;③任何长时延(包括同步时延和指令时延,而不仅仅是通信时延)只要能被检测出来,多线程就可以潜在而方便地将其隐藏;④同预取一样,多线程没有重新排列指令,从而并不影响存储一致性模型。但由于多线程的应用实现需要改变微处理器体系结构,所以在时延容忍技术中,其应用还不是很广泛。随着通信时延相对于处理器速度的不断增长,微处理器已经提供了用于多线程扩展的体系结构,还有超线程和同时多线程的发展,多线程的应用将会更加广泛。

多线程技术采用一定策略在多个线程之间进行切换,使同一个处理器在一定时间内为这些线程服务。由此,利用多线程技术可以充分利用单线程时,由于远程访问的通信时延带来的处理器空闲,实现了数据通信与计算操作的并行,隐藏了数据通信的时延,提高了多处理机的整体性能和应用程序的运行效率。多线程技术隐藏数据通信时延的同时,还有利于大规模并行计算的实现。大规模并行计算实现的基础是任务粒度细化,但粒度细化会带来通信开销大增,对此虽然有许多方法来解决,但多线程是最有效的方法。另外,多线程技术还可以有效地解决大规模并行计算带来的两个问题:远程加载和同步加载的时延。

若在多处理机中,处理机 1 有一个进程计算 $C=A-B$,而 A 和 B 分别在处理机 2 和处理机 3 中,这时便出现两次远程加载,如图 5-23(a)所示,其中 A 和 B、Va 和 Vb 是变量,Pa 和 Pb 是指针。处理机 1 在远程加载时是空闲的,空闲时延由远程加载的通信时延决定,且时延是固定可预测的。

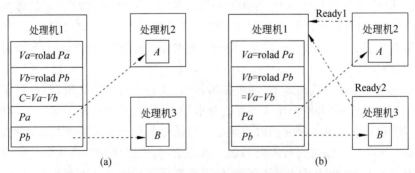

图 5-23　大规模并行计算的异步性引起远程加载与同步加载

若 A 和 B 两个变量由与计算 $C=A-B$ 进程并发的进程计算而来,处理机 1 并不清楚 A 和 B 两个变量已准备就绪及其可以加载的时间,且 A 和 B 两个变量的就绪信号通常是异步发送到处理机 1,这时便出现同步加载,如图 5-23(b)所示。处理机 1 在同步加载时是空闲的,空闲时延由同步加载时延决定,而同步加载时延与进程调度 A 和 B 两个变量计算进程的运行时间有关,且一般计算时间比远程加载时延长得多,时延还是变化不可预测的。

5.3.4　数据通信时延缩短技术

时延缩短技术为用户级通信技术。

1. 用户级通信及其模型

在通信时延中,软件开销所占比例往往很大,缩短软件开销的时间是缩短通信时延的有效途径。用户级通信指利用用户级网络,使数据通信绕过操作系统直接通过网络接口进行通信,以避免由操作系统带来的大量软件开销。目前,通信低层实现一般采用 UDP/IP,该协议不提供可靠的通信服务,这样其上层软件必须负责流量控制、消息包装配、错误控制等,从而需要大量软件开销。若采用用户级通信,可以避免每次通信时,用户级与操作系统核心之间为数据传输由系统软件处理而进行的数据复制和系统调用所引起的通信开销,并且已有许多支持可靠的、低时延(零次或一次复制)通信的用户通信库和制定出虚拟网络接口标准。

用户级通信模型用于定义上层软件与用户级网络之间的界面,目前常用的有:标准消息传输、远程直接存储访问和主动消息(携带消息处理句柄)等。

(1)标准消息传输模型。标准消息传输模型指收发双方通过"请求－应答"实现握手式数据传输,发送端操作包括确定目的节点和设置一指针指向被发送数据,接收端负责处理消息。而如何处理消息,则由接收方式决定。例如,缓冲区队列方式,在接收到消息后,先存储在接收队列中,然后接收端采用某种机制检查是否有消息到达,若有消息到达还应尽快回复发送端。

(2)远程直接存储访问模型。远程直接存储访问模型指在消息发送端的虚拟存储地址与消息接收端的虚拟存储地址之间建立映射的基础上进行数据通信,且由发送操作确定接收端的虚拟存储地址。

(3)主动消息模型。主动消息模型指用户可以直接利用通信底层的功能,以实现高效率通信的一种技术,该技术的基本思想是在消息头部的控制信息中携带一段用户级指令序列(数据处理程序)的地址,当消息到达目的节点时,数据处理程序则被调用,将消息中的数据提取出来,并集成到正在进行的计算中。主动消息高效灵活,必将逐渐成为基本的通信机制。

2. 用户级通信实现的支持技术

用户级通信需要许多技术支持,其中关键技术有数据传输控制、数据保护机制、数据流水传输、地址转换实现等。

(1)数据传输控制。存储器与虚拟网络接口之间的数据传输,是采用 DMA 还是 PIO 进行控制需要权衡。DMA 可以减少处理器发送接收数据的时间,所以效率更高;但对于短消息,DMA 建立时间长,可能比传输时间还长,这时 PIO 更为合适。

(2)数据保护机制。用户级网络允许用户直接对网络接口进行访问,当多个用户同时对网络接口进行访问时,必须提供数据保护机制。常用的数据保护机制是由操作系统为通信双方各创建网络接口存储器窗口(缓冲区),并建立相应存储器窗口的连接,而每个存储器窗口仅能被一个进程访问。

（3）数据流水传输。若采用 DMA 控制，数据传输操作构成一条流水线：发送端缓冲区→发送端网络接口缓冲区→互连网络→接收端网络接口缓冲区→接收端缓冲区，为提高数据传输的速率和减少通信时延，可以采用流水线技术，使多个消息并行传输。

（4）地址转换实现。用户进程使用的是虚拟地址，而 DMA 仅能访问物理地址，所以需要将虚拟地址转换为物理地址。地址转换可以由操作系统实现，但这时用户不能通过 DMA 直接把数据传输到网络接口，而需要将数据复制到操作系统核心缓冲区，这必然带来额外开销。为实现低时延（零次复制），用户级网络通信库提供了两种地址转换策略：由用户进程实现和由网络接口利用操作系统实现。

5.4 多处理机的同步操作

5.4.1 同步操作与同步原语及其旋转锁

1. 同步操作与同步原语

同步指相互关联的事物之间随时间协调变化的现象。在计算机领域，相互关联的事物很多，如多个文件、多个线程、数据通信的多个操作等。同步需要操作来实现，同步操作的实现逻辑是多处理机的一个重要组成部分，它不仅关系到多处理机工作的正确性和效率，还可能导致多处理机额外开销的增加，成为性能提高的瓶颈。同步操作指相互之间具有一定时序关系的微操作序列，它一般可以分为原子的、数据的和控制的 3 种类型。同步操作是在硬件提供的同步指令基础上，通过用户级软件例程来创建的。

原语是计算机领域专用的一个概念，它在操作系统和计算机网络中都可使用，但两者含义有较大差异，在这里讨论的是同步原语。原语是一个复合的不可分割的具有特定功能的操作单位；原语具有原子性特点，在执行过程中不允许被中断，其包含的微操作要么全执行，要么全不执行。显然，如果原语用于实现同步，那么该原语则是同步原语。同步原语有高级和低级之分，低级同步原语即同步指令，又称为硬件原语；高级同步原语是由若干条同步指令组成的程序段，又称为用户级原语或同步操作。

在多处理机中，同步操作的主要功能是自动读出并修改存储单元的硬件原语序列，如果没有这种功能的基本硬件原语，创建同步操作便极其困难，并随处理器数量的增加变得更加复杂。基本硬件原语作为基本构件，被用来构造各种同步操作，但通常不希望用户直接使用，主要供系统程序员编制同步操作库函数。

2. 旋转锁及其采用一致性实现

在操作系统中，锁最重要的功用是通过互斥使临界区转换为基本硬件原语（或原子操作）。一个逻辑变量即锁(S)对应某一共享竞争资源，显然取值为真(1)与假(0)，"0"表示锁是开的且对应资源可以使用，"1"表示锁是关的且对应资源不可以使用。对锁可以执行两项基本硬件原语：上锁 lock(S)和开锁 unlock(S)，且需要使用锁对应资源时执行上锁原语，需要释放锁对应资源时执行开锁原语。处理器执行上锁原语时，若锁值为 0 开的，则使锁值变为 1 关的且返回的值为 0；若锁值为 1 关的，则锁值不变且返回的值为 1。处理器执行开锁原语时，锁值一定为 1 关的，则使锁值变为 0 开的即可。

旋转锁是一种特殊的锁，它指处理器不停地请求使用某一共享竞争资源而设置的锁，且一般通过运行循环程序来实现。由于旋转锁会把处理器绑定在循环等待中,所以它适合于锁资源占用时间短、上锁后时延小的场合。在 Cache 不一致的多处理机中,实现旋转锁的最简单方法为:把锁变量保存于寄存器中,处理器通过不断地执行一个基本硬件原语如交换原语来获得锁资源使用权,从基本硬件原语的返回值来确定锁资源是否可以使用。Cache 不一致多处理机用于上锁获得锁资源的旋转锁代码为:

```
        LIR2,#1                  //置旋转锁关值 1
lockit:EXCH R2,R1                //执行交换(其他处理器会修改锁变量为 0)
        BNEZ R2,lockit           //若 R2 的内容不为 0,则该锁关的,循环等待
```

其中:R1 用于存放锁变量的寄存器,R2 为中间变量寄存器。

在 Cache 一致性的多处理机中,旋转锁通常采用一致性机制来实现。若把锁变量保存于存储器中,锁将调入 Cache,通过一致性机制使锁值与 Cache 保持一致,由此带来 3 个好处。①旋转锁循环程序仅对副本 Cache 锁访问操作,可以有效地减少全局存储访问次数;②由于存储访问的局部性,使得处理器最近使用过的锁资源不久将再使用,而锁驻留在 Cache 中,使得旋转锁循环程序的运行时间将极大地缩短;③锁变量保存于存储器比保存于寄存器优势显著。但由于旋转锁循环程序每次循环均需要执行交换原语,若同时存在多个处理器请求使用锁资源,多数交换原语都将产生写 Cache 锁变量不命中(处理器均希望独占锁变量)。所以应对旋转锁循环程序进行改进,使其仅对本地 Cache 锁变量进行读取和检测,直至发现锁资源已经释放,执行交换原语,使所有请求使用锁资源的处理器进行竞争,且仅有一个处理器从锁变量读出的是 0 值,并把 1 写入锁变量,获得锁资源的使用权,其余处理器读出的锁变量的值则为 1 而继续等待。Cache 一致性多处理机用于上锁获得锁资源的旋转锁代码为:

```
lockit: LD  R2,(R1)             //读取旋转锁值
        BNEZ  R2,lockit          //若 R2 的内容不为 0,则该锁为关的,循环等待
        LI  R2,#1               //置旋转锁关值 1
        EXCH R2,(R1)             //执行交换(其他处理器会修改锁变量为 1)
        BNEZ R2,lockit           //若 R2 的内容不为 0,则该锁为关的,循环等待
```

其中:R1 用于存放锁变量的存储单元地址。

表 5-1 为 3 个处理器利用 Cache 一致性机制、通过执行交换原语来竞争锁资源使用权的操作过程。当一个处理器使用锁资源结束,则向锁变量写入 0 来释放,所有其他 Cache 中的对应块均被无效,必须调入含锁变量新值的块来更新,其中最先获得锁变量新值 0 的一个 Cache 执行交换原语,而其他 Cache 锁变量不命中处理结束后,旋转锁已经被上锁,继续循环等待。特别地,由于同时执行的交换原语将由写顺序机制确定先后顺序,从而保证了多个处理器不可能同时获得锁变量值。

表 5-1　3 个处理器争用旋转锁的操作过程

步骤	处理器 P_1	处理器 P_2	处理器 P_3	锁状态	一致性操作
1	占用锁	循环测试 lock=0	循环测试 lock=0	共享	
2	锁置 0	收到无效	收到无效	P_1 专用	P_1 发出无效命令

续表

步骤	处理器 P_1	处理器 P_2	处理器 P_3	锁状态	一致性操作
3		Cache 不命中	Cache 不命中	共享	P_1 写回，P_3 不命中
4		忙未读	读取 lock＝0	共享	P_3 不命中处理
5		读取 lock＝0	执行交换原语	共享	P_2 不命中处理
6		执行交换原语	返回 0 置 lock＝1	P_3 专用	P_3 发出无效命令
7		返回 1	使用锁资源	共享	P_3 写回
8		循环测试 lock＝0			

5.4.2　基本同步原语

1. 基本硬件原语

基本硬件原语主要有比较交换（Compare & Swap）、测试设置（Test& Set）和读取加 V（Fetch&Add）3 种。

1）比较交换硬件原语

比较交换原语使用格式为 Compare & Swa(S, D, new, flag)，其中：S 为存储单元地址、D 为目的寄存器、new 为中间寄存器、flag 为标记寄存器。比较交换原语功能为：对 S 的内容和 D 的内容进行比较，若一致，则将 new 的内容送到 S、置 flag 为 T（表示 S 被修改）；若不一致，则将 S 的内容送到 D、置 flag 为 F（表示 S 没被修改）。原语实现的代码为：

```
        LD R1,(S)                    //读取 S 内容
        SUB R1,D                     //S 内容与 D 内容相减，为测试准备
        BNEZ R1,Comps                //S 内容与 D 内容是否一致判断,R1 不为 0 转
        SD (S),new                   //new 内容送到 S
        MOV flag,#T                  //置 flag 为 T
        JMP  Aa
Comps:  LD D,(S)                     //S 内容送到 D
        MOV flag,#F                  //置 flag 为 F
   Aa:……
```

由于比较交换原语的功能与锁功能类似，所以可以互换使用，如使用比较交换原语的代码为：

```
        LD D,(S)                     //读 S 内容到 D
        MOV new,D
comps:  SUB new,#A                   //修改中间寄存器内容
        Compare & Swa(S,D,new,flag)  //写存储单元
        SUB flag,#F                  //flag 内容与 F 减，为测试准备
        BNEZ flag,comps              //若标记内容为 F，则循环测试。
```

其中：A 为常量。相应地可以使用锁的基本硬件原语实现，代码为：

```
        lock(S)
```

```
        SUB (S),A                    //读-修改-写
        unlock(S)
```

2）测试设置硬件原语

测试设置原语使用格式为 Test & Set(S,P)，其中：S 为存储单元地址、P 为寄存器。测试设置原语功能为：循环测试 S 内容是否为 0，若为 0 则将 S 置为 1。可见，比较交换原语的功能也与锁类似，可以互换使用。原语实现的代码为：

```
comps: LD R1,(S)                    //读存储单元内容
        BNEZ R1,comps                //若 S 内容不为 0,循环测试
        MOV S,#1                     //S 内容置为 1
```

3）读取加 V 硬件原语

读取加 V 原语使用格式为 Fetch & Add(S,V)，其中：S 为存储单元地址、V 为寄存器。读取加 V 原语功能为：将 S 内容返回于寄存器 R_R，而后使 S 内容与 V 的内容相加，结果存放在 S 中。原语实现的代码为：

```
        LD R_R,(S)                   //读取存储单元内容
        ADD (S),V                    //修改存储单元内容
        Return R_R                   //返回存储单元内容
```

4）LL 与 SC 指令对

由于基本硬件原语需要在不可中断的指令序列中实现存储器读与写各一次，这样必然带来硬件实现的复杂性。现在有些计算机采用指令对，从第二条指令的返回值可以判断指令对的执行是否成功，所以指令对执行等价于原子。指令对包含一条特殊的取指令 LL (load locked)和一条特殊的存指令 SC(store conditional)，其功能为：若由 LL 指示的存储单元在 SC 对其写之前被其他指令修改过或两条指令之间切换过，则 SC 执行返回 0 表示执行失败，否则返回 1 表示执行成功；LL 执行返回初始值。采用 LL/SC 指令对的优势是 LL 不产生总线数据传输，且可以容易地构造其他的基本硬件的或用户级的原语。例如，地址递增跟踪硬件原语（通常记为 fetch_and_increment），它可以原子地取值并增量，返回值为增量后的值或取出的值，其代码为：

```
try:LL R2,(R1)                      //load locked
    DADDUI R2,R2,#1                 //增加
    SC R2,(R1)                      //store conditional
    BEQZ R2,try                     //存失败转移
```

由 LL 指令指定一个存放单元地址的寄存器（可以称为连接寄存器），如果发生中断切换或与连接寄存器中值匹配的 Cache 块被作废，连接寄存器则清 0；SC 指令检测所存地址与连接寄存器内容是否匹配，若匹配 SC 继续执行，否则执行失败。显然，对连接寄存器所指单元的写或任何异常指令都会导致 SC 执行失败，应特别注意 LL 和 SC 之间所插入的指令应尽量少，否则可能产生死锁使 SC 无法执行。

2. 基本用户级原语

基本用户级原语比较多，除主要的路障（栅栏）用户级原语和指数时延用户级原语外，还有临界区、产销事件等。

1）路障用户级原语

路障用户级原语是并行循环程序中常用的一个同步操作,其功能是预设一个栅栏,强制所有到达栅栏的进程等待,直到规定的全部进程到达栅栏后,才释放到达栅栏的全部进程,从而使进程同步。路障用户级原语的实现基础是两个旋转锁:一个锁(counterlock)用来记录到达栅栏的进程数,另一个锁(release)用来封锁进程继续运行直至最后一个进程到达栅栏。而路障实现过程需要不断地循环探测一个指定的变量,直至该变量满足规定条件,该功能采用 spin(condition)表示,使到达栅栏的进程等待直到规定的全部进程到达栅栏则可以表示为 spin(release=1)。路障用户级原语实现的基本程序为:

```
lock(counterlock);                //保证进程计数更新操作的原子性
if (count==0) release=0;          //第 1 个进程重置 release
count=count+1;                    //进程到达栅栏进程数加 1
unlock(counterlock);             //释放进程计数锁
if (count==total)                 //进程全部到达栅栏
    {count=0;                     //重置 counterlock 的计数器
     release=1;                   //释放栅栏中的全部进程
    }
else                              //还有进程未到达栅栏
    {spin(release=1)              //等待进程到达栅栏
    }
```

其中:count 为到达栅栏的进程数变量,total 为规定到达栅栏的进程总数。

在有些情况下,路障用户级原语的实现稍微复杂:某进程反复使用一个栅栏,即从栅栏释放出的进程在运行一段时间后又会到达原栅栏,这样可能会使某进程总不离开栅栏(停留在不断循环探测上)。例如,在循环程序中,有进程运行很快,当它再到达栅栏重置 release 为 0 时,上一次循环的栅栏进程中还有进程没有离开,这样所有的进程在第二次运行时都会处于无限等待中,因为到达栅栏的进程数总达不到规定的进程总数。对此,通常可以由以下两种方法来处理。

一种方法是当进程离开栅栏时计数,在上次使用中的所有进程离开之前,不允许任何进程重用并初始化本栅栏,但这必然会明显增加栅栏的时延和竞争。另一种方法是采用 sense_reversing 栅栏,但其性能仍然比较差。sense_reversing 栅栏的代码为:

```
local_sense=!local_sense;         //local_sense 取反
lock(counterlock);               //保证更新操作是原子的
count++;                          //进程到达栅栏进程数加 1
unlock(counterlock);             //释放进程计数锁
if(count==total){                 //进程全部到达栅栏
    count=0;                      //重置计数锁的计数器
    release=local_sense;          //释放栅栏中的进程
}
else{                             //还有进程未到达栅栏
    spin(release==local_sense);   //等待信号
}
```

其中：local_sense 为某进程私有变量，初始值为 1。

2）指数时延用户级原语

旋转锁实现存在一个缺陷：当多个进程检测并竞争锁资源时会带来时延，解决的方法是当加锁失败后人为地推后进程等待时间（再次请求加锁的时间间隔），且等待时间是呈指数增加的。指数时延用户级原语功能便是使进程反复检测并竞争资源的时间间隔呈指数增加，其代码为：

```
        MOV R3,#A                    //置时延初始值到 R3
lockit: LL R2,(R1)                   //执行 LL 取指令取锁值
        BNEZ R2,lockit               //无效锁值为 1 是关的,循环
        MOV R2,#1                    //置锁值为 1
        SC R2,(R1)                   //执行 SC 存指令存锁值
        BNEZ R2,gotit                //有效锁值为 0 是关的,转移
        SAL R3,#1                    //时延间隔左移 1 位增加 2 倍
        PAUSE R3                     //时延 R3 中的时间值
        JMP lockit
gotit:加锁保护数据
```

5.4.3　基本同步原语的性能

1. 旋转锁的性能分析

在大规模多处理机中，旋转锁的最根本的优势是对互连网络的开销较低，同一处理器反复使用锁时性能高。由于所有处理器对旋转锁的竞争、锁存储访问的串行和总线访问的时延等，使得请求使用锁资源的开销很大，具体见例 5-1。特别是总线使用的公平性严重制约着旋转锁的性能提高，因为一个处理器释放后其余的处理器会竞争锁。

基本旋转锁操作的时延为两个总线周期：一个读锁和一个写锁，通过改进可以使它在单个周期内完成，如简单地进行检测交换操作。但如果锁被占用，将会导致大量的总线事务，因为每个需要获得锁的进程均需要一个总线周期。当然，旋转锁的时延并不如例 5-1 那么差，在实现中可以对 Cache 的写缺失加以优化。

例 5-1　若有一台含有 10 个速度相同处理器的基于总线连接的多处理机，在某时刻同时请求锁资源。设每个读写缺失的总线事务处理时间为 100 个时钟周期，且 Cache 块锁的读写时间和加锁时间忽略不计，那么 10 个处理器请求加锁所需要的总线事务数是多少？设时间为 0 时锁已释放且所有处理器均在旋转，总线在新的请求到达之前已服务完挂起的所有请求，那么处理 10 个请求的时间为多少？

解　当 i 个处理器竞争锁资源时，它们各自完成以下操作序列（关键代码段的其他操作不计）：访问锁的 i 个 LL 指令操作、上锁的 i 个 SC 指令操作、1 个释放锁的存指令操作，且每个操作产生一个总线事务。因此对于 i 个处理器来说，一个处理器获得锁资源所需要进行的总线事务数为 $2i+1$。

设共有 N 个处理器，开始 N 个处理器竞争请求锁资源，一个处理器获得锁资源并使用释放锁之后，总线事务数为 $2N+1$；接下来剩余 $N-1$ 处理器请求锁资源，总线事务数为 $2(N-1)+1$；以此类推。可见总线事务数共有

$$\sum_i^N (2i+1) = N(N+1) + N = N^2 + 2N \tag{5-2}$$

所以对于 10 个处理器,即 N 为 10,总线事务数为 120,请求时间为 12 000 个时钟周期。

2. 路障的性能分析

为了实现不同状态的同步,人们提出了各种不同层次的基本同步原语如路障用户级原语,但这些同步原语请求使用锁资源的开销也很大,具体见例 5-2。

例 5-2 对于例 5-1 中的多处理机,各种假设均一样。若 10 个处理器同时执行一个路障用户级原语,且栅栏实现中非同步操作的时间忽略不计,那么 10 个处理器全部到达栅栏、被释放及离开栅栏所需的总线事务数是多少? 设总线完全公平,整个过程需要的时间为多少?

解: 当还没有进程获得锁资源时,一个处理器执行路障用户级原语(通过栅栏)所产生的操作序列如表 5-2 所示。可见,对第 i 个处理器,总线事务数为 $3i+4$,而最后到达栅栏的处理器少一个总线事务。所以总线事务数共有

$$\sum_i^N (3i+4) - 1 = (3N^2 + 11N)/2 - 1 \tag{5-3}$$

表 5-2　一个处理器执行路障用户级原语所产生的操作序列

操　作	数量	对应源代码	功　能　说　明
LL	i	Lock(counterlock)	所有处理器抢锁
SC	i	Lock(counterlock)	所有处理器抢锁
LD	1	count＝count＋1	一处理器抢锁成功
LL	$i-1$	Lock(counterlock)	抢锁不成功的处理器再抢锁
SD	1	count＝count＋1	获得专有访问产生的失效
SD	1	unLock(counterlock)	获得锁产生的失效
LD	2	spin(release＝local_sense)	读释放:初次和最后写产生的失效

所以对于 10 个处理器,即 N 为 10,总线事务数为 204,请求时间为 20 400 个时钟周期。

综合来看,当进程之间对资源的竞争激烈时,同步时延很大,同步则成为计算机性能提高的瓶颈。当资源竞争不激烈时,则需要重点关注一个同步原语的操作时延,即单个进程完成一个同步操作的时间。另外,当资源竞争时,还会出现同步操作时进程之间的串行性,这也极大地增加了同步操作的时延,当无竞争时,10 个处理器加解锁的同步操作仅需要 20 个总线事务。

5.4.4　大规模多处理机的同步原语

对于大规模多处理机,资源竞争往往很激烈,为了使同步在无资源竞争时时延小,在资源竞争激烈时串行度小,引入了相应的同步原语。

1. 排队锁硬件原语

旋转锁最大的缺陷是存在大量无用的竞争。例如,当锁被释放,虽然仅有一个进程可以成功获得其状态值,但所有进程都会产生读失效和写失效。若采用队列来记录等待的进程,

则当锁释放时仅送出一个确定的等待进程,这种机制称为排队锁,它可以用来提高栅栏操作的性能。进程队列可以由硬件实现,也可以由软件实现。硬件进程队列一般用于目录协议的多处理机,通过硬件向量来实现进程排队;侦听协议的多处理机需要将锁从一个进程显式地传送于另一个进程,通过软件实现排队更适合。

排队锁的工作过程如下:在第一次取锁变量失效时,失效信号被送入同步控制器,同步控制器可集成于存储控制器(总线结构的)或目录控制器中。如果锁空闲,则将其交于该处理器;如果锁忙,则同步控制器产生一个节点请求记录(如向量中的某一位),并将锁忙标志返回处理器,处理器进入旋转等待。当锁被释放时,同步控制器则从等待的进程队列中取一个进程使用该锁。可见,排队锁的时延与旋转锁基本相同,但可以极大地减少串行性。

排队锁功能实现中有 3 个关键问题:①需要识别对锁初次访问的进程,从而对其进行排队操作;②等待进程队列的实现方法很多,采用哪种方法应综合权衡;③必须采用硬件来回收锁,因为请求加锁的进程可能被切换出去,并可能在同一处理器上不再被调入。

2. 组合树路障用户级原语

在上述栅栏机制实现中,所有进程必须读取 release 标志这会形成冲突,由此便有了利用组合树来减少冲突的方法。组合树是多个请求通过局部结合形成树的一种分级结构,其局部结合的分枝数量远小于总的分枝数量,能将大冲突化解为并行的多个小分枝来降低冲突。

组合树采用预定义的 M 叉树结构,且扇入数为 k(实际 $k=4$ 时效果最佳)。当 k 各进程都到达树的某个节点时,则发信号进入树的上一层;当全部进程到达的信号汇集于根节点时,释放所有进程。组合树路障用户级原语(即基于组合树栅栏)的代码为:

```
Struct node{                                    //组合树中的一个节点
        int counterlock;                        //本节点的锁
        int count;                              //计数本节点
        int parent;                             //树中节点号=0…p-1,父根节点号=-1
};
Struct node tree[0…p-1];                        //树中各节点
int local_sense;                                //每个处理器的私有变量
int release;                                    //全局释放标志
barrier(int mynode){                            //栅栏实现函数
        lock(tree[mynode].counterlock);         //保护计数器
count++;                                         //计数器累加
        unlock(tree[mynode].counterlock);       //释放锁
        if(tree[mynode].count)==k{              //本节点进程全部到达
if(tree[mynode].parent)>=0{
barrier(tree[mynode].parent);
                }
else{
release=local_sense;
                }
tree[mynode].count)=0;                          //为下次重用初始化
        }
```

```
else{
  spin(release=local_sense);                    //等待
        }
      }
```

而加入栅栏的进程执行代码为：

```
local_sense=!local_sense;
barrier(mynode);
```

树是根据 tree 数组中的节点预先静态建立的，树中每个节点组合 k 个进程，提供一个单独的计数器和锁，因而在每个节点有 k 个进程竞争资源。当第 k 个进程都到达树中对应节点时则进入父节点，然后递增父节点的计数器，当父节点计数到达 k 时，置 release 标志。每个节点的计数器在最后一个进程到达时被初始化。

3. 高性能栅栏用户级原语

路障用户级原语的栅栏记数时间较长，竞争串行度较高。为了减少栅栏记数时间，降低竞争串行度，可以通过地址递增跟踪硬件原语来构造高性能栅栏用户级原语，其性能可以与排队锁相比，相应代码为：

```
local_sense=!local_sense;                    //local_sense 取反
fetch_and_increment(count);                  //原子性更新
if(count==total){                            //进程全部到达栅栏
  count=0;                                   //重置 counterlock 的计数器
      release=local_sense;                   //释放栅栏中的进程
}
    else{                                    //还有进程未到达栅栏
      spin(release==local_sense);            //等待信号
}
```

对于大规模多处理机，同步、存储时延和负载不平衡等是限制其效率提高的关键因素，其中同步处理最为复杂且是基础。程序同步意味着对共享数据的访问被同步操作有序化，且希望大多数程序是同步的，因为若访问不同步，则难以决定程序行为。程序员可以通过构造自己的同步机制来保证有序性，但对技巧性要求很高，并可能得不到体系结构的支持。所以，几乎所有的程序员都选择使用同步库，这不但保证了正确性，还保证了同步的优化。

例 5-3　对于例 5-1 的多处理机，各种假设均一样。如果在排队锁的使用中，失效时进行锁更新，那么 10 个处理器完成 lock 和 unlock 所需的总线事务数是多少？所需要的时间为多少？

解：对于 N 个处理器，每个处理器初始加锁产生一个总线事务，其中一个成功获得锁并在使用后释放锁，第一个处理器将产生 $N+1$ 个总线事务。每个后续处理器需要 2 个总线事务：获得锁和释放锁，则将产生 $2(N-1)$ 个总线事务。可见总线事务数共有

$$(N+1)+2(N-1)=3N-1 \qquad\qquad (5-4)$$

所以对于 10 个处理器，即 N 为 10，总线事务数 29，请求时间为 2900 个时钟周期。

特别地，排队锁的总线事务数随处理器数增加线性增长，而旋转锁是呈二次方增长，所以排队锁性能比旋转锁高。

例 5-4　对于例 5-1 的多处理机,各种假设均一样。如果使用高性能栅栏用户级原语实现同步,fetch_and_increment 操作需要 100 个时钟周期,那么 10 个处理器通过栅栏所需要的总线事务数是多少? 所需要的时间为多少?

解：对于 N 个处理器,当采用高性能栅栏用户级原语来实现同步时,需要 N 次 fetch_and_increment 操作,访问 count 变量时的 N 次 cache 失效和释放时的 N 次 cache 失效,这样共需要总线事务数为 $3N$,且随处理器数增加也是线性增长的。

所以对于 10 个处理器,即 N 为 10,总线事务数 30,请求时间为 3000 个时钟周期。

练 习 题

1. 通信时延由软件开销、通路时延、选路时延和竞争时延等部分组成,其中哪部分占比最大? 各部分时延由哪些因素决定?

2. 在多处理机数据通信协议体系中,用户空间和低层空间各包含哪些协议? 其中哪两种协议可以相互旁路掉?

3. 试分析比较商品化高性能通信网络：Myrinet、HiPPI、FDDI、SCI 和高速以太等的优势及其适用性。

4. 路径选择效率的度量通常采用哪两个参数? 通过路径优化这两个参数可以同时达到理想状态吗? 为什么?

5. 虚拟通道由哪几部分组成? 其中哪些部分是共享的? 建立虚拟通道的目的是什么?

6. 死锁的表现形态是网络资源的循环等待,那么死锁产生的根源是什么? 存储转发与虫蚀传递的网络资源是一样的吗? 为什么?

7. 死锁解除的前提条件是什么? 死锁为什么可以避免?

8. 对于互连网络,为什么需要进行流量控制? 系统域互连网络流量控制包含哪些层次?

9. 简述数据通信时延的处理策略。

10. 什么是时延容忍技术? 为什么其收益具有上限?

11. 从本质来看,同步是针对什么场景而提出的? 它需要关注哪些问题?

12. 同步原语的功能是什么? 对于大规模多处理机,为什么还需要配置特殊的同步原语?

13. 在二维网格网络中,有多少种可能的转弯? 因为转弯选路不当,可能形成多少个环?

14. 对于二维网格网络,至少应该禁止多少种转弯才可能避免链路环的形成? 禁止的转弯可以任意选择吗? 为什么?

15. 对于 4 方体网络,从节点 0000 到 1111,有多少条最短路径? 为什么? 采用 E-立方维序寻径算法找出其中一条距离最短的路径。

16. 在标准的栅栏同步中,设单个处理器的通过时间(含更新计数和释放锁)为 C,求 N 个处理器一起进行一次同步所需要的时间。

17. 在采用 k 元胖树的栅栏同步中,设单个处理器的通过时间(含更新计数和释放锁)为 C,求 N 个处理器一起进行一次同步所需要的时间。

18. 采用排队锁和 fetch_and_increment 原语重新实现栅栏同步,将它们分别与采用旋转锁实现栅栏同步进行性能比较。

19. 对于一台无硬件高速缓存一致性的多处理机,消息传递必须以 1KB 容量的数据块连续传输,为了避免接收端的缓冲问题,必须在每个块应答后才传输下一块;若每次传输时间为 200 个时钟周期(含存储寻址和 DMA 设置),从数据块送达接收端到发出应答需要 20 个时钟周期,发送端处理应答需要 50 个时钟周期。对于一台硬件高速缓存一致性的多处理机,消息传递以 128 字节的高速缓存块顺序传输,但仅在 4KB 容量的页面接收完后才发送应答;若每次传输时间为 50 个时钟周期(从高速缓存取出一块,必要时需保持高速缓存一致性),每块完全送入网络后才开始处理下块。另假设:时钟周期为 10ns(100MHz)、网络传输时延为 30 个时钟周期,网络带宽为 400Mb/s。

(1) 计算 NCC 多处理机中容量为 4KB 消息的传输时延;

(2) 计算 CC 多处理机中容量为 4KB 消息的传输时延;

(3) 若对 CC 多处理机进行改进,每块开始送入网络时即可以开始处理下一块,这时计算容量为 4KB 消息的传输时延。

20. 在某处理器上运行 A、B、C、D 4 个线程,它们的功能操作为:①A 执行 2 条指令,第二条指令发生高速缓存缺失,又执行 4 条指令;②B 执行 1 条指令,接着 2 个时钟周期的流水线时延,再执行 2 条指令,第二条指令发生高速缓存缺失,再执行 2 条指令;③C 执行 4 条指令,第四条指令发生高速缓存缺失,再执行 3 条指令;④D 执行 6 条指令,第六条指令发生高速缓存缺失,再执行 1 条指令。设处理器采用四功能段的流水线,上下文切换需要 4 个时钟周期,高速缓存缺失处理需要 10 个时钟周期。写出这些线程的执行过程,画出流水线的时空图,指出哪些时间槽被线程占用? 哪些被浪费? 并求出处理器的使用率。

21. 某含有 N 个处理器的分布共享存储可扩展的多处理机,设 $1/R$ 为每个处理器通过互连网络进行远程访问的概率,L 为远程访问的时延,推导出下列各种情况下处理器的效率 E。

(1) N 个处理器均为单线程,高速缓存是私有的,且无高速缓存一致性和时延隐藏的硬件支持,写出 E 与 R、L 的函数。

(2) N 个处理器均为硬件支持高速缓存一致性且数据适当共享,H 为远程访问可由本地高速缓存得到的概率,写出 E 与 R、L、H 的函数。

(3) N 个处理器均为同时可处理 P 个现场的多线程,同时现场切换的开销为 C,写出 E 与 R、L、H、C 的函数。

22. 对于 N 个节点的交叉开关,开关数为 $\sqrt{N}$,每个消息额外开销为 1μs,带宽为 64Mb/s,路由时延为 200ns。现要传送 128B 的消息,求 $N=64$ 和 $N=128$ 个节点时的平均时延为多少?

第 6 章

数据驱动及其数据流处理机

对于程序控制的计算机,采用"顺序驱动、共享存储"的计算模型,限制了指令与指令、控制与数据之间的并行性,因此有人便提出了"数据驱动、专用存储"的计算模型,并形成了数据流处理机。本章阐述数据驱动原理、数据流处理机及其特征、数据流处理机的优缺点及其存在问题与发展趋势,分析数据流处理机指令结构及其处理过程,讨论数据流程序图与程序语言、数据流处理机的结构模型及其典型实例的组织结构。

6.1 数据流处理机及其指令处理

6.1.1 数据驱动及其数据流计算机

1. 数据驱动及其计算模型

在传统的冯·诺依曼体系结构的计算机中,通常采用"程序驱动、共享存储"计算模型,虽然其体系结构发生了巨大变化,形成了许多不同类型的计算机,但计算模型及其工作原理仍然相同。对于传统计算机,数据是在程序指令按照一定次序处理时才被用来做为处理对象,即指令流决定数据流(data flow),而程序指令的处理次序是由程序计数器集中控制的。所以,传统计算机在程序计数器的集中控制下,一定程度上降低了指令处理效率,难以最大限度地实现计算所需操作的并行性,其原因有两方面。一是程序指令主动地"要求"数据,而数据是被动的"等待"处理,由此使得"数据"等待"指令",不利于数据与指令并行处理。二是"指令"等待"调度","调度"是按指令排列次序来进行,即使指令之间不存在关联关系,也必须强加一个先后次序的关系,从而限制了指令并行处理。那么是否可以使数据与指令尽可能地均被"即时"处理呢? 美国麻省理工学院(massachusetts institute of technology,MIT)实验室的 Jack Dernis 及助手于 1972 年首先提出数据驱动计算(data driven computation)模型,并证明根据该计算模型而设计实现的数据流计算机可以获得很高的性能价格比、紧跟集成电路技术进步的速度,也可以为应用领域提供较好的可编程性。

为了实现"数据"及时驱动指令,一条指令的处理结果并不送往存储部件保存,而直接送往需要该结果作为操作数的指令,为指令执行做好准备,在获得处理器资源时即刻激发指令执行,而其处理结果又快速地提供于其他指令,由此循环往复,连续不断地驱动指令执行。可见,指令处理完全是由数据驱动的,且是无序异步的,可以最大限度地实现计算所需操作的并行性。数据驱动指指令(即工作单元)序列中任一条指令所需的操作数齐备,就可以立即进行执行,即指令不是按指令序列由控制器控制其顺序执行,而是在数据可用性控制下并行执行的。采用数据流来驱动指令执行,由数据流决定指令流,指令之间的数据传递是专用存储,所以相应计算模型为"数据驱动、专用存储"。

2. 数据流计算机及其特征

数据流计算机的研究工作跌宕起伏,但集成电路技术的进步发展,为数据流计算机的实现提供了坚实的基础。因此,无论是理论研究,还是软硬件实现,几十年来,数据流计算机得到了长足发展,目前已经出现具有实用性的数据流计算机。通常把采用数据驱动的计算机称为数据流计算机,其工作原理完全不同于传统的冯·诺依曼体系结构的计算机,它没有程序计数器,也没有变量和状态的概念,指令之间的执行是相互独立的,操作结果不受指令执行顺序的影响。

数据流计算机充分支持指令级并行性的实现,只要有足够多的处理单元,相互间不存在数据依赖的指令都可以并行处理,指令序列中指令的处理次序由指令间的数据依赖关系决定。数据流计算机采用专用存储的数据传递方式,每个操作数经过指令使用一次后就消失,变成结果数据供下一条指令使用。显然,数据流计算机与程序控制计算机相比具有以下4个特性。这些特性使得数据流计算机很适合采用分布计算,所以某种程度上,可以把数据流计算机看成是一种分布式多处理机。

(1)异步性(asynchrony)。对于序列指令,只要指令所需要的数据都到达,指令就可以独立执行,与其他指令的执行结果无关,指令之间不存在任何依赖关系,操作结果不受指令排列次序的影响。

(2)并行性(parallelism)。同时可以并行执行多条指令,而且这种并行性通常是隐含的,指令执行主要受指令之间的数据相关性限制。

(3)函数性(functionalism)。存储单元的数据不被指令所共享,从而不会产生诸如改变存储单元内容这样的副作用。另外,其没有变量的概念,也不设置状态来控制指令的执行顺序,即操作结果不改变机器状态,所以任何指令均是纯函数的,可以直接支持函数语言不仅有利于开发程序中各级的并行性,而且有利于改善软件环境,缩短软件的研制时间。

(4)局部性(locality)。指令操作结果直接作为操作数传送给所需要的指令,指令执行的影响是局部的。指令操作结果并不单独存储,不会改变存储单元内容,也不会产生长远影响,改变指令执行顺序。

6.1.2 数据流处理机的指令处理

1. 数据流处理机的指令结构

在数据流处理机中,需要设置数据可用性检测电路,将当前处理指令的操作结果与待处理指令匹配起来,所以其指令由操作包(operation packet)和数据令牌(data token)两个字段组成,如图 6-1 所示。

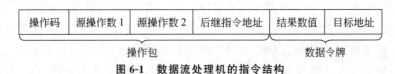

操作码	源操作数 1	源操作数 2	后继指令地址	结果数值	目标地址

图 6-1　数据流处理机的指令结构

操作包由操作码、一个或几个源操作数及后继指令地址等组成,其中后继指令地址可能有多个,用于创建装配出新的数据令牌,以指示需要本条指令操作结果的其他指令的地址。

数据令牌是某一操作数准备就绪的标志,是由先于需要该操作数指令的指令处理创建的,它由结果数值与目标地址组成,其中结果数值是创建指令的操作结果,目标地址也是创建指令中操作包所包含的后继指令地址。指令通过接收到的数据令牌来获得一个等待的数据,将该数据同本条指令操作包中提供的源数据一起参加操作码规定的操作,产生本条指令的操作结果,再附加上后继指令地址,创建装配出新的数据令牌,按后继指令地址送往需要该操作结果的指令中。

如果一条指令的操作结果需要送往 n 条指令,需要创建装配出 n 个数据令牌。如果一条指令需要 n 个其他指令产生的操作结果,也需要等待接收 n 个数据令牌,只有等待的 n 个数据令牌到齐之后,这条指令才可以执行。另外,在数据流处理机指令的操作包和数据令牌中,通常还包含有各种标志和特征信息等。

由数据流处理机指令的结构可以看出,数据流处理机不同于传统计算机那样需要由程序计数器来控制当前处理哪条指令,也不需要通过访问共享存储器来实现指令之间的数据传送,而是通过指令之间的数据令牌传送,实现指令之间的数据传送并激发驱动指令执行。数据流处理机允许多个操作包和多个数据令牌同时在各个操作部件之间传送,允许多条指令并行执行。对此,数据流处理机除需要有一套可以并行执行多条指令的操作部件之外,还需要有一套可以高效并行传送多个操作包和多个数据令牌的互连网络。

2. 数据流处理机指令的处理过程

在数据流处理机中,利用数据令牌传送数据并激发驱动指令执行,现以一个简单例子来说明数据流处理机指令的处理过程。例如,函数 $X=(a+b)\times(a-b)$ 的计算包含 3 条指令,这 3 条指令的处理过程如图 6-2 所示,图中符号"()"表示指令等待的数据令牌所携带的操作数,符号"·"表示数据令牌的传送位置。

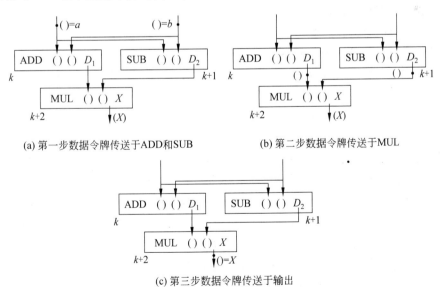

(a) 第一步数据令牌传送于ADD和SUB　　　　(b) 第二步数据令牌传送于MUL

(c) 第三步数据令牌传送于输出

图 6-2　数据流处理机指令的处理过程状态

图 6-2(a)表示携带操作数 a 和 b 的两个数据令牌传送给 ADD 指令和 SUB 指令,从而激发这两条指令执行。图 6-2(b)表示 ADD 指令的操作结果 $(a+b)$ 与需要该数据的 MUL 指令的地址 D_1 创建装配出数据令牌、SUB 指令的操作结果 $(a-b)$ 与需要该数据的 MUL

指令的地址 D_2 创建装配出数据令牌，将这两个数据令牌传送于 MUL 指令，从而激发 MUL 指令执行。图 6-2(c)表示 MUL 指令激发执行后得到操作结果$(a+b)\times(a-b)$与函数 X 的地址创建装配出数据令牌，并发送到输出。

从数据流处理机指令处理过程可以看出，数据(包括源操作数、中间结果和最终结果)被作为数据令牌在指令之间直接传送，与控制流计算机中按存储地址传送数据完全不同。其次，只要指令执行所需要的数据令牌都到达，指令就被激发执行，程序运行时指令执行的次序是由指令之间的数据相关性决定的。

6.2 数据流处理机程序的设计语言

传统计算机只有软件与硬件融合成一个整体，才能有效地工作。程序是软件的核心，程序采用程序设计语言来描述，而程序设计语言可以分为高级语言、汇编语言和机器语言 3 种类型，其中仅二进制的机器语言硬件才能识别执行，由高级语言与汇编语言描述的程序均需要通过翻译器转化为机器语言程序。数据流计算机同传统计算机一样，由程序来指示硬件操作、由语言来描述程序，其语言有 3 种类型，硬件能识别的仅为机器语言。但由于驱动方式不同、原理不一样，程序描述的对象也不同，传统计算机程序描述的是指令执行的先后次序，数据流处理机程序描述的是数据流动的先后次序。这样数据流计算机采用的高级语言与汇编语言，在功能需求、组成元素和结构关系上同传统计算机有很大差异，从而形成了类似汇编语言的数据流程序图和类同于高级语言的数据流程序语言。

6.2.1 数据流程序图

数据流程序图是一种特殊的有向图，用于描述数据流处理机的工作程序。数据流程序图的表示方法目前有两种：节点分支线表示法和活动模片表示法。

1. 节点分支线表示法及其图符号含义

数据流程序图可以采用节点分支线表示法来生成表达。节点分支线表示法包含节点和单向弧两个图元素，即数据流程序图由若干节点和若干单向弧构成。节点表示功能操作，图符有圆圈、三角形、菱形等；单向弧用于连接两个节点，表示令牌在节点之间流动的路径。通过数据令牌沿着有向弧的传送路径来表示数据在数据流程序图中的流动过程，当一个节点的所有输入弧上都出现数据令牌且输出弧上没有数据令牌时，该节点被激发，其操作可以被执行。在数据流处理机中，通常采用数据流程序图来表示指令级的数据流程序。

对于 $y=(a+b)\times(a-b)$ 的计算，采用节点分支线表示法的数据流程序图如图 6-3(a)所示，其中三角形表示数据复制节点，圆圈表示运算节点，实心圆点表示数据令牌沿其所在弧由一个节点向另外一个节点流动，实心圆点旁的数字表示数据令牌所携带的数据值。对于任何一个节点，其输入弧均有实心圆点表示源操作准备就绪，输出弧没有实心圆点表示输出没有数据令牌。该数据流程序图的运行过程如图 6-3(b)所示。另外，实心前头弧、实心圆点表示令牌携带的是数值值，为数据令牌；空心前头弧、空心圆点表示令牌携带的是逻辑值，为控制令牌。

2. 节点分支线的节点类型及执行规则

节点分支线表示法的节点表示一种功能操作，在数据流处理机中通常有 5 种功能操作：

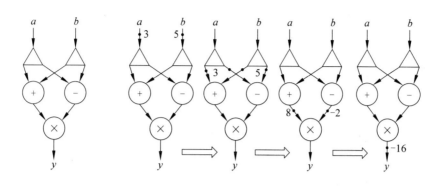

(a) 数据流程序图　　　　　　　　　(b) 数据流程序图的运行过程

图 6-3　计算 $y=(a+b)\times(a-b)$ 的节点分支线表示法数据流程序图及其运行过程

运算操作、常数发生操作、复制操作、判定操作和控制操作等,所以数据流程序图有 5 种常用节点。J.B.Dennis 和 J.E.Rumbaugh 等提出了一套数据流程序图节点的表示方法,并规定了相应的执行规则。

1) 常数发生节点

常数发生节点(identity)没有输入弧,仅有一条输出弧,其功能执行规则为：生成一个常数,节点执行后输出携带指定常数的一个数据令牌。常数发生节点用倒三角形表示,执行前后表示如图 6-4(a)所示。

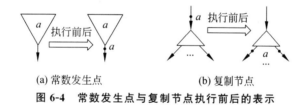

(a) 常数发生点　　　　　　　(b) 复制节点

图 6-4　常数发生点与复制节点执行前后的表示

2) 复制节点

复制节点(copy)有一条输入弧,若干条输出弧,其功能执行规则为：输入令牌复制出若干个信息相同、目标地址不同的令牌,并分别从输出弧输出。复制节点用三角形表示,执行前后表示如图 6-4(b)所示。复制节点有数据复制节点和控制复制节点之分,前者用于复制数据令牌,后者用于复制控制令牌。

3) 运算节点

运算节点(operator)有一条或若干条输入弧,一条输出弧,其功能执行规则为：对输入数据令牌中的数据进行运算并生成一个数据令牌从输出弧输出。运算节点用圆圈内标注相应运算符表示,算术加和逻辑非节点执行前后表示如图 6-5 所示。由于运算可以分为算术运算和逻辑运算,所以运算节点有算术运算节点和逻辑运算节点之分。常见的算术运算节点有加($+$)、减($-$)、乘($\times$)、除($\div$)、加 1($+1$)、减 1(-1)等,常见的逻辑运算节点有与($\wedge$)、或($\vee$)、异或($\oplus$)、非(N)等。

4) 判断节点

判断节点(decider)又称为条件节点,它有一条或若干条数据令牌输入弧,一条控制令牌输出弧,其功能执行规则为：判断输入数据令牌携带的数值是否满足某种特征或多个输

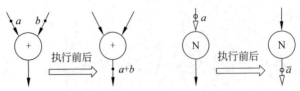

图 6-5　运算节点执行前后的表示

入数据令牌携带的数值是否满足某种条件,生成一个控制令牌在输出弧输出,且当满足条件时,在输出端生成 T 的控制令牌,否则生成 F 的控制令牌。判断节点用菱形内标注相应条件表示,判断大于 0 和比较大小节点执行前后表示如图 6-6 所示。数据令牌携带数值的特征一般有 $a>0$、$a=0$、$a<0$ 等,两个数据令牌携带数值的关系一般有 $a>b$、$a=b$、$a<b$ 等。

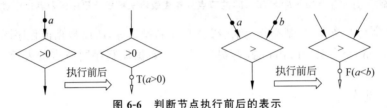

图 6-6　判断节点执行前后的表示

5）控制节点

控制节点(control)也称为条件分支节点,其功能执行规则为:通过输入控制令牌或激发条件(逻辑控制输入 F 和 T)来控制输入数据令牌所携带的数值从输入到输出的路径。所以,控制节点有一条控制令牌输入弧、一条或若干条数据令牌输入弧,一条或若干条数据令牌输出弧。常用的控制节点有 T 控制节点、F 控制节点、开关控制节点和归并控制节点控等 4 种,其功能分别对应 4 种条件语句:

```
If true then a→X
If false then a→X
If true then a→X else a→Y
If true then a→X else b→X
```

T 控制节点与 F 控制节点类似,且均用圆圈表示,它们有两条输入弧和一条输出弧。T 控制节点功能执行规则为:当逻辑控制输入端控制令牌值为真时,输入弧数据令牌所携带的数值在输出弧输出,节点执行前后表示如图 6-7(a)所示。F 控制节点功能执行规则为:当逻辑控制输入端控制令牌值为假时,输入弧数据令牌所携带的数值在输出弧输出,节点执行前后表示如图 6-7(b)所示。

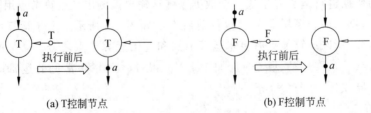

(a) T控制节点　　　　　　　　　(b) F控制节点

图 6-7　T、F 控制节点执行前后的表示

开关控制节点用椭圆圈表示,它有两条输入弧和两条输出弧。开关控制节点功能执行

规则为：根据控制输入端控制令牌的逻辑值真与假，选择数据输入端数据令牌所携带的数值在 T 输出弧输出还是在 F 弧输出，节点执行前后表示如图 6-8 所示。

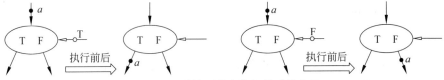

图 6-8　开关控制节点执行前后的表示

归并控制节点用椭圆圈表示，它有 3 条输入弧和 1 条输出弧。归并控制节点功能执行规则为：根据控制输入端控制令牌的逻辑值真与假，选择一个数据输入端数据令牌所携带的数值在输出弧输出，节点执行前后表示如图 6-9 所示。

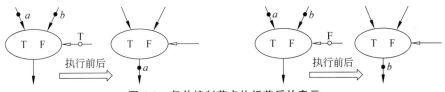

图 6-9　归并控制节点执行前后的表示

上述是节点分支线表示法的基本节点，利用这些节点可以设计出功能更强的复合型节点，如同汇编语言中的宏指令一样。每个基本节点表示单一功能操作，复杂功能实现可以利用有限个节点组成的数据流程序图来表示。一个数据流程序图又可以看成是一个功能复杂的节点，这种节点用一个矩形框表示。

3. 活动模片表示法及其组成结构

数据流程序图可以采用活动模片表示法来生成表达。活动模片表示法的基本单位为活动模片，每个活动模片相当于节点分支线表示法中的一个或多个节点。一个活动模片通常包含 4 个字段，其组成结构如图 6-10 所示。对于 $y=(a+b)\times(a-b)$ 的计算，采用活动模片表示法的数据流程序图如图 6-11 所示。

活动片标识	操作码	操作数1	操作数2	目标活动片/部件号

图 6-10　活动模片的组成结构

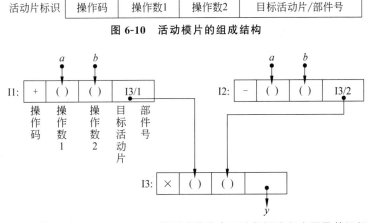

图 6-11　计算 $y=(a+b)\times(a-b)$ 的活动模片表示法数据流程序图及其运行过程

活动模片实质是节点在数据流处理机内部具体实现时的存储映像，但它更接近于二进制代码,活动模片表示法的数据程序图仅需经过简单处理,硬件便可以直接解释执行。不如节点分支线表示法的数据程序图直观、可读性强。

6.2.2 数据流程序语言

1. 数据流程序语言及其分类

对于传统计算机广泛采用面向过程的命令式程序设计语言,由于其缺乏并行性描述语句,很难表达出数据流处理机的并行性,虽然有些语言扩充了描述并行性的语句,如并行FORTRAN 语言、并行 PASCAL 语言、并行 Ada 语言等,但其编译复杂且效率不高。数据流程序图是数据流处理机的低级语言,虽然其直观简单,但编程效率很低,难以被一般用户所接受,所以在数据流处理机上运行的程序需要采用数据流程序语言(高级语言)来编写,研究开发适用于数据驱动的数据流程序语言是发展数据流处理机的关键问题之一。数据流程序语言结构类似于命令式程序设计语言,但可以更有效地被编译成数据流程图或机器语言,以便使数据流处理机识别执行,其主要目标是开发程序内隐含的并行性并高效地运行。

目前,对数据流程序语言的研究还不成熟,没有形成像传统高级语言那样规范的版本。从已经出现的数据流程序语言来看,主要有 3 种类型。

(1) 单赋值语言。美国加州大学尔湾分校研制的 ID 语言(irvine data flow language)、美国麻省理工学院科学实验室提出的 VAL 语言(value algorithmic language)和英国曼彻斯特大学开发的 SISAL 语言均属于单赋值语言。其中 VAL 数据流程序语言用于静态数据流处理机,ID 数据流程序语言则用于动态数据流处理机。

(2) 函数类语言。美国犹他大学研制的 FP 语言(functional programming language)则属于函数类语言。

(3) 命令类语言。美国爱荷华州立大学正在研制该类语言及把命令类语言转换为数据流程序图的编译器。

2. 单赋值规则

数据流处理机没有变量的概念,仅有数值的名称,单赋值规则是数据流程序语言的最显著特点。单赋值规则指在程序中每个数值名称仅可以赋值一次,即同一数值名称在赋值语句的左部仅允许出现一次和一个等式中的操作数不可以被其后面的等式赋值。使用单赋值规则可以保证在数据流程序中不会出现数据反馈相关和输出相关。

例如,对于代码段:

$1: A \leftarrow B + C$
$2: B \leftarrow A + D$
$3: C \leftarrow A + B$
$4: D \leftarrow C + B$
$5: A \leftarrow A + C$

其从语句 2 开始有 4 处违反了单赋值规则。语句 2 所写入的 B 是语句 1 的一个操作数,必须对其重命名,如将其命名为 $B1$,这样其后续代码中的引用处均应做相应修改。类似地,被语句 3 和 4 赋值的 C 和 D 也是前面语句的操作数,也必须重命名。最后的语句 5,把结果写入 A,A 在语句 1 中也写入了结果,同样必须重命名。特别地,语句 2、3 和 5 都将 A 做为一个操作数,这并没有违反单赋值规则。一个操作数的数值名称可以被使用多次,但其

使用前仅能被赋值一次。修改后的代码段如下:

1: $A \leftarrow B + C$
2: $B1 \leftarrow A + D$
3: $C1 \leftarrow A + B1$
4: $D1 \leftarrow C1 + B1$
5: $A1 \leftarrow A + C1$

3. 数据流程序语言的特点

数据流程序语言与控制流程序语言相比具有以下优势。

(1) 并行性好,易于理解。数据流处理机并行性仅受数据相关性限制,数据流语言可以很自然地、最大限度地来表达程序中的并行性。特别地,由于单赋值规则消除了数据相关性,使得单赋值语言不仅有利于运算并行性的开发,程序还变得更为清晰可读。

(2) 局部性强,无副作用。副作用指一个程序运行后,由于改变了公共变量,从而影响其他程序的正确运行。在传统的控制流程序语言中,副作用主要来自:使用了全局变量和公共变量;不适当地扩大了变量的使用范围;调用子程序时修改了调用程序中的变量;对同名变量多处赋值等。在数据流程序语言中,没有全局存储器和变量的概念,不使用全局数值名和公共数值名,严格控制数值名的使用范围,采用赋值调用而不是引用调用,且赋值调用过程仅复制数值名的数值并不修改数值名的数值,在子程序中不修改调用程序传过来的数值名数值。这样,通过数据令牌直接在指令之间进行数据传送,便防止了程序运行过程中某些数值名的数值被修改,从而保证每一个操作运算的结果都具有局部性。

(3) 无控制语句,过程不记忆。数据流处理机没有状态的概念,程序运行过程中没有记录跟踪数据状态,即过程没有"记忆性";数据流程序不需要规定语句的执行次序,数据流程序语言没有控制语句,语句执行次序不影响最终运算操作结果。

(4) 数据类型丰富,强类型函数。数据流程序语言除具有原子数据类型如整数、实数、字符、布尔等数据外,还有复合类型如数组、记录等数据,且允许数组、记录之间互相嵌套定义与调用,嵌套深度还不限,从而方便用户编程。任何函数的值及其自变量,其数据类型均需要在函数首部说明,这样在编译过程中容易检测出数据类型所发生的错误。

(5) 程序结构模块化,循环迭代流水化。数据流程序采用的是模块化的程序设计思想,整个程序由若干个模块组成,各模块之间的数据是完全隔离的;每个模块含有一个外部函数,该函数可以被其他模块调用;每个模块还含有许多内部函数,这些函数仅供本模块内部调用。一个循环程序可以由一个环状结构的数据流程图表示,而数据流处理机本身是环状结构的,对循环程序具有很好的适应性。数据流程序语言一般把循环程序的迭代计算展开,使迭代计算按流水方式进行,充分发挥数据流处理机对流水计算的支持,提高计算速度。

当然,数据流程序语言与控制流程序语言相比还存在以下缺陷:没有输入输出手段、表达式不够自然方便、实现效率还很低等。

例 6-1 在程序控制计算机的高级语言中,有条件转移语句: if true then G1 else G2,其中 G1 和 G2 均是各自独立的数据流程序图,请利用节点分支线表示法画出该语句的数据流程序图。

解: 根据该条件转移语句功能,其数据流程序图包括:一个复制节点、一个 T 控制节点、一个 F 控制节点、一个归并控制节点及其 G1 与 G2 数据流程序图节点,如图 6-12 所示。

利用复制节点实现起始数据令牌的二路输出,分别传送到 T 和 F 控制节点;根据起始控制令牌的真或假,通过 T 和 F 控制节点决定起始数据令牌传送到 G1 还是 G2 节点;根据起始控制令牌的真或假,利用归并控制节点来选择 G1 或 G2 节点的结果做为输出。

例 6-2 在程序控制计算机的高级语言中,有循环语句:while P do G,其中 P 是循环条件、G 是循环体,请利用节点分支线表示法画出该语句的数据流程序图。

解:根据该条件转移语句功能,其数据流程序图包括:一个归并控制节点、一个 T 控制节点、一个单输入判断控制节点、一个开关控制节点及其循环体 G 数据流程序图节点,如图 6-13 所示。为了能进入循环体 G 执行,开始时需要输入一个起始数据令牌和一个起始控制令牌。根据起始控制令牌的真或假,通过归并控制节点来选择起始数据令牌做为输出,以使循环体 G 在首次执行时,可以从外部取得输入数据令牌,之后的各次循环体 G 执行所需要的输入数据令牌则均从循环体本身的输出端取得。为此便可根据起始控制令牌的真或假,由 T 控制节点控制从归并控制节点输出的数据令牌是否传送到循环体 G。根据循环结束条件 P 产生的控制令牌,利用一个单输入判断控制节点来控制循环执行。最后通过一个开关控制节点分配每次循环产生的结果数据令牌;若循环没有结束,开关控制节点 P 输出为 T,通过开关控制节点把数据令牌传送给循环体 G,继续进行下一次循环;若循环结束,则判断控制节点 P 输出为 F,利用开关控制节点把结果数据令牌输出。

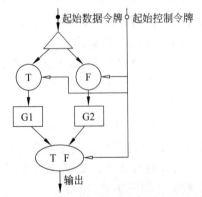

图 6-12 例 6-1 条件转移语句节点分支
线表示法的数据流程序图

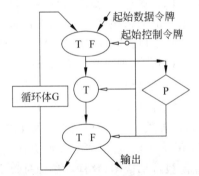

图 6-13 例 6-2 条件转移语句节点分支
线表示法的数据流程序图

6.3 数据流处理机的结构模型及其实例

6.3.1 数据流处理机的结构模型

根据对数据令牌处理的方法不同,数据流处理机通常分为静态数据流处理机和动态数据流处理机。这两种不同结构的数据流处理机均含有多个处理部件,并可以分别独立异步地执行不同的指令,且均依靠数据令牌来传送操作数和激发指令执行,它们的不同之处在于通信与同步方式。

1. 静态数据流处理机的结构模型

静态数据流处理机的结构模型如图 6-14 所示。由先前指令创建装配出数据令牌开始存放于更新部件(update unit,UU)的输入缓冲器中,并通过更新部件传送到指令存储部件(instruct storage unit,ISU)。在指令存储部件中,按照数据令牌本身携带的目标地址,把令牌中的操作数传送到目标指令中。当某一条指令所需要的数据令牌全部到达之后则被激发,并由读出部件(read unit,RU)将其从指令存储部件中读出发送到执行指令队列(instruct queue,IQ),一旦指令处理部件(processer unit,PU)有空闲,在执行指令队列中等待的一条指令则流出传送到指令处理部件而被执行;当指令操作完成后便生成了一个结果数据,将结果数据与指令中的后继指令地址一起创建装配出新的数据令牌,并立即传送到更新部件的输入缓冲器中,至此一条指令处理所包含的全部操作被执行。

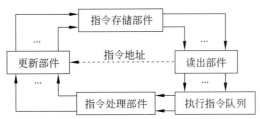

图 6-14　静态数据流处理机的结构模型

在静态数据流处理机中,数据令牌是按反映计算要求的数据流程序图来流动的。数据令牌沿数据流程序图的有向分支线传送到达操作节点,当一个节点的所有输入分支线上的数据令牌均到达,且输出分支线上没有数据令牌时,就执行该节点的操作(称为点火"firing")。实际上,一个操作节点对应指令存储部件中的一条等待激发的指令,被激发的指令被传送到执行指令队列中等待点火,即等待指令处理所需要的处理资源空闲和输出分支线上没有数据令牌。特别地,一条指令一旦生成数据令牌即刻被传送到更新部件,所以执行指令队列中的指令主要等待处理资源空闲。

静态数据流处理机规定,在任何一个时钟节拍内,每个节点一次仅能执行一个操作,在数据流程序图中的任何一个分支线上,仅允许传送一个数据令牌。这个规定使得静态数据流处理机的体系结构可以相对简单一些,数据令牌可以不附加其他标志,缺点是对程序并行性的支持变弱。

2. 动态数据流处理机的结构模型

动态数据流处理机的结构模型如图 6-15 所示。由先前指令创建装配出数据令牌开始存放在符合部件(favourite unit,FU)的输入缓冲器中,该输入缓冲器通常是一个相联存储器,它可以把输入缓冲器中目标地址相同的数据令牌合成一组,并送到更新读出部件(update read unit,URU)。更新读出部件根据数据令牌组的目标地址读出指令存储部件中的目标指令,并把数据令牌组携带的操作数传送到目标指令中,激发指令形成一条可执行指令,送入执行指令队列中,一旦指令处理部件中有空闲,该指令可立即执行。

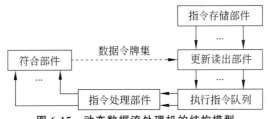

图 6-15　动态数据流处理机的结构模型

动态数据流处理机在结构组成上比静态数据流处理机多一个符合部件(仍有更新部件和读出部件,它们可以分开也可合并),该部件把一条指令处理所需要的所有操作数的数据令牌先合成为一个数据令牌组,然后传送于更新读出部件,更新读出部件取出对应指令与数据令牌组中携带的操作数一起组成一个操作包,传送到执行指令队列。特别地,符合部件中的输入缓冲器为相联存储器,可以采用相联查找方式,快速地查找到具有同一目标地址的数据令牌并合成令牌组。在静态数据流处理机中,指令存储部件中的目标指令等待所需要的一组数据令牌,在分时逐一到达后才被激发,由读出部件读出。显然,动态数据流处理机的指令处理速度高于静态数据流处理机。

动态数据流处理机的数据令牌可以带标志,且称为带标志的数据令牌(tagged data token)。这样,在动态数据流处理机的数据流程序图中,当运行时同一条分支线上可以同时传送多个数据令牌,操作节点将根据到达的数据令牌的标志进行相应的操作。带标志的数据令牌可以更充分地支持开发程序中的并行性,大幅度提高程序的指令级并行度,缩短程序的运行时间,但其体系结构更为复杂。对于动态数据流处理机,符合部件及其相联存储器通常是影响速度提高的瓶颈。

3. 普遍化数据流处理机的结构模型

静态与动态数据流处理机的共同点是均具有多个功能部件,并可以独立异步地处理多条指令,均依靠数据令牌来传送操作数并激发指令,仅在于通信与同步方式不同。这样,可以把静态与动态数据流处理机均看成为一个环状结构的流水线,抽象为一个普遍化的体系结构,加入输入输出,由此便有如图 6-16 所示的数据流处理机的结构模型。

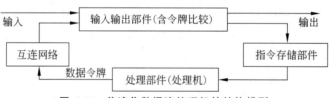

图 6-16 普遍化数据流处理机的结构模型

在数据流处理机的结构模型中,其环状流水线含有 4 个功能部件:指令存储器用于存放指令序列,处理部件用于并行处理可执行指令,互连网络用于传送数据令牌并把令牌中所携带的操作数传送到所需要的指令中,输入输出部件是数据流处理机与外界的接口。对于动态数据流处理机还包含数据令牌的匹配操作。

实际上,一台实用的数据流处理机是由多条图 6-16 所示的环状流水线组成,其中互连网络划分为具有专门功能的令牌交换网络,指令存储部件由若干个存储模块组成,即实际的数据流处理机是由数据流处理机结构模型扩充与改进而来的。由于扩充与改进的方法多种多样,便形成了多种不同类型的数据流处理机。

6.3.2 典型静态数据流处理机的组织结构

静态数据流处理机的主要特点为:数据流程序图中的每个节点一次仅执行一个操作,每条分支线在同一时刻仅可以传送一个令牌。节点的操作规则是:仅当节点的每条数据输入分支线上都有一个数据令牌出现,每条控制输入分支线上都有控制令牌出现,且控制令牌所携带的控制信号是该节点所要求的,同时输出分支线上没有任何令牌,那么节点操作才可以被执行。当数据令牌从输入分支线上被取走后,相应的控制令牌就作为回答信号返回。目前,静态数据流处理机主要有 Dennis 的、分块的和多处理机的 3 种。

1. Dennis 静态数据流处理机

Jack Dennis 等于 1972 年提出数据驱动原理时,同时也建立了静态数据流处理机的结构模型,并由此研制出 Dennis 静态数据流处理机,其所使用的数据流程序语言为 VAL 语言,且已成为静态数据流处理机的典型代表。Dennis 静态数据流处理机的体系结构如图 6-17 所示,它主要由指令存储器、处理部件、仲裁网络、控制网络和分配网络等部件组成,这 5 个部件相互独立,没有统一时钟,各部件之间采用异步方式互相通信。所有需要传送的信息均创建组装成对应信息包,通过信息包在各部件之间传送操作数和控制信号。

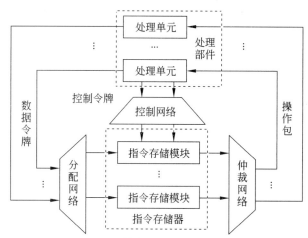

图 6-17 Dennis 静态数据流处理机的体系结构

(1) 指令存储器。指令存储器用于存放程序指令,每条指令有一个地址来标识其所存放的物理单元(位置)。一条指令包含一个操作码、一个或几个操作数存储单元、一个或几个后继指令地址(目标地址)、一个或几个确认地址(回答信号地址)及有关标志等字段。其中操作码用于指示该指令所需要执行的操作,操作数存储单元用于存放由数据令牌传送来的操作数,后继指令地址用于指示本指令操作结果需要传送到哪些指令中去。

(2) 处理部件。处理部件用于对数据进行操作运算,主要由多个相同或不同的处理单元组成,处理单元可以并行处理不同的指令。处理部件在接收到操作包之后,利用操作包本身提供的操作数来进行指令规定的操作,并产生一个或几个结果令牌,结果令牌包括数据令牌和控制令牌两种,且数据令牌中的后继指令地址直接从被处理的指令中取得。所以,在数据流处理机中,指令执行结果不像传统计算机那样送入共享存储部件中,而是通过数据令牌直接传送到需要它的指令单元中,使得指令在执行时不必到存储部件中去取操作数。

(3) 仲裁网络。仲裁网络主要用于把操作包(由操作码及其所需要的操作数组成)从指令存储器传送到处理部件,为每个指令存储单元与每个处理部件之间提供传送通路,并根据操作码的初步译码在网络各输出端口之间分配操作包。

(4) 控制网络。控制网络主要用于把控制令牌从处理部件传送到指令存储器,指令执行由控制网络控制,其执行顺序仅受数据相关性的约束。

(5) 分配网络。分配网络主要用于把数据令牌从处理部件传送到指令存储器,并根据数据令牌中的后继指令地址,把数据令牌中所携带的操作数送入相应指令单元的接收缓冲器,即数据令牌实际是按牌本身所携带的后继指令地址传送的。当一个数据令牌到达相应指令单元时,便为该指令提供了一个操作数。

Dennis 静态数据流处理机指令的处理过程为:存放在指令存储器中的指令从分配网络得到数据令牌中携带的操作数,存放在接收缓冲器中,从控制网络得到控制令牌,当指令所需要的所有操作数和控制令牌都到达之后便成为可执行指令;可执行指令从指令存储器中读出并和它所需要的操作数一起形成一个操作包,这个操作包通过仲裁网络传送到处理部件;在处理部件中,指令执行后产生的结果创建组装出新的数据令牌和新的控制令牌,这两种令牌分别通过分配网络和控制网络传送到指令存储器中。在指令存储器中,这些令牌又可以激发其他指令。

在 Dennis 静态数据流处理机中,由于在同一时刻可能有多条指令在等待执行,因此仲裁网络允许多个操作包同时通过,同样,分配网络和控制网络也允许把密集的令牌同时分配到有关指令单元中去。另外,处理单元有几十个到几千个,而指令存储单元的数目更多。因此,3 个通信网络部件往往是 Dennis 静态数据流处理机的工作瓶颈,如何对其进行设计成为 Dennis 静态数据流处理机的关键问题。

2. 分块静态数据流处理机

当指令单元的数目很多时,可以把指令单元、分配网络和仲裁网络分成若干单元块,在单元块内部实行共享连接,而单元块之间采用交换网络连接,分块静态数据流处理机的体系结构如图 6-18 所示。在分块静态数据流处理机中,分配网络与仲裁网络采用的开关单元一般为 2×1 选择器、1×2 分配器、2×2 交叉开关和 3×2 交叉开关。分配器是无阻塞的,选择器的两个输入在同一时刻仅有一个被连接到输出。2×2 交叉开关共有 9 种可能的组合状态,其中有两种状态可能引起阻塞;3×2 交叉开关共有 27 种可能的组合状态,其中有 14 种状态可能引起阻塞。当阻塞发生时,在所有发生冲突的请求中仅有一个请求通过交叉开关。如果网络中没有设置缓冲器,被阻塞的请求将被丢失,仅能在以后重新提出请求。对于在开关单元的输入端设置有缓冲器的包交换网络,被阻塞的请求将保存在缓冲器中,以后再向输出端传送。这样采用循环轮换法可以解决指向同一个输出端口的多个请求之间的冲突问题,或只通过直通的组合逻辑线路传送信息。

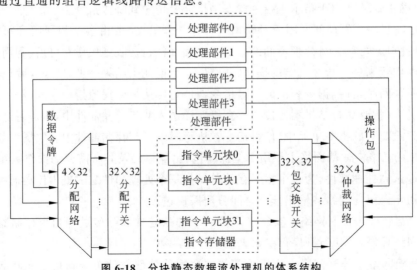

图 6-18 分块静态数据流处理机的体系结构

分配网络和仲裁网络通常是 δ 网络,如采用输入端有一个缓冲器的 3×2 交叉开关可以组成 3 级带缓冲器的 27×8 仲裁网络,如图 6-19 所示。为了减少仲裁网络、分配网络中开关单元的数量,在分配网络、指令单元(或指令单元块)及仲裁网络之间采用串行方式传送信息。为此,在信息包经过仲裁网络时,需要经过串-并转换,而在分配网络中又需要并-串转换。但当信息包流量很大时,必须采用并行方式传送信息。

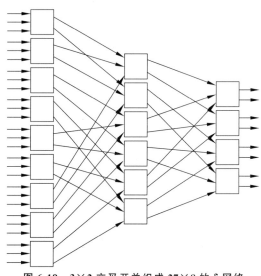

图 6-19　3×2 交叉开关组成 27×8 的 δ 网络

3. 多处理机静态数据流处理机

多处理机静态数据流处理机是通过通信网络将多个独立的数据流处理单元连接起来的一种组织结构,如美国 TI 公司研制的并行静态数据流处理机,由 4 个独立的静态数据流处理单元组成,如图 6-20 所示。

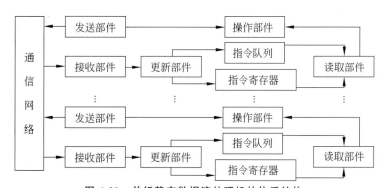

图 6-20　并行静态数据流处理机的体系结构

针对结构类型数据(如数组)的快速处理和存储空间压缩,增加结构存储器和结构处理部件,则产生了另一种组织结构的多处理机静态数据流处理机,如图 6-21 所示。在图 6-21中,上半部为基本数据流处理机,下半部为结构类型数据处理机,其包括结构存储器、结构处理部件及相应的仲裁网络和分配网络等。由基本数据流处理机中的仲裁网络做出判断,把要求建立新结构运算操作节点的指令送到结构处理部件和结构存储器中去执行,而可直接执行的指令仍在常规的数据处理机中执行。

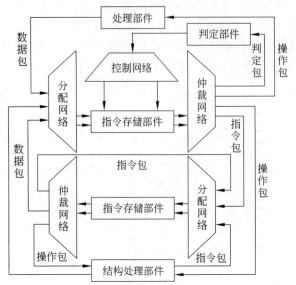

图 6-21　针对结构类型数据处理多处理机静态数据流处理机的体系结构

4. 后端静态数据流处理机

目前,许多静态数据流处理机仅作为主机的一个后端来使用,其存储器中的程序由主机加载,而主机仍为传统计算机。Mondala 静态数据流处理机是典型的后端机,如图 6-22 所示。M 为由 N 个存储模块组成的指令存储器,每个存储模块又分为许多存储单元块,每个存储单元块存放数据流程序图中的功能操作节点;另外,为了支持快速高效地访问结构类型数据,其中一部分用于存放结构数据。PE 为 N 个处理单元,字长为 32 位,具有浮点运算、定点运算、逻辑运算、移位操作和通信操作等功能。在程序运行过程中,指令存储器中的可执行指令通过仲裁网络传送到处理单元,指令执行生成的数据令牌中的数据通过分配网络传送到相应存储单元。

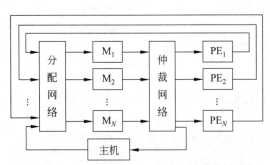

图 6-22　Mondala 静态数据流处理机的体系结构

对于 Mondala 静态数据流处理机,数据流程序图中的每个节点采用一条指令表示,共占 11 个 32 位的指令存储空间(即一个存储单元块),且指令格式如图 6-23 所示。在指令的第一个 32 位字中,3 位 OPR 字段指示指令所需要的操作数个数,4 位 AKR 字段指示指令需要收到的确认信号(控制信号)个数;EC 为指令的 7 位可执行计数器,用于对收到的数据令牌个数和控制令牌个数分别计数,当 EC 的内容与 OPR 和 AKR 连接在一起(也是 7 位)的内容相等时,对应存储单元块中存放的指令即成为可执行指令。

类型	操作码	字数	目的地址数	确认地址数	OPR(3位)	AKR(4位)	EC(7位)

图 6-23　Mondala 静态数据流处理机的指令格式

在指令处理单元中不设置指令和操作数寄存器。当同时有多条可执行指令被分配到同一个处理单元时,仅一条指令可以在指令处理单元中执行,其余可执行指令以先进先出方式暂存于仲裁网络的缓冲寄存器中。指令处理单元的输出端也设置了缓冲寄存器,它们通过分配网络与指令寄存器相连接。

6.3.3　典型动态数据流处理机的组织结构

在动态数据流处理机中,由于数据令牌带标志,使得数据流程序图中的一条分支线上可以同时传送多个数据令牌,且不需要由控制令牌来确认指令和控制数据令牌的传送。如果一条指令所要求的数据令牌没有到齐,则把已到达的数据令牌暂存在符合部件的缓冲存储器中,以供下次匹配时使用。目前,动态数据流处理机从体系结构来看可以分为 3 大类:以Arvind 为代表的网络结构型、以 Manchester 为代表的环状结构型和以 EDDY 为代表的网状结构型。

1. 网络结构型动态数据流处理机

Arvind 动态数据流处理机是网络结构型的典型代表,其体系结构如图 6-24 所示。
Arvind 动态数据流处理机不采用令牌环结构,而利用 $N \times N$ 的开关网络来实现处理单元 PE 之间的通信,处理单元与开关网络之间采用按位串联方式交换数据,从而构成网络结构型。

在 Arvind 动态数据流处理机中,每个处理单元是一台完整的数据流处理机,其组成如图 6-25 所示。处理单元执行一条指令的过程为:从开关网络或从本 PE 输出端传送来的数据令牌存入输入端缓冲寄存器,并对该

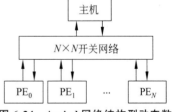

图 6-24　Arvind 网络结构型动态数据流处理机的体系结构

数据令牌进行初步译码;如果还需要另外的数据令牌与之匹配,则在匹配缓冲存储器中查找;如果需要的数据令牌还未到齐,则把该数据令牌暂时存入匹配缓冲存储器中;当所需要的数据令牌匹配齐备后,便把这些数据令牌组成一个令牌组一起送到指令读取部件;指令读取部件按照数据令牌中给出的指令地址从本地指令存储器中读出指令,读出的指令立即送到可执行指令队列,一旦算术逻辑部件有空闲就立即执行这条指令;当算术逻辑部件及目标读取部件执行后,便把目标 PE 号及有关标志一起组成结果数据令牌,并传送到输出端缓冲寄存器,这样一条指令便执行结束。特别地,传送到输出缓冲器中的结果数据令牌将作为新

的数据令牌来使用。

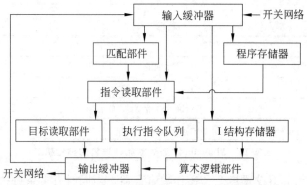

图 6-25　Arvind 动态数据流处理机处理单元的组成结构

I 结构存储器用于存放结构类型数据,以避免大量数据复制。该存储器中的每个元素均有一个有效位,如果要读取 I 结构存储器中的一个元素,则需要先判断这单元中的有效位是否置位,如果没有置位则本次读取需要时延。

Arvind 动态数据流处理机的指令格式如图 6-26 所示,其中 OP 为操作码,AM 为操作数寻址方式,NC 为指令所包含的常数个数(最多 2 位),ND 为结果数据令牌的目标指令个数。每个目标包含 4 部分: S 为目标指令地址,p 为目标指令的输入端号,nt 为目标指令所需要的数据令牌个数,af 为当目标指令执行时所需 PE 的赋值函数号。Arvind 动态数据流处理机的数据令牌格式如图 6-27 所示,

OP(8位)	AM(3位)	NC(2位)	ND(若干位)
常数C1			
常数C2			
S(16位)	p(若干位)	nt(若干位)	af(若干位)
S(16位)	p(若干位)	nt(若干位)	af(若干位)
S(16位)	p(若干位)	nt(若干位)	af(若干位)
S(16位)	p(若干位)	nt(若干位)	af(若干位)

图 6-26　Arvind 动态数据流处理机的指令格式

处理机号	类型	颜色	本地指令地址	迭代数	令牌数	端口
数据(32位)						

图 6-27　Arvind 动态数据流处理机的数据令牌格式

数据流处理机在执行指令的过程(为循环体)时,可能包含多条指令,这样便需要分配一组处理单元 PE 来执行,这过程的所有指令均在这组 PE 中执行。如果在一个过程中又包含多个并行代码块,则需要对每个块赋予不同的标号,在代码块或过程执行结束后则释放标号。当一个 PE 组中的所有标号均用完,就不再向该 PE 组中分配新的过程。采用标号控制有利于共享代码块,因为所有活动着的代码块都有不同的标号,从而增加了资源的利用率,也提高了整体的吞吐率。Arvind 动态数据流处理机采用 ID 数据流程序语言,通过主机上

的语言编译器可以把源程序直接编译为数据流程序图,编译好的数据流程序图通过开关网络加载到有关的 PE 上。

2. 环状结构型动态数据流处理机

Manchester 动态数据流处理机是环状结构型的典型代表,其体系结构如图 6-28 所示,它的 5 个功能部件按顺时针方向进行通信,组成一条环状流水线。

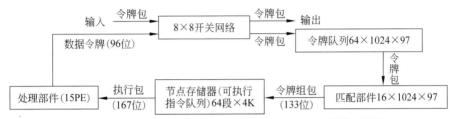

图 6-28 **Manchester 环状结构型动态数据流处理机的体系结构**

数据令牌是其主要的通信单位,由操作数、标号和目标指令地址等组成。处理部件包含 15 个 PE,且均含有输入缓冲器和输出缓冲器,它们可以并行执行指令,指令有定点的、浮点的、数据转移的及打标记的等多种类型。8×8 开关网络可以同时提供多条通路与外部交换数据,令牌队列可以存放 64×1024 个数据令牌。匹配部件按照数据令牌的特征值对它们进行匹配,其内部有 16×1024×97 位的缓冲存储器,而缓冲存储器由 8 组相联存储器组成,采用硬件散列技术来减少相联比较器的位数。当从令牌队列中送来的数据令牌与匹配部件中已经存在的数据令牌相匹配时,表示数据令牌中目标地址字段指示的指令为可执行指令,于是 97 位的数据令牌和 36 位的匹配特征值组合在一起为 133 位的令牌组包送往节点存储器。如果从令牌队列送来的数据令牌不能与匹配部件中已经存放的数据令牌相匹配时,则把新送来的数据令牌暂时存入匹配部件的缓冲存储器。节点存储器按照匹配部件送来的令牌组包中给定的目标地址取出指令,并把令牌组包中携带的操作数传送到指令,形成 167 位的执行包传送到处理部件。

Manchester 动态数据流处理机的指令格式和数据令牌格式如图 6-29 和图 6-30 所示,采用 Lapse 数据流程序语言,语法规则除遵循单赋值规则外,基本与 Pascal 语言类似。

系统/计数标志(1位)	特征值(36位)	操作码(12位)	操作数1(37位)	操作数2(37位)	目标地址1(22位)	目标地址2(22位)

图 6-29 **Manchester 动态数据流处理机的指令格式**

系统/计数标志(1位)	特征值(36位)	目标地址(32位)	数值(37位)

图 6-30 **Manchester 动态数据流处理机的数据令牌格式**

3. 网状结构型动态数据流处理机

由日本研制的用于科学计算的 EDDY 动态数据流处理机是网状结构型的典型代表,其体系结构如图 6-31 所示,它主要由一个 4×4 的二维网状 PE 阵列和两个播送控制部件组成。每个 PE 可以与其相邻的 8 个 PE 直接相连接,播送控制部件可以同时按行或按列把程序和数据装入所有 PE 或从 PE 取走。

其中每个 PE 采用环状流水线结构,如图 6-32 所示,它由指令存储器 IM、操作数存储器 OM、操作部件 OU 及通信部件 CU 等 4 部分组成。当一个数据令牌到达指令存储器时,指

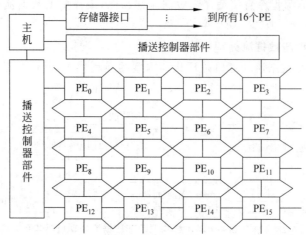

图 6-31　EDDY 环状结构型动态数据流处理机的体系结构

令存储器就取出需要该数据令牌的指令,并把它与数据令牌所携带的操作数一起送到操作数存储器。如果到达的数据令牌仅是双操作数运算中的一个数据令牌,则操作数存储器采用相联访问方式查找与这个数据令牌相匹配的另一个操作数,如果找到这个配对的操作数,就组成一个操作包送到功能操作部件中去执行;如果找不到配对的操作数,则把刚到达的数据令牌暂存入操作数存储器中,并附加上一个关键字。通信部件由两部分组成,一个是连接存储器,另一个是 PE 间的通信控制器,通信控制器的作用是把结果包发送给连接存储器或相邻的 PE,当然也可以从其他 PE 接收结果包送入自己的连接存储器。

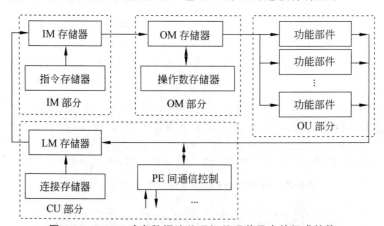

图 6-32　EDDY 动态数据流处理机处理单元中的组成结构

EDDY 动态数据流处理机采用 VAL 和 ID 作为程序设计语言。

6.4　数据流计算机的发展评价

6.4.1　数据流计算机的优点与缺点

1. 数据流计算机的优点

数据流计算机在许多方面的性能优于传统的冯·诺依曼计算机,已由研究人员模拟实验验证的优点有以下几个。

(1) 运算操作高度并行。数据驱动方式由于没有指令处理次序的限制,从理论来看,只要有足够的硬件计算资源,就可以获得最大的并行性。已经通过程序验证,对许多应用问题的计算,数据流计算机的加速比随其所配置处理机数目的增加而线性增长。数据流计算机运算操作的高度并行,不仅可以用于开发程序中有规则的并行性,也可以用于开发程序中隐含的并行性。

(2) 流水线操作异步执行。由于数据流计算机的指令直接使用操作数进行计算,而不使用存放操作数的地址,从而可以实现没有副作用的纯函数型程序设计方法,使得可以在过程级和指令级充分地开发程序的异步并行性,可以采用简单的展开方法把串行计算转换为并行计算。例如,把一个循环程序的几个相邻循环体同时展开,把循环体内和循环体间本来相关的操作数直接互相迭代,形成一条异步流水线,使一个循环程序内的不同层次的循环体能够并行执行。

(3) 体系结构与 VLSI 技术相适应。数据流计算机的体系结构虽然比较复杂,但其基本组成具有模块性和均匀性。例如,其中的指令存储器、数据令牌缓冲器和可执行指令队列缓冲器等存储部件,可以采用 VLSI 技术制造的存储阵列均匀地构成。处理部件和信息包开关网络也可以分别用模块化的标准单元有规则地连接起来。可见,随着 VLSI 技术的发展,具有高性能价格比的数据流计算机是完全可能实现的。

(4) 有利于提高软件开发效率。在数据流计算机中,运算操作均是纯函数型的,从根本上取消了变量及其赋值机制,采用函数式程序设计语言编写程序符合程序设计方法学的要求,程序易读易懂。另外,良好的程序结构为程序调试和验证提供了良好的基础,降低了程序编制和调试的困难,有效地提高软件的可靠性。

2. 数据流计算机的缺点

数据流计算机缺点主要体现在以下几个方面。由于存在这些问题,目前的数据流计算机离实用还有一段距离,需要继续改进和完善。

(1) 运算操作开销大。数据流计算机运算操作的开销大包含运算操作过程的 5 个环节。①指令存取复杂费时。数据流计算机的指令包含操作码、两个源操作数和一个或多个后继指令地址,指令字长度很长,有些动态数据流计算机在指令中还需要增加许多标志位,指令字长度则更长,如 Manchester 数据流处理机的指令字长度达 96 位;指令字长度长不仅使一条指令占用多个存储单元,也使指令存取变得复杂费时,据估计,数据流计算机的指令所占用的存储容量和存取时间比传统计算机多 3~6 倍;②数据令牌的匹配操作复杂费时。数据流计算机的中间结果虽然不返回到共享存储器中,但作为携带中间结果的数据令牌需要装入相联存储器中进行匹配,该匹配操作与传统计算机的寄存器——寄存器型指令相比,其时间要多几倍;③数据令牌频繁流动复杂费时。数据流计算机的中间结果所生成的数据令牌频繁流动,导致冲突的可能性增加;而为了减小冲突,数据流计算机设置有许多局部缓冲器,从而使通信路径延长,通信时间增加。虽然数据流计算机各部件的异步操作形成一条宏流水线,使通信障碍不会影响操作部件的利用率,但过长的流水线需要大量的并行操作才能填满来获得高利用率。据美国麻省理工学院实验室的模拟实验表明,对于一台有 64 台处理机的数据流计算机,为了填满流水线,需要 640 个并行操作,而许多实际应用问题没有这样高的并行性,从而导致运行效率低;④高级别并行性由低级别并行性实现复杂费时。数据流计算机原理上仅实现了指令级的并行性,而程序的并行性级别很多,有任务级、进程级、过程级、函数级和指令级等,如果其他高级别并行性均由最低级别指令级并行性来实现,需要付出很高的代价;⑤运算操作完全异步实现复杂费时。数据流计算机完全采用异步执行,没有集中控制,由于硬件计算资源有限,使得许多可以同时执行的指令暂存于缓冲器中,并按照某种优先服务策略排队;另外,还需要传送和缓冲大量的数据令牌、各种标志和应答信号等,这些操作也均是异步随机的,为了解决异步操作和随机调度引起的混乱,需要花费大量额外操作。

(2) 程序占用的存储空间较多。由于数据流程序的指令字长度长,必然将占用较多的存储空间。另外,由于数据流计算机没有共享的数据存储器,无法保存复合类型数据如数组等,所以当处理复合类型数据时便需要复制大量数据,也需要占用较多的存储空间。

(3) 数据流程序语言不完善。目前提出的数据流程序语言均不完善,还需要进一步改进,如输入输出操作至今还未引入到数据流程序语言中来。另外,数据流程序语言以隐含方式描述并行性,由编译器来开发其中的并行成分,对编译器的要求很高,且不可能总是有效的。数据流程序中存在大量隐含的并行性,使得程序调试变得非常困难。

(4) 不能有效利用传统计算机的研究成果。数据流计算机完全放弃传统计算机的体系结构,摆脱了传统计算机体系结构的束缚,具有活跃的生命力,但也使它不能继承传统计算机中已经证明行之有效的许多研究成果。例如,向量流水线已经被证明是一种性能价格比很高的技术,但由于数据流计算机采用异步操作的指令级并行,并没有把向量流水线技术吸取进来。特别是由于数据流计算机采用全新的基于数据流程序图的低级语言,使得长期积累的大量传统计算机软件成果不能移植过来,如果不能有效地解决该问题,数据流计算机将无法在市场上与传统计算机竞争。

(5) 流水环转接网络是其性能提高的瓶颈。当指令单元与处理单元数目增加时,数据流计算机的规模变大,接到转接网络上的流水环数将增加,从而使得转接网络变成性能提高的瓶颈。

6.4.2 数据流计算机需解决的问题与发展趋势

1. 数据流计算机需解决问题

根据数据流计算机的优缺点,数据流计算机需要解决以下技术问题。

(1) 程序分解算法(程序如何分解)和处理部件分配算法(程序模块如何分配到各处理部件)。

(2) 性价比高的信息包交换网络的设计,以有效实现资源冲突的仲裁和数据令牌的分配等大量通信操作。

(3) 如何在数据流环境中高效率地处理复合类型数据。

(4) 智能化的数据驱动机制。

(5) 支持数据流运算操作的存储系统与存储分配方案。

(6) 易于使用、易于硬件实现的数据流程序语言及其跟踪调试工具开发。

(7) 数据流计算操作系统开发。

(8) 对软件与硬件性能的评价,对各种开销的估计。

2. 数据流计算机的发展趋势

面对数据流计算机存在的优缺点,通过对数据流计算机的研究与设计,人们提出了几种类型的数据流计算机,其中有的改进了数据驱动所带来的一些缺点,有的继承了传统计算机中行之有效的并行处理技术。因此,从某种意义上这些类型的数据流计算机代表了目前的发展方向。

(1) 高级别并行的数据流计算机。限制数据流计算机发展的主要原因之一是机器的运算操作开销太大,而开销大产生的根本原因是数据驱动仅在低级别的指令级上实现并行性,如果把并行性提高到高级别的过程级、函数级等,利用数据直接驱动过程、函数等计算,那么操作开销就会小得多。Gajks 等于 1982 年和 Motooka 等于 1981 年分别提出了复合函数驱动(又称相关驱动),即把并行上移到复合函数级,以减少运算操作开销。由此,美国伊利诺伊大学的研究人员设计出 6 种复合函数:数组(向量、矩阵)运算、线性递归计算、全操作循环、流水线循环、赋值语句块和复合条件语句,这样就可以利用传统高级语言来编写程序、继承长期积累的大量软件。当然,为了把传统高级语言编写的程序转换成复合函数级的数据流程序图,并利用数据流程序图生成机器代码,还需要专门的程序转换软件的支持。

(2) 同步与异步相结合的数据流计算机。数据流计算机运算操作开销太大产生的另一个原因是完全异步操作而没有同步操作,而异步操作同并行性一样,也可以分为多个级别,如指令级的、函数级的等。如果所有级别均采用异步操作,特别是低级别的指令级采用异步操作,必然导致开销很大。所以,指令级采用同步操作,其他高级别的操作采用异步,可以有效地避免运算操作开销过大的问题。在指令级采用同步操作,中间结果不返回存储器,而直接进入下一次操作,则指令中不包含目标地址,不仅可以极大地缩短指令字长度,还由于同步操作不需要应答信号,可以减少通信量。在函数级采用异步操作,虽然开销较大,如函数标题、程序等的读取需要额外花费时间,函数标题也需要额外占用存储空间,但这些代价平均分摊到函数中的每条指令上则是很小的。

(3) 控制流与数据流相结合的数据流计算机。美国伊利诺伊大学的 Gajsk 和 Kuck 等为了继承传统控制流计算机的优点,便提出采用控制流与数据流相结合的方法来构建数据流计算机,并把并行性级别定位于函数级,实现复合函数的并行操作,称之为宏流水线,指令级操作仍采用传统控制流方法实现。另外,还提出把控制流的向量处理技术融入其中,选用传统的 FORTRAN 语言,由编译器来挖掘程序中的并行性。这样数据流计算机既有数据驱动的优点(实现函数级并行操作,控制简单,操作开销不大),又有传统控制驱动中已经证明行之有效的技术,并使用传统高级语言编程,实现了软件继承。

练　习　题

1. 什么是数据流计算机? 简述它的基本特性。
2. 简述数据流计算机指令的组成结构,并举例说明指令的执行过程。
3. 简述数据流程序图的作用,它包含哪几种节点?
4. 数据流语言有哪几种? 它有哪些特点?
5. 数据流计算机的结构模型有哪几种? 它们的主要差别是什么?
6. 数据流计算机与传统的控制流计算机相比,有哪些优点和缺点?

7. 采用节点分支线表示法画出计算函数 $X=(a+b)^2+(a-b)^2$ 的数据流程序图。

8. 采用节点分支线表示法画出条件语句：if true then $Z=x+y$ else $Z=x-y$ 的数据流程序图，并回答以下问题：

(1) 需要采用哪几种节点？每种节点的作用是什么？

(2) 至少需要输入哪几个起始数据令牌和起始控制令牌？这些令牌分别携带什么数据或控制信号？

9. 采用节点分支线表示法画出求解一元二次方程两个实数根的数据流程序图，基本的运算节点有：$+$、$-$、$\times$ 和 $\sqrt{}$，并回答以下问题：

(1) 哪些基本运算操作可以并行执行？

(2) 如果每个操作节点的执行时间均为一个时钟周期，那么整个计算过程最少需要多少个时钟周期？

10. 采用节点分支线表示法画出下述 C 语言程序段的数据流程序图，并回答以下问题：

```
Main()
{
    int i,x,y,z;
    i=10;
    while(i>0)
    {
        if(x>y) z=z+x
            else z=z+y
        i--
    }
}
```

(1) 为了让这个数据流程序图开始运行，至少需要哪几个起始数据令牌和起始控制令牌？这些令牌分别携带什么数据或控制信号？它们的作用分别是什么？

(2) 在数据流程序图中有几个并行执行的循环？每个循环的功能是什么？各循环体内包含哪些基本操作？

(3) 如果每个操作节点的执行时间均为一个时钟周期，按数据流程序图执行这个程序需要多少个时钟周期。

11. 采用节点分支线表示法画出求解 $X=\sqrt{(a+b)\times d/c-e/d}$ 的数据流程序图，当 $a=4$、$b=8$、$c=2$、$d=6$、$e=12$，画出该数据流程序图的执行过程。

12. 采用活动模片表示法画出计算 $X=a\times b+a/b$ 的数据流程序图。

13. 采用节点分支线表示法画出条件分支：当 $x>0$ 时，$z=x+y$，否则 $z=x-y$。

14. 采用节点分支线表示法画出循环：对 x 进行循环累加直至超过 1000，z 等于 x 的累加值。

参 考 文 献

[1] 陈国良,吴俊敏,章峰等. 并行计算机体系结构[M]. 北京:高等教育出版社,2002.

[2] 尹朝庆. 计算机系统结构[M]. 武汉:华中科技大学出版社,2000.

[3] 张晨曦,王志英,沈立,等. 计算机系统结构教程[M]. 北京:清华大学出版社,2009.

[4] 王志英,张春元,沈立,等. 计算机体系结构[M]. 北京:清华大学出版社,2010.

[5] 郑纬民,汤志忠. 计算机系统结构[M]. 北京:清华大学出版社,2001.

[6] 李学干. 计算机系统结构[M]. 北京:经济科学出版社,2000.

[7] 白中英,杨旭东. 并行计算机系统结构[M]. 北京:科学出版社,2002.

[8] 李静梅. 现代计算机体系结构[M]. 北京:清华大学出版社,2009.

[9] 刘超. 计算机系统结构[M]. 北京:清华大学出版社,2021.

[10] 尹朝庆. 计算机系统结构习题与解析[M]. 北京:清华大学出版社,2004.

[11] 李学干. 计算机系统结构自考应试指导[M]. 南京:南京大学出版社,2001.

图书资源支持

感谢您一直以来对清华版图书的支持和爱护。为了配合本书的使用，本书提供配套的资源，有需求的读者请扫描下方的"书圈"微信公众号二维码，在图书专区下载，也可以拨打电话或发送电子邮件咨询。

如果您在使用本书的过程中遇到了什么问题，或者有相关图书出版计划，也请您发邮件告诉我们，以便我们更好地为您服务。

我们的联系方式：

清华大学出版社计算机与信息分社网站：https://www.shuimushuhui.com/

地　　址：北京市海淀区双清路学研大厦 A 座 714

邮　　编：100084

电　　话：010-83470236　010-83470237

客服邮箱：2301891038@qq.com

QQ：2301891038（请写明您的单位和姓名）

资源下载： 关注公众号"书圈"下载配套资源。

资源下载、样书申请　　　　图书案例

书圈

清华计算机学堂

观看课程直播

内容简介

本书是《计算机体系结构》（刘超主编，ISBN：978-7-302-58755-2）的姐妹篇，在总结长期教学经验和参考国内外经典教材的基础上，按照计算机体系结构的研究任务（即软硬件功能分配和硬件功能实现的最佳方法）组织编写而成，旨在使已较全面掌握计算机技术知识的研究生和高年级本科生进一步较为深入地理解当前高性能计算机的体系结构。

本书介绍MIMD（多指令流多数据流）并行计算机的基本概念及其类型特点、结构实现基础技术——互连网络与存储组织、典型结构模型及其相应特有技术，阐述多处理机的组织结构及其类型特点、性能分析及其评测、程序并行性及其度量计算，分析多处理机实现的专用技术——共享存储一致性与通信同步，讨论数据流处理机的结构原理及其类型特点、数据流程序设计。本书共6章，可分为3个部分；第1章为基础导论部分，第2～5章为多处理机部分，第6章为数据流处理机部分。

本书内容配置明确、结构逻辑清晰、语言知识易懂，可以作为高等院校计算机学科各专业研究生和计算机科学与技术专业高年级本科生"高级计算机体系结构"或"并行处理与体系结构"课程的教材，也可以作为相关领域科技人员的参考书。

课件下载·样书申请　　　　　清华大学出版社

书　圈　　　　官方微信号

ISBN 978-7-302-64270-1

9 787302 642701 >

定价：49.00元